Vector Analysis and Its Applications

벡터 해석과 응용

이명재 · 정영대 공저

Vector Analysis and Its Applications

Lecture Series on
Mathematical Physics

벡터 해석과 응용

이명재 · 정영대 공저

한양대학교 출판부

머리말

『벡터해석과 응용』은 자연과학과 공학 분야의 학생이나 연구자가 수리물리학이나 공업수학을 학습하면서 배워야 할 내용 중에서 가장 중요하다고 할 수 있는 벡터의 연산과 관련된 책이다. 이 책에서는 주로 3차원 유클리드 공간에서의 벡터의 기본적 성질, 회전, 미분, 적분 등을 다루며 다양한 예제와 응용 사례를 중심으로 풀어나간다. 자연과학과 공학에서 자주 나타나는 다양한 문제를 벡터의 성질을 이용하여 편리하게 표현하고 해석을 할 수 있는 경우가 많으므로 벡터의 학습은 이공학도들에게는 가장 기본적이고 필요한 일이라고 할 수 있다. 이 책은 대학의 학부 수준의 학생들에게 적합하도록 집필되었으며, 벡터에 대한 사전 지식이 없어도 학습할 수 있도록 기초적인 정의로부터 출발하였다. 중요한 이론에 대해서는 정확하고 올바른 수학적 증명을 제시하였고, 이론적 증명 외에도 개념의 이해를 돕기 위한 그림과 풍부한 예제를 제공함으로써 이 책의 독자들이 어렵지 않게 독학할 수 있도록 구성하였다.

이 책은 총 여덟 장으로 구성되어 있으며, 제1장과 제2장은 벡터의 정의와 기본적인 성질, 그리고 회전 변환의 특징에 대하여 설명하였다. 특히 벡터곱에 있어서 레비-치비타 기호 사용의 편리함에 대하여 강조하였고, 직각 좌표계에서 좌표의 회전에 대하여 설명하였다. 제3장에서는 스칼라장과 벡터장의 개념에 대하여 배우고 물리학에서 중요한 의미를 갖는 다이버전스와 컬에 대하여 공부한다. 제4장에서는 벡터와 관련한 적분을 소개하였고 가우스 정리, 그린 정리, 스토크스 정리 등 주요 적분이론에 대하여 설명하였다. 제5장에서는 역학과 전자기학에서 중요한 개념인 힘과 퍼텐셜의 관계에 대하여 소개하였다. 제6장에서는 일반화된 곡선좌표계에서 벡터를 기술하는 법과 이를 대표적인 좌표계인 직각좌표계, 원통좌표계, 그리고 구면좌표계로 전환하는 법을 익힐 수 있게 하였다. 제7장에는 텐서에 대하여 간략한 소개를 하였다. 마지막으로, 제8장에서는 고전역학, 전자기학, 양자역학, 유체역학, 플라즈마물리학 등 물리학의 다양한 분야에서 흥미로운 응용 사례들을 선정하여 소개하였으며, 이 책에서 가장 많은 분량을 차지하고 있다.

『벡터해석과 응용』은 대학에서의 오랜 강의 경험을 바탕으로 이공계 대학에서 필요로 하는 수학적 개념과 방법론을 쉽게 익힐 수 있도록 주요 이론과 응용 사례들을 엄선하여 상세히 소개하고자 하였다. 오늘날 컴퓨터와 소프트웨어의 발전으로 많은 수학적 문제들의 결과를 풀이 과정을 모른 채 쉽게 얻어낼 수도 있지만, 학생들이 수학적 증명의 과정을 하나하나 손으로 풀어나가면서 논리적인 사고의 훈련을 한다면, 학습의 즐거움이 배가될 뿐만 아니라 새로운 문제에 부딪혔을 때 이를 헤쳐 나갈 수 있는 수학적 능력을 키울 수 있을 것으로 확신한다. 이 작은 책이 이공계 여러 분야의 학생들에게 도움이 되는 기회가 되기를 바라며, 학생들의 앞날에 기쁨과 행복이 가득하길 기원한다. 그리고 이 책의 출간에 소중한 기회를 주시고 원고 편집과 표지 도안에 많은 도움을 주신 한양대학교 출판부에 깊은 감사를 드린다.

2022년 9월 26일

이명재 · 정영대

목차

Chapter 03

Chapter 04

Chapter 01

벡터의 기본적 성질

Basic Properties of Vectors

1.1 정의와 기본적 성질(Definition and basic properties)

1.1.1 벡터의 기하학적 표현(Geometric representation of vectors)

벡터해석학(vector analysis)은 물리적 현상을 연구하는 데 필요한 가장 기초적인 수학적 언어이다. 자연계의 많은 물리량은 크기뿐만 아니라 방향과도 관련이 있는데, 예를 들면 어떤 위치나 물체에 적용되는 변위, 속도, 가속도, 힘, 운동량 등이 있으며, 확장된 공간에 대하여 정의되는 전기장 및 자기장 등이 있다. 이와 같이 크기와 방향을 가지는 양들은 **벡터**(vector)로 표현할 수 있다. 크기만 있고 방향을 가지지 않을 때는 **스칼라**(scalar)양이 된다.

벡터를 기하학적으로 표현하면 한 점에서 시작하여 다른 점에서 끝나는 직선 모양의 화살로 나타낼 수 있다. 2차원 또는 3차원 공간에서의 벡터의 기하학적 표현의 예를 그림 1.1에 보였다. 이 그림에서 화살의 길이는 벡터의 크기이고, 화살이 가리키는 방향이 벡터의 방향이다. 벡터의 크기는 스칼라양이다. 벡터는 책이나 논문 등의 인쇄물에서는 일반적으로 굵은 글자체를 써서 $\mathbf{A}$와 같이 표현하고 필기를 할 때에는 문자 위에 화살표를 그려서 $\vec{A}$와 같이 주로 쓴다. 스칼라는 숫자를 제외하고 이탤릭체의 문자로 표현하는 것이 일반적이다. 벡터에 스칼라를 곱하는 것이 가능한데 벡터 $\mathbf{A}$에 스칼라 a를 곱하여서 $\mathbf{A}' = a\mathbf{A}$이 되었다면 $\mathbf{A}'$은 크기가 a배가 되고 방향은 변함이 없이 $\mathbf{A}$와 나란한 방향이 된다. 이때 a가 양수라면 $\mathbf{A}'$과 $\mathbf{A}$은 같은 방향이고 음수라면 서로 반대방향이다.

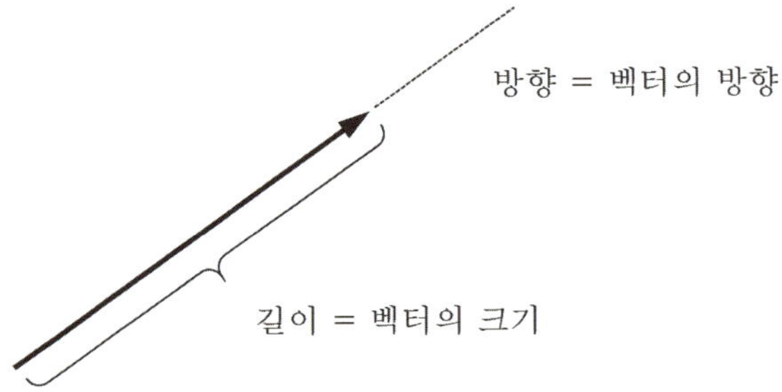

그림 1.1 벡터(화살표)의 크기와 방향

벡터는 서로 더하거나 빼는 것이 가능하다. 두 벡터 A와 B를 더하여 C = A + B와 같이 쓸 수 있고, A에서 B를 빼면 D = A − B가 된다. 벡터 D는 A + (−B)와 같이 쓸 수도 있다. 여기서 벡터 −B는 벡터 B와 크기가 같고 방향인 반대인 벡터이다. 기하학적 공간에서 벡터는 크기와 방향이 같으면 상대적인 위치와 관계없이 같은 벡터로 본다. 따라서 벡터 A 또는 B를 평행 이동하여 꼬리를 물게 하면 두 벡터를 더하거나 빼는 것을 기하학적으로 표현할 수 있으며 이의 예시를 그림 1.2에 나타내었다. 벡터의 덧셈 또는 뺄셈은 교환적(commutative)여서 A + B = B + A가 성립한다. 또한 벡터는 결합적(associative)이어서 덧셈 또는 뺄셈이 이루어지는 순서와는 무관하다. 즉 (A + B) + C = A + (B + C)가 성립한다.

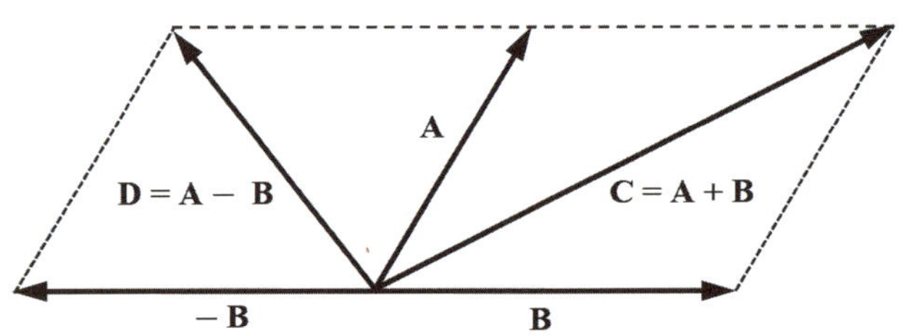

그림 1.2 벡터 C = A + B와 D = A − B

1.1.2 벡터의 성분과 단위벡터(Unit vector)

좌표축과 같은 특정한 방향으로 놓여 있고 단위길이의 크기를 가진 벡터를 **단위벡터**(unit vector)라고 한다. 3차원 데카르트 좌표계(Cartesian coordinate system)에서의 단위벡터를 x, y, z축의 세 방향에 대하여 각각 $\hat{e}_x$, $\hat{e}_y$, $\hat{e}_z$로 정의하자. 단위벡터는 방향을 표시하기 위해 사용하며 크기(길이)는 1로 정의한다. 임의의 벡터 A는 x, y, z축의 각 방향을 향해 있는 세 벡터의 합으로 나타낼 수 있고, 단위벡터를 이용하면

$$\mathrm{A} = A_x\hat{e}_x + A_y\hat{e}_y + A_z\hat{e}_z \tag{1.1.1}$$

로 표현할 수 있다. 여기서 A_x, A_y, A_z는 스칼라양으로서 세 좌표방향에 대한 벡터 A의 **성분**(components)이라고 부른다. 단위벡터는 좌표축 방향으로의 **방향벡터**(direction vector)라고 부르기도 한다. 3차원 데카르트 함수공간에서 x, y, z가 함수의 세 독립변수가 되듯이 벡터의 공간에서는 단위벡터가 세 개의 독립된 기저(basis)가 된다. 공간 내의 임의의 벡터 A는 기저 벡터를 이용하여 식(1.1.1)과 같이 선형 결합으로 만들 수 있다. 벡터 A가 특정한 벡터가 되면 성분 A_x, A_y, A_z는 유일하다.

그림 1.3과 같이 벡터 A가 데카르드 좌표계의 원점에서 시작하며 크기가 A라고 하자. A가 좌표계의 x, y, z축들과 이루는 각도를 각각 α, β, γ라고 하면 A의 성분 A_x, A_y, A_z는

$$A_x = A\cos\alpha,\ A_y = A\cos\beta,\ A_z = A\cos\gamma \tag{1.1.2}$$

가 된다. $\cos\alpha$, $\cos\beta$, $\cos\gamma$를 벡터 A의 방향 코사인(direction cosine)이라고 하며 $\cos^2\alpha + \cos^2\beta + \cos^2\gamma = 1$의 관계를 만족한다. 벡터 A의 크기는 피타고라스 정리에 의하여

$$A = \sqrt{A_x^2 + A_y^2 + A_x^2} \tag{1.1.3}$$

가 되며, 종종 A를 절댓값 부호를 써서 $|\mathrm{A}|$로 쓰거나 이중선을 사용하여 $\|\mathrm{A}\|$로 쓰기도 하며 놈(norm)이라고 부르기도 한다. 성분을 표현하는 A_x, A_y, A_z는 양 또는 음의 값을 가지지만 크기를 표현하는 A는 항상 양(또는 0)의 값을 갖는다.

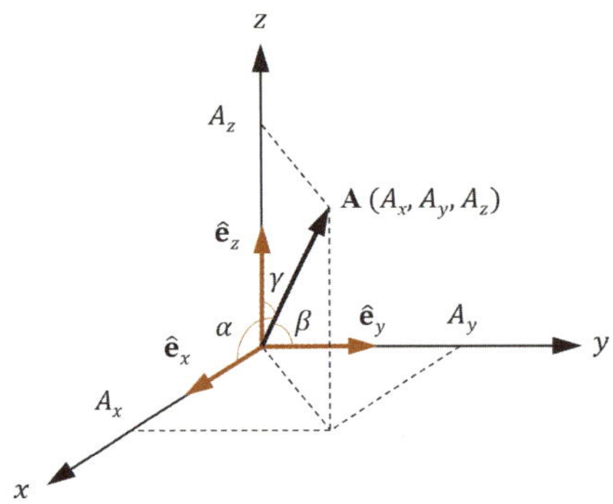

그림 1.3 데카르트 좌표계에서 단위벡터와 벡터 A의 성분

두 벡터 A와 B의 합은 각 벡터의 같은 방향의 성분끼리 더한 것과 같다. 벡터 B를 $\mathrm{B} = B_x\hat{\mathrm{e}}_x + B_y\hat{\mathrm{e}}_y + B_z\hat{\mathrm{e}}_z$라고 하면, 두 벡터의 합 C = A + B는

$$\begin{aligned} \mathrm{C} &= \left(A_x\hat{\mathrm{e}}_x + A_y\hat{\mathrm{e}}_y + A_z\hat{\mathrm{e}}_z\right) + \left(B_x\hat{\mathrm{e}}_x + B_y\hat{\mathrm{e}}_y + B_z\hat{\mathrm{e}}_z\right) \\ &= (A_x + B_x)\hat{\mathrm{e}}_x + (A_y + B_y)\hat{\mathrm{e}}_y + (A_z + B_z)\hat{\mathrm{e}}_z \\ &= C_x\hat{\mathrm{e}}_x + C_y\hat{\mathrm{e}}_y + C_z\hat{\mathrm{e}}_z \end{aligned} \tag{1.1.4}$$

가 되어서 C의 $i\,(=x, y, z)$번째 성분은 $C_i = A_i + B_i$가 된다. 그림 1.2에 기하학적으로 나타낸 A + B를 벡터의 성분을 써서 다시 살펴보자. 그림 1.4에 보인 것과 같이 A와 B를 더한 벡터 C의 x성분 C_x는 $A_x + B_x$가 되는 것이 분명하고, y성분 C_y는 $A_y + B_y$가 되는 것이 분명하다.

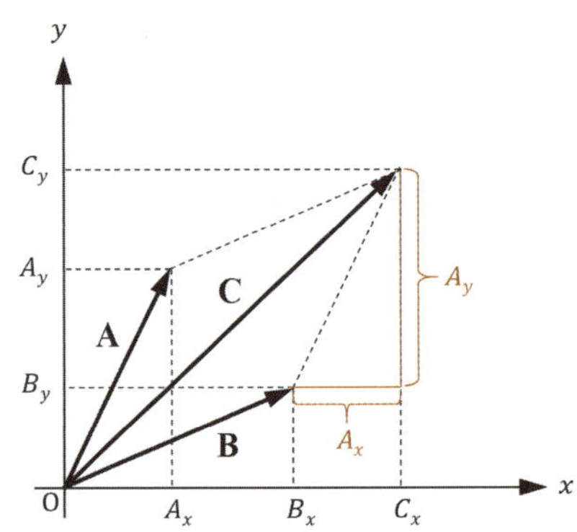

그림 1.4 데카르트 좌표계에서 A와 B의 성분 및 C = A + B의 작도

예제 1.1.1 벡터 $\mathrm{a} = 2\hat{\mathrm{e}}_x + 3\hat{\mathrm{e}}_y + \hat{\mathrm{e}}_z$와 $\mathrm{b} = 5\hat{\mathrm{e}}_x + 2\hat{\mathrm{e}}_z$가 있다. 다음을 계산하시오.

(1) a와 b의 크기 (2) a + b (3) 2a − 3b

풀이 (1) $a = |\mathrm{a}| = \sqrt{2^2+3^2+1^2} = \sqrt{14}$ (b) $b = |\mathrm{b}| = \sqrt{29}$
(c) $\mathrm{a}+\mathrm{b} = 7\hat{\mathrm{e}}_x + 3\hat{\mathrm{e}}_y + 3\hat{\mathrm{e}}_z$ (d) $2\mathrm{a} - 3\mathrm{b} = -11\hat{\mathrm{e}}_x + 6\hat{\mathrm{e}}_y - 4\hat{\mathrm{e}}_z$

1.2 스칼라곱(Scalar product, dot product, 내적)

3차원 데카르트 공간에서 식(1.1.1)과 같이 단위벡터를 이용하여 좌표방향의 성분으로 벡터 A를 표현할 때 $A_x\hat{\mathrm{e}}_x$, $A_y\hat{\mathrm{e}}_y$, $A_z\hat{\mathrm{e}}_z$는 A를 x, y, z 방향으로 각각 사영(projection, 투영)한 것이라고 할 수 있다 (그림 1.3). 이때 x축 방향의 성분 A_x는 다음과 같이 정의한다.

$$A_x = \mathrm{A} \cdot \hat{\mathrm{e}}_x \tag{1.2.1}$$

두 벡터 사이에 삽입된 기호 •(dot)은 벡터와 벡터 사이의 연산에 적용되며, 이러한 연산을 A와 $\hat{\mathrm{e}}_x$의 **스칼라곱**(scalar product)이라고 부르며 결과는 항상 스칼라 양이다. 점(•) 모양의 기호를 썼다고 해서 점곱(dot product)라고도 부르며 종종 내적(內積, inner product)이라고도 한다. 스칼라곱의 좀 더 정확한 의미는 어느 한 벡터 A를 다른 벡터 B에 사영하였을 때의 크기와 B의 크기를 곱한다는 것이다. 단 A와 B의 사잇각이 $\pi/2$에서 $3\pi/2$ 범위이면 부호가 바뀐다. 식(1.2.1)처럼 B 대신에 $\hat{\mathrm{e}}_x$를 쓰면 $\hat{\mathrm{e}}_x$의 크기가 1이므로 $\mathrm{A}\cdot\hat{\mathrm{e}}_x$는 A를 x축에 사영한 것과 같으며 이것이 곧 A의 x축 성분 A_x이다. 이미 앞서 1.1절에서 살펴본 바와 같이 A가 x축과 이루는 각도를 α라고 하면 A_x는 $A\cos\alpha$와 같으므로 스칼라곱 $\mathrm{A}\cdot\hat{\mathrm{e}}_x$는

$$\mathrm{A} \cdot \hat{\mathrm{e}}_x = A\cos\alpha = A_x \tag{1.2.2}$$

가 된다. 마찬가지로 벡터 A의 y와 z축 성분은 각각

$$\mathrm{A} \cdot \hat{\mathrm{e}}_y = A\cos\beta = A_y \tag{1.2.3}$$

$$\mathrm{A} \cdot \hat{\mathrm{e}}_z = A\cos z = A_z \tag{1.2.4}$$

와 같이 된다. 스칼라곱은 교환법칙이 성립하여 $\mathrm{A} \cdot \hat{\mathrm{e}}_x = \hat{\mathrm{e}}_x \cdot \mathrm{A}$가 된다. $\mathrm{A} \cdot \hat{\mathrm{e}}_x$는 벡터 A의 x축 방향의 성분이지만, 동시에 벡터 $\hat{\mathrm{e}}_x$의 A방향의 성분이라고도 해석할 수 있다.

스칼라곱은 두 벡터 사이의 각도가 평행할 때 크기가 가장 크며, 서로 수직인 경우에는 0이다. 단위벡터의 경우 그 크기가 1이므로, 단위벡터들의 스칼라곱은

$$\hat{\mathrm{e}}_x \cdot \hat{\mathrm{e}}_x = \hat{\mathrm{e}}_y \cdot \hat{\mathrm{e}}_y = \hat{\mathrm{e}}_z \cdot \hat{\mathrm{e}}_z = 1 \tag{1.2.5}$$

$$\hat{\mathrm{e}}_x \cdot \hat{\mathrm{e}}_y = \hat{\mathrm{e}}_y \cdot \hat{\mathrm{e}}_z = \hat{\mathrm{e}}_z \cdot \hat{\mathrm{e}}_x = 0 \tag{1.2.6}$$

이 된다. 위의 결과들은 일반적으로 크로네커 델타(Kronecker delta) $\delta_{ij}(i, j = x, y, z)$를 써서

$$\hat{\mathrm{e}}_i \cdot \hat{\mathrm{e}}_j = \delta_{ij} \tag{1.2.7}$$

와 같이 간단히 표현할 수 있다. 크로네커 델타는 만약 $i = j$이면 $\delta_{ij} = 1$, 만약 $i \neq j$이면 $\delta_{ij} = 0$의 성질을 가지고 있다.

데카르트 좌표계에서 임의의 벡터 A와 B의 스칼라곱은 식(1.2.7)을 이용하여

$$\begin{aligned} \mathrm{A} \cdot \mathrm{B} &= \left(A_x\hat{\mathrm{e}}_x + A_y\hat{\mathrm{e}}_y + A_z\hat{\mathrm{e}}_z\right) \cdot \left(B_x\hat{\mathrm{e}}_x + B_y\hat{\mathrm{e}}_y + B_z\hat{\mathrm{e}}_z\right) \\ &= A_xB_x + A_yB_y + A_zB_z \end{aligned} \tag{1.2.8}$$

와 같이 쓸 수 있으며, 일반적으로

$$\mathrm{A} \cdot \mathrm{B} = \sum_i A_i B_i \tag{1.2.9}$$

로 표현한다. 식(1.2.9)에서와 같이 지표(index)가 반복되어 있는 경우에는 합(summation) 기호를 종종 생략하여

$$\mathrm{A} \cdot \mathrm{B} = A_i B_i \tag{1.2.10}$$

와 같이 쓰기도 한다. 이것은 쓰기의 편의상 합기호를 생략한 것이므로 실제 연산에서는 식(1.2.9)처럼 지표 i에 대하여 합을 해주어야 한다. 이러한 표기법을 아인슈타인 합 규약(Einstein summation convention)이라고 한다.

성분 A_i와 B_i는 스칼라이므로 $A_i B_i = B_i A_i$와 같이 교환이 가능하다. 따라서 스칼라곱은 교환법칙

$$\mathrm{A} \cdot \mathrm{B} = \mathrm{B} \cdot \mathrm{A} \tag{1.2.11}$$

가 성립한다. 또한 분배법칙도 성립하여

$$\mathrm{A} \cdot (\mathrm{B} + \mathrm{C}) = \mathrm{A} \cdot \mathrm{B} + \mathrm{A} \cdot \mathrm{C} \tag{1.2.12}$$

와 같이 되는데 각 벡터들의 성분을 이용하면 쉽게 증명할 수 있다.

같은 벡터를 스칼라곱을 하게 되면 그 **벡터의 크기**를 구할 수 있다. 즉

$$\mathrm{A} \cdot \mathrm{A} = A_i A_i = A_x^2 + A_y^2 + A_z^2 \tag{1.2.13}$$

이므로 벡터 A의 크기는

$$A = \sqrt{\mathrm{A} \cdot \mathrm{A}} = |\mathrm{A}| \tag{1.2.14}$$

가 된다.

앞서 정의한 바와 같이 A와 B의 스칼라곱은 A의 크기와 B를 A에 사영하였을 때의 크기를 곱한 것과 같으므로

$$\mathrm{A} \cdot \mathrm{B} = |\mathrm{A}||\mathrm{B}| \cos\theta \tag{1.2.15}$$

로 쓸 수 있다. 여기서 θ는 A와 B가 이루는 각이다. 코사인 값의 크기는 -1과 1사이이므로 항상 $|\mathrm{A} \cdot \mathrm{B}| \le |\mathrm{A}||\mathrm{B}|$ 인 부등식의 관계가 성립한다.

A와 B가 수직인 경우에는 $\cos\theta = 0$이므로 $\mathrm{A} \cdot \mathrm{B} = 0$이 항상 성립한다. 이 경우 A와 B가 **직교**(orthogonal)한다고 말한다. $\mathrm{A} \cdot \mathrm{B} = 0$은 A와 B가 직교할 필요충분조건이다. 사영의 관점에서 보면 $\mathrm{A} \cdot \mathrm{B} = 0$은 B는 A방향의 성분이 없다는 것(또는 A는 B방향의 성분이 없다는 것)이므로 이것은 A와 B가 서로 수직한 경우이다. 2차원 공간에서 기하학적 관점에서 보면 A의 기울기는 A_y/A_x이고 B의 기울기는 B_y/B_x인데, A와 B가 서로 수직하다면 $A_y/A_x = -B_x/B_y$인 관계가 성립한다. 따라서 $A_xB_x + A_yB_y = 0$이 되므로 $\mathrm{A} \cdot \mathrm{B} = 0$이 된다.

예제 1.2.1 벡터 A와 B가 평행인 경우, 0이 아닌 성분에 대하여 다음 식이 성립함을 보이시오.

$$\frac{A_x}{B_x} = \frac{A_y}{B_y} = \frac{A_z}{B_z}$$

풀이 두 벡터가 나란하다면 같은 방향코사인을 갖는다. 따라서 x축에 대한 각도를 α라고 하면 다음 식이 성립한다.

$$\frac{A_x}{A} = \cos\alpha = \frac{B_x}{B} \tag{1.2.16}$$

y축과 z축에 대해서도 마찬가지이므로 문제에 주어진 식을 증명할 수 있다.

1.3 벡터곱(Cross product, 외적, 가위곱)

벡터곱(cross product)은 두 벡터를 곱하여 그 결과가 벡터로 나오는 연산으로서 벡터 A와 B의 벡터곱은 다음과 같이 정의된다.

$$\mathrm{C} = \mathrm{A} \times \mathrm{B} \tag{1.3.1}$$

벡터곱은 두 벡터 사이에 가위(×) 모양의 기호를 넣었다고 하여 가위곱이라고 부르기도 하며, 스칼라곱을 내적이라고 하는 것과 비교하여 외적(外積, outer product)이라고도 부른다. 내적과 외적은 서로 반대의 개념 같아 보이지만 아무런 상관이 없다. 단지 서로 다른 두 종류의 연산일 뿐이다.

벡터곱의 결과인 C의 크기는 A와 B의 크기를 곱하고 여기에 다시 두 벡터 사이의 각도 θ의 사인값을 곱한 것으로 정의하며 방향은 A와 B가 이루는 평면에 수직하되 오른손 규칙을 따른다. 즉 그림 1.5의 예시와 같이 xy 평면상위 놓여 있는 A와 B에 대하여 A×B는 A로부터 B로 회전한다고 여기고 오른손 규칙에 따라 회전축의 방향을 z축으로 하면 C는 회전축(z축)과 같은 방향이 된다. B×A는 B에서 A로 회전하는 것으로 여기면 회전축이 $-z$축 방향이 되므로 C의 부호가 바뀐다. 즉 벡터곱은 반대바꿈(anticommutation)을 따르며

$$\mathrm{A} \times \mathrm{B} = -\mathrm{B} \times \mathrm{A} \tag{1.3.2}$$

가 성립한다. 또한 벡터곱은 분배법칙을 따른다. 임의의 벡터 A, B, C와 스칼라 k에 대하여

$$\mathrm{A} \times (\mathrm{B} + \mathrm{C}) = \mathrm{A} \times \mathrm{B} + \mathrm{A} \times \mathrm{C} \tag{1.3.3}$$

$$k(\mathrm{A} \times \mathrm{B}) = (k\mathrm{A}) \times \mathrm{B} = \mathrm{A} \times (k\mathrm{B}) \tag{1.3.4}$$

가 성립한다.

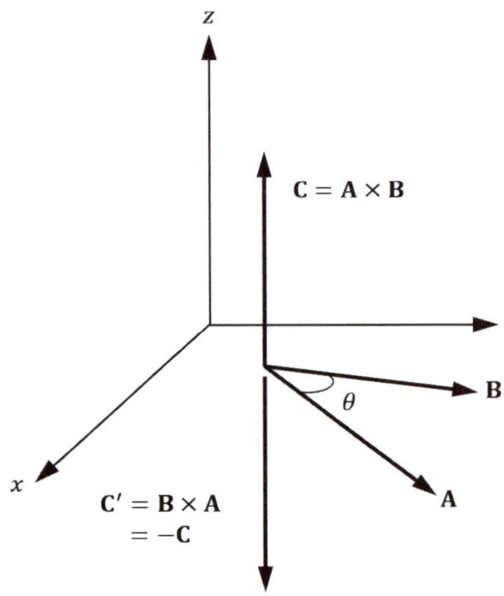

그림 1.5 벡터곱의 방향

벡터곱 A×B 의 크기는 A와 B의 크기와 두 벡터 사이의 각도 θ의 사인값을 곱한 것이므로

$$|\mathrm{A}\times\mathrm{B}| = |\mathrm{A}||\mathrm{B}|\sin\theta \tag{1.3.5}$$

가 되며, 이것은 그림 1.6에서 볼 수 있듯이 A와 B가 이루는 평행사변형의 면적과 같다.

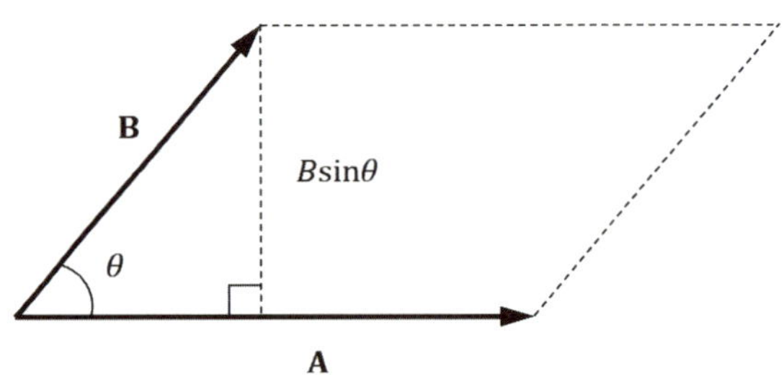

그림 1.6 A×B 가 만드는 평행사변형

데카르트 좌표계에서 서로 다른 축의 단위벡터들은 90도의 각도를 이루고 있으므로 $\sin 90° = 1$이고 오른손 규칙에 의해 방향이 정해진다. 단위벡터의 벡터곱은 임의의 벡터에 대한 벡터곱을 계산하는 데 꼭 필요하다. 단위벡터의 벡터곱은 다음 9가지의 경우

가 있다.

$$\hat{e}_x \times \hat{e}_y = \hat{e}_z, \quad \hat{e}_y \times \hat{e}_z = \hat{e}_x, \quad \hat{e}_z \times \hat{e}_x = \hat{e}_y, \tag{1.3.6}$$
$$\hat{e}_y \times \hat{e}_x = -\hat{e}_z, \quad \hat{e}_z \times \hat{e}_y = -\hat{e}_x, \quad \hat{e}_x \times \hat{e}_z = -\hat{e}_y,$$
$$\hat{e}_x \times \hat{e}_x = 0, \quad \hat{e}_y \times \hat{e}_y = 0, \quad \hat{e}_z \times \hat{e}_z = 0$$

식(1.3.6)을 이용하면 3차원 데카르트 좌표공간에서 임의의 두 벡터 $A = A_x\hat{e}_x + A_y\hat{e}_y + A_z\hat{e}_z$와 $B = B_x\hat{e}_x + B_y\hat{e}_y + B_z\hat{e}_z$의 벡터곱 $C = A \times B$는 다음과 같이 전개된다.

$$\begin{aligned} C &= A \times B \\ &= \left(A_x\hat{e}_x + A_y\hat{e}_y + A_z\hat{e}_z\right) \times \left(B_x\hat{e}_x + B_y\hat{e}_y + B_z\hat{e}_z\right) \\ &= (A_yB_z - A_zB_y)\hat{e}_x - (A_xB_z - A_zB_x)\hat{e}_y + (A_xB_y - A_yB_x)\hat{e}_z \end{aligned} \tag{1.3.7}$$

벡터 C의 x, y, z 성분은 각각 $C_x = A_yB_z - A_zB_y$, $C_y = A_zB_x - A_xB_z$, $C_z = A_xB_y - A_yB_z$이다.

벡터곱을 표현하는 다른 방법은 행렬식으로 쓰는 것이다. 식(1.3.7)의 결과는 A와 B의 성분으로 이루어진 다음의 행렬식을 소행렬식으로 전개하여 얻을 수 있다는 것을 바로 증명해 보일 수 있다.

$$C = A \times B = \begin{vmatrix} \hat{e}_x & \hat{e}_y & \hat{e}_z \\ A_x & A_y & A_z \\ B_x & B_y & B_z \end{vmatrix} \tag{1.3.8}$$

행렬식은 행을 서로 바꾸면 부호가 바뀌므로 $A \times B = -B \times A$가 성립하는 것을 분명하게 알 수 있다.

$$\mathrm{A}\times\mathrm{B} = \begin{vmatrix} \hat{\mathrm{e}}_x & \hat{\mathrm{e}}_y & \hat{\mathrm{e}}_z \\ A_x & A_y & A_z \\ B_x & B_y & B_z \end{vmatrix} = -\begin{vmatrix} \hat{\mathrm{e}}_x & \hat{\mathrm{e}}_y & \hat{\mathrm{e}}_z \\ B_x & B_y & B_z \\ A_x & A_y & A_z \end{vmatrix} = -\mathrm{B}\times\mathrm{A} \tag{1.3.9}$$

벡터곱은 물리학의 많은 양들과 밀접한 관계에 있다. 질량 m인 물체가 r의 위치에서 속도 v로 운동할 때 물체의 각운동량은 $\mathrm{L} = m\mathrm{r}\times\mathrm{v}$가 된다. 전하 q를 가진 입자가 자기장 B속에서 속도 v로 운동할 때 받는 로렌츠 힘은 $\mathrm{F} = q\mathrm{v}\times\mathrm{B}$이다. 이 밖에도 돌림힘(torque), 각속도 등 많은 예를 찾을 수 있다. 또한 패러데이 법칙(Faraday's law)과 앙페르 법칙(Ampère's law) 등에서도 중요하게 쓰인다.

예제 1.3.1 벡터 $\mathrm{C} = \mathrm{A}\times\mathrm{B}$ 의 방향이 A와 B 모두에게 수직임을 증명하시오.

풀이 수직임을 증명하기 위해서는 $\mathrm{A}\cdot\mathrm{C} = 0$ 및 $\mathrm{B}\cdot\mathrm{C} = 0$ 임을 보이면 된다. 즉,

$$\mathrm{A}\cdot\mathrm{C} = A_x(A_yB_z - A_zB_y) - A_y(A_xB_z - A_zB_x) + A_z(A_xB_y - A_yB_z) = 0 \tag{1.3.10}$$
$$\mathrm{B}\cdot\mathrm{C} = B_x(A_yB_z - A_zB_y) - B_y(A_xB_z - A_zB_x) + B_z(A_xB_y - A_yB_z) = 0 \tag{1.3.11}$$

이 되므로 C는 A와 B 양쪽 모두에 수직이다.

1.4 레비-치비타 기호(Levi-Civita symbol)

벡터 연산을 하는 데 있어서 **레비-치비타 기호**(Levi-Civita symbol)를 도입하면 편리하다. 어떤 기준 순서(reference order)로 나열된 된 수열이 있다고 하자. 예를 들어 숫자 수열 1, 2, 3, 4, 5,... 또는 문자 수열 $i, j, k, l, m, \ldots$가 있다고 하고 12345... 또는 $ijklm\ldots$의 순서를 기준 순서로 정하자. 독립된 객체(대상)의 개수가 n개이면 숫자나 문자의 개수도 n개다. 숫자 또는 문자는 짝(pair)으로 위치를 교환할 수 있다. 만약에 4개의 대상을 가진 시스템에 대하여 4개의 지표(index)를 가지고 구성한 기준 순서를 1234

라고 정하면 3412는 3412 → 4123 → 1234와 같이 두 번의 짝(pair) 교환으로 기준 순서로 돌아올 수 있다. 2134의 경우에는 2134 → 1234와 같이 한 번의 짝 교환으로 기준 순서로 돌아온다. 어떤 수열이 짝수 번의 교환으로 기준 순서로 돌아오면 짝수 패리티(even parity)를 가졌다고 하고, 홀수 번의 교환으로 기준 순서로 돌아오면 홀수 패리티(odd parity)를 가졌다고 한다. 기준 순서가 순환적(cyclic) 구조로 배열되어 있을 때에는 항상 짝수 번의 연속적인 교환으로 원래의 기준 순서로 돌아올 수 있다.

n개의 대상을 가진 계에 대하여 레비-치비타 기호를 $\varepsilon_{123\ldots n}$ 또는 $\varepsilon_{ijk\ldots}$로 정의하는데 ε의 지표는 n개로 되어 있으며 각 지표는 대상 중 하나를 나타낸다. 레비-치비타 기호의 값은 지표가 기준 순서로 되어있거나 짝수 패리티를 가지고 있으면 $+1$, 홀수 패리티를 가지고 있으면 -1, 두 개 이상의 지표가 중복되어 있으면 0으로 정의한다.

$$
\begin{aligned}
\varepsilon_{ijk\ldots} &= +1 \ \ (ijk\ldots\text{가 짝수 패리티인 경우}) \\
\varepsilon_{ijk\ldots} &= -1 \ \ (ijk\ldots\text{가 홀수 패리티인 경우}) \\
\varepsilon_{ijk\ldots} &= 0 \ \ (\text{지표가 중복되어있는 경우})
\end{aligned}
$$

식(1.3.7)의 벡터곱 계산을 레비-치비타 기호를 써서 표현해보자. 3차원 공간은 x, y, z의 세 독립된 방향을 가지고 있으므로 3개의 대상을 가진 계이다. 그러므로 레비-치비타의 지표를 x, y, z라는 문자로 구성하고 xyz를 기준 순서라고 하자. 레비-치비타 기호의 정의에 의해 $\varepsilon_{xyz} = \varepsilon_{yzx} = \varepsilon_{zxy} = 1$ 이 되고, 그 외 $\varepsilon_{xzy} = \varepsilon_{yxz} = \varepsilon_{zyx} = -1$이다. ε_{xxz}와 같이 지표가 중복이 되면 레비-치비타 기호의 값은 0이다. 그러므로 $\mathrm{C} = \mathrm{A} \times \mathrm{B}$는 다음과 같이 쓸 수 있다.

$$
\begin{aligned}
\mathrm{C} &= \mathrm{A} \times \mathrm{B} \qquad (1.4.1) \\
&= (A_y B_z - A_z B_y)\hat{\mathrm{e}}_x - (A_x B_z - A_z B_x)\hat{\mathrm{e}}_y + (A_x B_y - A_y B_x)\hat{\mathrm{e}}_z \\
&= \hat{\mathrm{e}}_x A_y B_z - \hat{\mathrm{e}}_x A_z B_y + \hat{\mathrm{e}}_y A_z B_x - \hat{\mathrm{e}}_y A_x B_z + \hat{\mathrm{e}}_z A_x B_y - \hat{\mathrm{e}}_z A_y B_x \\
&= \varepsilon_{xyz}\hat{\mathrm{e}}_x A_y B_z + \varepsilon_{xzy}\hat{\mathrm{e}}_x A_z B_y + \varepsilon_{yzx}\hat{\mathrm{e}}_y A_z B_x + \varepsilon_{yxz}\hat{\mathrm{e}}_y A_x B_z + \varepsilon_{zxy}\hat{\mathrm{e}}_z A_x B_y + \varepsilon_{zyx}\hat{\mathrm{e}}_z A_y B_x
\end{aligned}
$$

위 식의 마지막 줄은 각 항의 부호와 지표를 고려하여 레비-치비타 기호를 도입하여 표현한 것이다. 이를 간단히 합기호로 쓸 수 있는데 A와 B의 벡터곱은

$$\mathrm{A}\times\mathrm{B} = \sum_{i,j,k=x,y,z} \varepsilon_{ijk}\hat{\mathrm{e}}_i A_j B_k \tag{1.4.2}$$

와 같이 간단하게 표현할 수 있다. 식(1.4.2)는 i, j, k에 대한 3중 합이며 정확하게는

$$\mathrm{A}\times\mathrm{B} = \sum_{i=x,y,z}\sum_{j=x,y,z}\sum_{k=x,y,z} \varepsilon_{ijk}\hat{\mathrm{e}}_i A_j B_k \tag{1.4.3}$$

의 의미를 가지고 있다. 그러나 이렇게 표현하는 것은 다소 번거로우니 아인슈타인 합 규약에 의하여 합기호를 생략하여 쓰는 것이 편리하다. 즉, 식(1.4.3)은

$$\mathrm{A}\times\mathrm{B} = \varepsilon_{ijk}\hat{\mathrm{e}}_i A_j B_k \tag{1.4.4}$$

와 같이 흔히 쓰는데, 이는 앞서 1.2절에서 소개한 바와 같이 반복되는 지표가 있으면 합 기호를 생략하고 간단히 쓰기 위한 약속이다. 식(1.4.4)는 각 항이 벡터로 되어있는 벡터 식이므로 세 개의 성분을 가지고 있다. 만약 $\mathrm{A}\times\mathrm{B}$의 i 성분을 얻고 싶으면 단위벡터를 빼고

$$(\mathrm{A}\times\mathrm{B})_i = \varepsilon_{ijk} A_j B_k \tag{1.4.5}$$

와 같이 쓰면 된다. 식(1.4.5)에서 왼쪽 항의 지표 i는 $\mathrm{A}\times\mathrm{B}$의 성분을 의미하고 오른쪽 항의 지표 j와 k는 반복되어 있으므로 이들에 대한 합으로 계산하면 된다. A와 B가 단위벡터가 되는 특별한 경우를 보자. 단위벡터는 성분이 1이므로 벡터곱은

$$\hat{\mathrm{e}}_i \times \hat{\mathrm{e}}_j = \varepsilon_{ijk}\hat{\mathrm{e}}_k \tag{1.4.6}$$

가 된다. 식(1.4.6)은 식(1.3.6)에 나온 아홉 가지 식을 단 하나의 식으로 간단하게 표현한 것으로서 매우 유용하다. 여기서 레비-치비타 기호는 $\varepsilon_{ijk} = (i-j)(j-k)(k-i)/2$로 표현하는 것이 가능하다($i, j, k$에 숫자 $1, 2, 3$을 대입).

물리학의 많은 문제가 3차원 공간에서 다루어지므로 아래의 식들과 같이 3개의 대상을 가진 계에 대한 레비-치비타 기호의 여러 주요 결과들을 알아두면 편리하다.

$$\varepsilon_{ijk}\varepsilon_{ijk} = 6 \tag{1.4.7}$$

$$\varepsilon_{ipq}\varepsilon_{jpq} = 2\delta_{ij} \tag{1.4.8}$$

$$\varepsilon_{ijk}\varepsilon_{ilm} = \delta_{jl}\delta_{km} - \delta_{jm}\delta_{kl} \tag{1.4.9}$$

이 식들에 대해서도 반복된 지표에 대해서는 합을 해주어야 한다는 것을 잊지 말자. 식(1.4.7)의 왼쪽 항은 i, j, k가 반복되어 있으므로 $\sum_{i,j,k}\varepsilon_{ijk}\varepsilon_{ijk}$로 계산을 해야 그 결과가 6이 되는 것을 증명할 수 있다. 마찬가지로 식(1.4.8)의 왼쪽 항은 지표 p, q에 대한 합이고, 식(1.4.9)는 지표 i에 대한 합이다. 레비-치비타 기호는 복잡한 벡터 연산을 수행하는 데 매우 유용하게 쓰이므로 잘 익혀두는 것이 중요하다.

예제 1.4.1 3차원 공간에서 레비-치비타 기호를 이용하여 $\mathrm{A}\times\mathrm{B} = -\mathrm{B}\times\mathrm{A}$임을 증명하시오.

풀이 $\mathrm{A}\times\mathrm{B}$의 i성분은 다음과 같다.

$$(\mathrm{A}\times\mathrm{B})_i = \varepsilon_{ijk}A_jB_k = -\varepsilon_{ikj}A_jB_k = -\varepsilon_{ikj}B_kA_j = -(\mathrm{B}\times\mathrm{A})_i \tag{1.4.10}$$

따라서 $\mathrm{A}\times\mathrm{B} = -\mathrm{B}\times\mathrm{A}$이다.

예제 1.4.2 3차원 공간에서 A×B의 크기를 구하시오.

풀이 A×B의 크기는 $|\mathrm{A}\times\mathrm{B}| = \sqrt{(\mathrm{A}\times\mathrm{B})\cdot(\mathrm{A}\times\mathrm{B})}$로 정의된다. 스칼라곱을 지표의 식으로 표현하면 $\mathrm{a}\cdot\mathrm{b} = a_i b_i$ $(i = x, y, z)$이므로 다음과 같이 계산할 수 있다.

$$
\begin{aligned}
(\mathrm{A}\times\mathrm{B})\cdot(\mathrm{A}\times\mathrm{B}) &= (\mathrm{A}\times\mathrm{B})_i(\mathrm{A}\times\mathrm{B})_i = (\varepsilon_{ijk}A_jB_k)(\varepsilon_{ilm}A_lB_m) \qquad (1.4.11)\\
&= \varepsilon_{ijk}\varepsilon_{ilm}A_jB_kA_lB_m = (\delta_{jl}\delta_{km} - \delta_{jm}\delta_{kl})A_jB_kA_lB_m\\
&= A_jB_kA_jB_k - A_jB_kA_kB_j = A_jA_jB_kB_k - A_jB_jA_kB_k\\
&= (\mathrm{A}\cdot\mathrm{A})(\mathrm{B}\cdot\mathrm{B}) - (\mathrm{A}\cdot\mathrm{B})(\mathrm{A}\cdot\mathrm{B})\\
&= A^2B^2 - (\mathrm{A}\cdot\mathrm{B})^2 = A^2B^2 - A^2B^2\cos^2\theta\\
&= A^2B^2\sin^2\theta
\end{aligned}
$$

따라서 $|\mathrm{A}\times\mathrm{B}| = AB\sin\theta$이다.

1.5 삼중곱(Triple product)

벡터 연산에서 종종 나오는 삼중곱(triple product)에는 결과가 스칼라가 되는 삼중 스칼라곱(scalar triple product)과 결과가 벡터가 되는 삼중 벡터곱(vector triple product)이 있다. 벡터해석에 있어서 삼중 스칼라곱과 삼중 벡터곱은 중요하므로 이에 대하여 자세히 살펴보자.

1.5.1 삼중 스칼라곱(Scalar triple product)

세 벡터 A, B, C에 대해서 **삼중 스칼라곱**은 $\mathrm{A}\cdot(\mathrm{B}\times\mathrm{C})$로 정의되며 결과는 스칼라이다. 3차원 데카르트 좌표계에서 $\mathrm{A}\cdot(\mathrm{B}\times\mathrm{C})$는 다음과 같이 계산된다.

$$
\begin{aligned}
\mathrm{A}\cdot(\mathrm{B}\times\mathrm{C}) &= A_i(\mathrm{B}\times\mathrm{C})_i \qquad (1.5.1)\\
&= A_i\varepsilon_{ijk}B_jC_k\\
&= \varepsilon_{ijk}A_iB_jC_k\\
&= \underbrace{A_xB_yC_z - A_xB_zC_y}_{(\text{for } i=x)} + \underbrace{A_yB_zC_x - A_yB_xC_z}_{(\text{for } i=y)} + \underbrace{A_zB_xC_y - A_zB_yC_x}_{(\text{for } i=z)}\\
&= \begin{vmatrix} A_x & A_y & A_z \\ B_x & B_y & B_z \\ C_x & C_y & C_z \end{vmatrix}
\end{aligned}
$$

위의 결과에서 보듯이 삼중 스칼라곱은 각 벡터의 성분을 행렬식 형태로 써서 표현하는 것이 가능하다. 이 행렬식은 벡터를 포함하고 있지 않으므로 결과는 스칼라양이다. 행렬식은 행을 서로 교환하면 부호가 바뀌므로 다음과 같은 관계를 얻을 수 있다.

$$
\begin{aligned}
\mathrm{A}\cdot(\mathrm{B}\times\mathrm{C}) &= -\mathrm{B}\cdot(\mathrm{A}\times\mathrm{C}) = \mathrm{B}\cdot(\mathrm{C}\times\mathrm{A}) \qquad (1.5.2)\\
&= -\mathrm{C}\cdot(\mathrm{B}\times\mathrm{A}) = \mathrm{C}\cdot(\mathrm{A}\times\mathrm{B})
\end{aligned}
$$

기하학적으로 해석을 하면 A • (B×C)는 세 벡터가 이루는 평행육면체의 부피와 같다. 그림 1.7에서 보면 B×C의 크기는 B와 C가 이루는 평행사변형의 면적과 같고, 여기에 A를 스칼라곱 한 것은 A의 B×C로의 사영 길이(높이)를 곱한 것과 같으므로 평행육면체의 부피가 된다. 단, 이 결과의 부호는 벡터의 방향에 따라 + 또는 −가 될 수 있다.

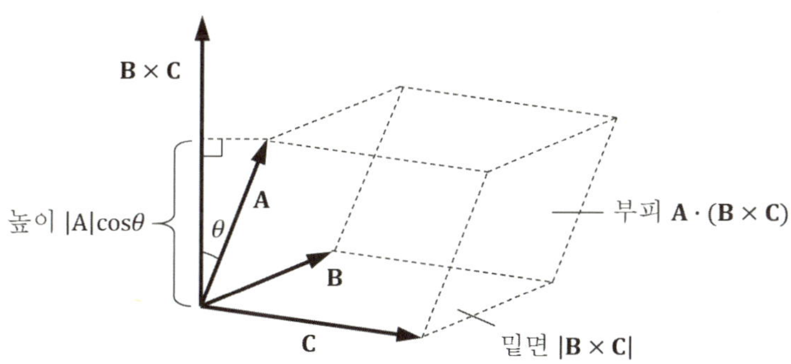

그림 1.7 평행육면체

1.5.2 삼중 벡터곱(Vector triple product)

삼중 벡터곱은 A×(B×C)와 같이 정의되며 그 결과는 벡터이다. 레비-치비타 기호를 사용하여 삼중 벡터곱을 계산하면 편리하다. 3차원 데카르트 좌표계에서 A×(B×C)의 i성분을 먼저 구해보자.

$$
\begin{aligned}
[\mathrm{A}\times(\mathrm{B}\times\mathrm{C})]_i &= \varepsilon_{ijk}A_j(\mathrm{B}\times\mathrm{C})_k \\
&= \varepsilon_{ijk}\varepsilon_{klm}A_jB_lC_m \\
&= \varepsilon_{kij}\varepsilon_{klm}A_jB_lC_m \\
&= (\delta_{il}\delta_{jm}-\delta_{im}\delta_{jl})A_jB_lC_m \\
&= A_jB_iC_j - A_jB_jC_i \\
&= B_i(\mathrm{A}\cdot\mathrm{C}) - C_i(\mathrm{A}\cdot\mathrm{B})
\end{aligned}
\tag{1.5.3}
$$

A×(B×C)의 i성분이 $B_i(\mathrm{A}\cdot\mathrm{C}) - C_i(\mathrm{A}\cdot\mathrm{B})$이므로

$$
\begin{aligned}
\mathrm{A}\times(\mathrm{B}\times\mathrm{C}) &= \sum_{i=x,y,z}[B_i(\mathrm{A}\cdot\mathrm{C}) - C_i(\mathrm{A}\cdot\mathrm{B})]\hat{\mathrm{e}}_i \\
&= \mathrm{B}(\mathrm{A}\cdot\mathrm{C}) - \mathrm{C}(\mathrm{A}\cdot\mathrm{B})
\end{aligned}
\tag{1.5.4}
$$

와 같이 계산된다. 식(1.5.4)는 때때로 BAC-CAB 규칙이라고 부르기도 한다.

예제 1.5.1 질량 m인 입자가 r의 위치에서 각속도 ω로 z축을 중심으로 회전하고 있다. 원점 O에 대한 입자의 각운동량을 구하시오.

풀이 입자의 각운동량 $\mathrm{L} = \mathrm{r}\times(m\mathrm{v})$를 구하기 위해 속도 v를 알아야 한다. 역학문제에서 각속도 ω가 주어지면 속도는 $\mathrm{v} = \omega\times\mathrm{r}$임을 배울 것이다. 따라서 각운동량은

$$
\mathrm{L} = m\mathrm{r}\times(\omega\times\mathrm{r}) \tag{1.5.5}
$$

이다. 이 문제는 $\mathbf{r} = x\hat{\mathbf{e}}_x + y\hat{\mathbf{e}}_y + z\hat{\mathbf{e}}_z$, $\boldsymbol{\omega} = \omega\hat{\mathbf{e}}_z$이라고 놓고 다음의 두 가지 방법으로 풀 수 있는데 학습을 위하여 두 방법 모두 잘 연습하자.

방법1: 벡터곱의 정의를 이용하여 직접 풀기
각운동량의 괄호 안의 식은

$$\boldsymbol{\omega} \times \mathbf{r} = \omega\hat{\mathbf{e}}_z \times \left(x\hat{\mathbf{e}}_x + y\hat{\mathbf{e}}_y + z\hat{\mathbf{e}}_z\right) = -\omega y\,\hat{\mathbf{e}}_y + \omega x\,\hat{\mathbf{e}}_z \tag{1.5.6}$$

이다. 그러므로

$$\begin{aligned} \mathbf{L} &= m\left(x\hat{\mathbf{e}}_x + y\hat{\mathbf{e}}_y + z\hat{\mathbf{e}}_z\right) \times \left(-\omega y\,\hat{\mathbf{e}}_x + \omega x\,\hat{\mathbf{e}}_y\right) \\ &= m\left[-xz\omega\hat{\mathbf{e}}_x - yz\omega\hat{\mathbf{e}}_y + (x^2+y^2)\omega\hat{\mathbf{e}}_z\right] \end{aligned} \tag{1.5.7}$$

가 된다.

방법2: 레비-치비타 기호를 이용하여 풀기
각운동량의 i성분은

$$\begin{aligned} (\mathbf{L})_i &= m\,\varepsilon_{ijk}x_j(\boldsymbol{\omega}\times\mathbf{r})_k = m\,\varepsilon_{ijk}\varepsilon_{klm}x_j\omega_l x_m \\ &= m\left(\delta_{il}\delta_{jm} - \delta_{im}\delta_{jl}\right)x_j\omega_l x_m = m\left(x_j\omega_i x_j - x_j\omega_j x_i\right) \\ &= m\,r^2\omega_i - m\,\mathbf{r}\cdot\boldsymbol{\omega}x_i \end{aligned} \tag{1.5.8}$$

마지막 식에서 $x_j x_j = x^2 + y^2 + z^2 = r^2$이고 $x_j\omega_j = x\,\omega_x + y\omega_y + z\,\omega_z = \mathbf{r}\cdot\boldsymbol{\omega}$이다. 따라서 $\omega_x = \omega_y = 0$이고 $\omega_z = \omega$이므로 각운동량의 각 성분은 다음과 같이 된다.

$$L_x = -mxz\omega,\ L_y = -myz\omega,\ L_z = m(x^2+y^2)\omega \tag{1.5.9}$$

연습문제

1.1 $a = \hat{e}_x + 2\hat{e}_y$, $b = -\hat{e}_x + 2\hat{e}_y$에 대하여 $a + b$, $a - b$, $2b - 3(a \cdot b)b$를 각각 그래프로 그리고 대수적으로 구하시오.

1.2 $a = \hat{e}_x + 2\hat{e}_y$, $b = -\hat{e}_x + 2\hat{e}_y$에 대하여 두 벡터 사이의 각도를 구하시오.

1.3 $a = \hat{e}_x + 2\hat{e}_y$, $b = -\hat{e}_x + 2\hat{e}_y$에 대하여 두 벡터에 수직인 벡터를 구하시오.

1.4 아래의 세 벡터

$$A = \hat{e}_x \cos\theta + \hat{e}_y \sin\theta$$

$$B = \hat{e}_x \cos\varphi - \hat{e}_y \sin\varphi$$

$$C = \hat{e}_x \cos\varphi + \hat{e}_y \sin\varphi$$

를 이용하여 다음의 삼각함수 항등식을 증명하시오.

$$\sin(\theta + \varphi) = \sin\theta\cos\varphi + \cos\theta\sin\varphi$$
$$\cos(\theta + \varphi) = \cos\theta\cos\varphi - \sin\theta\sin\varphi$$

1.5 레비-치비타 기호와 크로네커 델타에 대하여 다음을 증명하시오

(a) $\varepsilon_{ijk}\varepsilon_{ijk} = 6$

(b) $\varepsilon_{ipq}\varepsilon_{jpq} = 2\delta_{ij}$

(c) $\varepsilon_{ijk}\varepsilon_{ilm} = \delta_{jl}\delta_{km} - \delta_{jm}\delta_{kl}$

1.6 $(A \times B)^2 + (A \cdot B)^2 = A^2B^2$을 증명하시오.

1.7 $(A \cdot B)^2 - [(A \times B) \times B] \cdot A$를 간단히 하시오.

1.8 $\mathrm{A}\times(\mathrm{B}\times\mathrm{C})+\mathrm{B}\times(\mathrm{C}\times\mathrm{A})+\mathrm{C}\times(\mathrm{A}\times\mathrm{B})=0$을 증명하시오(Jacobi's identity).

1.9 $(\mathrm{A}\times\mathrm{B})\cdot(\mathrm{C}\times\mathrm{D})=(\mathrm{A}\cdot\mathrm{C})(\mathrm{B}\cdot\mathrm{D})-(\mathrm{A}\cdot\mathrm{D})(\mathrm{B}\cdot\mathrm{C})$를 증명하시오 (Lagrange's identity).

1.10 $(\mathrm{A}\times\mathrm{B})\cdot(\mathrm{C}\times\mathrm{D})+(\mathrm{B}\times\mathrm{C})\cdot(\mathrm{A}\times\mathrm{D})+(\mathrm{C}\times\mathrm{A})\cdot(\mathrm{B}\times\mathrm{D})=0$을 증명하시오.

1.11 $(\mathrm{A}\times\mathrm{B})\times(\mathrm{C}\times\mathrm{D})=[\mathrm{A}\cdot(\mathrm{B}\times\mathrm{D})]\mathrm{C}-[\mathrm{A}\cdot(\mathrm{B}\times\mathrm{C})]\mathrm{D}$를 증명하시오.

1.12 벡터 A, B, C, D가 같은 평면에 있다면 $(\mathrm{A}\times\mathrm{B})\times(\mathrm{C}\times\mathrm{D})=0$임을 보이시오.

Chapter 02

좌표계의 변환

Coordinate Transformations

2.1 좌표계의 회전(Coordinate rotations)

물리적인 문제를 풀 때에 좌표계의 적절한 회전을 이용하면 문제를 쉽게 해결 할 수 있는 경우가 있다. 벡터는 크기와 방향으로만 정의가 되므로 좌표계의 회전에 따른 벡터의 크기나 물리적 성질의 변화는 없기 때문이다. 그러나 좌표계가 회전할 때 특정한 변환 성질을 가져야 한다. 간단히 생각하기 위하여 2차원 데카르트 좌표계에서 좌표축의 회전을 생각하자. 그림 2.1에서와 같이 좌표축을 중심으로 φ만큼 회전하였을 때 회전하기 전과 후의 벡터 A의 성분의 변환을 알아보자.

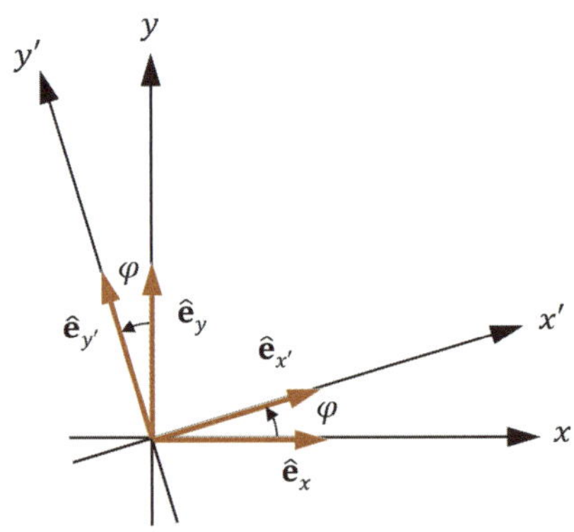

그림 2.1 2차원 좌표축의 회전

회전하기 전의 좌표계에서의 벡터를 $\mathrm{A} = A_x\hat{\mathrm{e}}_x + A_y\hat{\mathrm{e}}_y$라고 하고, 회전된 좌표계에서의 벡터를 $\mathrm{A}' = A_x{'}\hat{\mathrm{e}}_x{'} + A_y{'}\hat{\mathrm{e}}_y{'}$라고 하자. 단위벡터 $\hat{\mathrm{e}}_x{'}$와 $\hat{\mathrm{e}}_y{'}$는 회전된 좌표계의 축을 나타낸다. 그림 2.1과 같이 반시계 방향으로 φ만큼 회전을 하였을 때 회전 전후의 단

위벡터들은 다음의 관계식을 갖는다.

$$\hat{\mathbf{e}}_x = \cos\varphi\,\hat{\mathbf{e}}_x{}' - \sin\varphi\,\hat{\mathbf{e}}_y{}' \tag{2.1.1}$$
$$\hat{\mathbf{e}}_y = \sin\varphi\,\hat{\mathbf{e}}_x{}' + \cos\varphi\,\hat{\mathbf{e}}_y{}'$$

그러므로 A는 다음과 같이 바뀐 형태로 쓸 수 있다.

$$\begin{aligned}\mathrm{A} &= A_x\left(\cos\varphi\,\hat{\mathbf{e}}_x{}' - \sin\varphi\,\hat{\mathbf{e}}_y{}'\right) + A_y\left(\sin\varphi\,\hat{\mathbf{e}}_x{}' + \cos\varphi\,\hat{\mathbf{e}}_y{}'\right) \\ &= (A_x\cos\varphi + A_y\sin\varphi)\hat{\mathbf{e}}_x{}' + (-A_x\sin\varphi + A_y\cos\varphi)\hat{\mathbf{e}}_y{}'\end{aligned} \tag{2.1.2}$$

따라서 회전된 좌표계에서 보면 A′의 성분 $A_x{}'$과 $A_y{}'$은

$$A_x{}' = A_x\cos\varphi + A_y\sin\varphi \tag{2.1.3}$$
$$A_y{}' = -A_x\sin\varphi + A_y\cos\varphi$$

이다. 벡터의 성분을 행렬의 원소로 쓰면 A와 A′의 변환 관계는 아래의 행렬로 나타낼 수 있다.

$$\mathrm{A}' = \begin{pmatrix} A_x{}' \\ A_y{}' \end{pmatrix} = \begin{pmatrix} A_x\cos\varphi + A_y\sin\varphi \\ -A_x\sin\varphi + A_y\cos\varphi \end{pmatrix} = \begin{pmatrix} \cos\varphi & \sin\varphi \\ -\sin\varphi & \cos\varphi \end{pmatrix}\begin{pmatrix} A_x \\ A_y \end{pmatrix} = \begin{pmatrix} \cos\varphi & \sin\varphi \\ -\sin\varphi & \cos\varphi \end{pmatrix}\mathrm{A} \tag{2.1.4}$$

여기서 벡터 A′과 A는 각각 2×1 크기의 행렬의 형태를 가지고 있는데 이와 같이 벡터를 하나의 열로 이루어진 행렬로 표현할 때 이를 **열벡터**(column vector)로 부른다. 만약에 벡터를 $1\times n$ 행렬 형태로 쓰면 하나의 행을 가지고 있다고 해서 **행벡터**(row vector)라고 부른다. 식(2.1.4)의 마지막 표현에서 열벡터 A 앞의 2×2 행렬은 회전과 관련된 **변환행렬**(transformation matrix)이다. 변환행렬을 S라고 하면

$$S = \begin{pmatrix} \cos\varphi & \sin\varphi \\ -\sin\varphi & \cos\varphi \end{pmatrix} \tag{2.1.5}$$

와 같이 표현된다. 즉 이차원계에서 S를 어떤 벡터에 곱하면 좌표축이 φ만큼 회전한 좌표계에서의 벡터를 얻게 된다. 식(2.1.4)는

$$A' = SA \tag{2.1.6}$$

와 같이 간단히 쓸 수 있다. A′은 A의 좌표계를 φ만큼 회전하여 얻은 것이므로 A′의 좌표계를 $-\varphi$만큼 다시 회전하면 원래의 A의 좌표계를 얻는다. $-\varphi$만큼 회전하는 경우의 변환행렬 S′은 다음과 같다.

$$S' = \begin{pmatrix} \cos(-\varphi) & \sin(-\varphi) \\ -\sin(-\varphi) & \cos(-\varphi) \end{pmatrix} = \begin{pmatrix} \cos\varphi & -\sin\varphi \\ \sin\varphi & \cos\varphi \end{pmatrix} \tag{2.1.7}$$

이제 S′을 A′에 곱하면 원래의 벡터 A를 얻는다.

$$A = S'A' \tag{2.1.8}$$

벡터 A의 성분 A_x와 A_y를 벡터 A′의 성분으로 나타내고자 한다면 식(2.1.8)을

$$A = \begin{pmatrix} A_x \\ A_y \end{pmatrix} = \begin{pmatrix} \cos\varphi & -\sin\varphi \\ \sin\varphi & \cos\varphi \end{pmatrix} \begin{pmatrix} A_x' \\ A_y' \end{pmatrix} \tag{2.1.9}$$

로 쓰면

$$A_x = A_x'\cos\varphi - A_y'\sin\varphi \tag{2.1.10}$$
$$A_y = A_x'\sin\varphi + A_y'\cos\varphi$$

임을 쉽게 알 수 있다.

식(2.1.8)의 A′에 A′ = SA를 대입하면 A = S′SA이므로 S′S = 1이 되어야 한다. 즉 $S' = S^{-1}$이므로 변환행렬은 역행렬과 같다는 결론을 얻는다. 또한 식(2.1.5)와 식(2.1.7)을 보면 S′의 원소 a_{ij}'는 S의 원소 a_{ij}의 행과 열의 지표를 서로 교환한 $a_{ji}(= a_{ij}')$와 같은데, 이러한 경우 S′을 S의 **전치행렬**(transpose matrix, 자리바꿈행렬)이라고 한다. 전치행렬은 보통 위첨자를 써서 S^T와 같이 표기한다.

2.2 직교 변환(Orthogonal transformations)

변환행렬 S의 원소가 실수이고 S의 역행렬과 전치행렬이 같다는 것은 S가 **직교행렬**(orthogonal matrix)이라는 의미이다. 앞 절에서 설명한 바와 같이 직교행렬이면

$$S^{-1} = S^T \tag{2.2.1}$$

이 되어

$$SS^T = I \tag{2.2.2}$$

가 성립한다. 여기서 I는 항등행렬(identity matrix)이다. **행렬식**(determinant)의 성질에 의해 $\det(SS^T) = \det(S)\det(S^T) = 1$이 되는데 S와 S^T의 행렬식 값은 같으므로 $[\det(S)]^2 = 1$이 된다. 따라서 S가 직교행렬이면

$$\det(S) = \pm 1 \tag{2.2.3}$$

이 되는 것을 알 수 있다. S와 S′이 직교행렬이면 SS′ 및 S′S도 직교행렬이 된다.

식(2.1.5)의 변환행렬 S를 변환(회전)하기 전과 후의 좌표계의 단위벡터로 표현할 수 있다. 식(2.1.1)은 다음과 같이 쓸 수 있는데

$$\hat{e}_x = (\hat{e}_x{}' \cdot \hat{e}_x)\hat{e}_x{}' + (\hat{e}_y{}' \cdot \hat{e}_x)\hat{e}_y{}' \tag{2.2.4}$$

$$\hat{e}_y = (\hat{e}_x{}' \cdot \hat{e}_y)\hat{e}_x{}' + (\hat{e}_y{}' \cdot \hat{e}_y)\hat{e}_y{}' \tag{2.2.5}$$

이것은 $\hat{e}_x$와 $\hat{e}_y$를 각각 x'과 y' 좌표 방향으로의 사영한 결과의 합이다. 그러므로 변환행렬 S는 다음과 같이 쓸 수 있다.

$$S = \begin{pmatrix} \hat{e}_x{}' \cdot \hat{e}_x & \hat{e}_x{}' \cdot \hat{e}_y \\ \hat{e}_y{}' \cdot \hat{e}_x & \hat{e}_y{}' \cdot \hat{e}_y \end{pmatrix} \tag{2.2.6}$$

이것은 S의 첫 번째 행이 프라임이 없는 좌표계(회전하기 전의 좌표계), 즉 $\hat{e}_x$와 $\hat{e}_y$에 대한 $\hat{e}_x{}'$의 성분으로 되어 있고, 두 번째 행은 $\hat{e}_x$와 $\hat{e}_y$에 대한 $\hat{e}_y{}'$의 성분으로 되어 있다는 것을 의미한다. 즉 첫 번째 행을 성분으로 하는 벡터와 두 번째 행을 성분으로 하는 벡터는 직교한다. 쉽게 이해하기 위하여 S의 각 행을 성분으로 만든 다음의 두 행벡터 a와 b를 가정해보자.

$$a = (\hat{e}_x{}' \cdot \hat{e}_x \quad \hat{e}_x{}' \cdot \hat{e}_y), \quad b = (\hat{e}_y{}' \cdot \hat{e}_x \quad \hat{e}_y{}' \cdot \hat{e}_y) \tag{2.2.7}$$

그러면 a • a, b • b, a • b의 계산 결과는 각각

$$a \cdot a = (\hat{e}_x{}' \cdot \hat{e}_x \quad \hat{e}_x{}' \cdot \hat{e}_y)\begin{pmatrix} \hat{e}_x{}' \cdot \hat{e}_x \\ \hat{e}_x{}' \cdot \hat{e}_y \end{pmatrix} = (\cos\varphi \quad \sin\varphi)\begin{pmatrix} \cos\varphi \\ \sin\varphi \end{pmatrix} \tag{2.2.8}$$

$$= \cos^2\varphi + \sin^2\varphi = 1$$

$$b \cdot b = (\hat{e}_y{}' \cdot \hat{e}_x \quad \hat{e}_y{}' \cdot \hat{e}_y)\begin{pmatrix} \hat{e}_y{}' \cdot \hat{e}_x \\ \hat{e}_y{}' \cdot \hat{e}_y \end{pmatrix} = (-\sin\varphi \quad \cos\varphi)\begin{pmatrix} -\sin\varphi \\ \cos\varphi \end{pmatrix} \tag{2.2.9}$$

$$= \sin^2\varphi + \cos^2\varphi = 1$$

$$\mathrm{a}\cdot\mathrm{b} = \left(\hat{e}_x{}'\cdot\hat{e}_x \quad \hat{e}_x{}'\cdot\hat{e}_y\right)\begin{pmatrix}\hat{e}_y{}'\cdot\hat{e}_x \\ \hat{e}_y{}'\cdot\hat{e}_y\end{pmatrix} = (\cos\varphi \quad \sin\varphi)\begin{pmatrix}-\sin\varphi \\ \cos\varphi\end{pmatrix} \tag{2.2.10}$$

$$= -\cos\varphi\sin\varphi + \sin\varphi\cos\varphi = 0$$

가 되어서 행벡터 a와 b가 직교하는 것을 알 수 있다. 이것이 직교행렬의 의미이다. 벡터 a와 b를 S의 각 열의 원소로 성분을 구성하여도 똑같은 결과를 얻을 수 있다.

식(2.2.3)은 직교행렬의 행렬식 값이 $+1$ 또는 -1이 된다는 것을 의미한다. 그러나 보통의 공간에서는 행렬식의 값이 항상 $+1$이다. 행렬식의 값이 -1이 되는 경우는 반전(reflection)과 관련되어 있다. 회전을 하지 않은 경우에는 $\varphi = 0$이므로

$$\det(S) = \begin{vmatrix}1 & 0 \\ 0 & 1\end{vmatrix} = 1 \tag{2.2.11}$$

이고, 1회전 하였을 때에는 $\varphi = 360°$이므로 역시 $\det(S) = 1$이다. 임의의 각도의 회전에 대하여 1 이외의 값은 허용되지 않는다.

예제 2.2.1 다음의 직교행렬에 대하여 (a) $\det(SS^T) = 1$, (b) $\det(S) = 1$이 됨을 보이시오.

$$S = \begin{pmatrix}\cos\varphi & \sin\varphi \\ -\sin\varphi & \cos\varphi\end{pmatrix}$$

풀이 (a) $\det(SS^T) = \det\left[\begin{pmatrix}\cos\varphi & \sin\varphi \\ -\sin\varphi & \cos\varphi\end{pmatrix}\begin{pmatrix}\cos\varphi & -\sin\varphi \\ \sin\varphi & \cos\varphi\end{pmatrix}\right] = \det\begin{bmatrix}1 & 0 \\ 0 & 1\end{bmatrix} = \begin{vmatrix}1 & 0 \\ 0 & 1\end{vmatrix} = 1$

(b) $\det(S) = \det\begin{pmatrix}\cos\varphi & \sin\varphi \\ -\sin\varphi & \cos\varphi\end{pmatrix} = \begin{vmatrix}\cos\varphi & \sin\varphi \\ -\sin\varphi & \cos\varphi\end{vmatrix} = \cos^2\varphi + \sin^2\varphi = 1$

2.3 벡터의 조건(Condition to be a vector)

물리학에서 어떤 양을 기술하는 벡터는 특별한 구조를 가지고 있어야 하는데, 그것은 앞서 설명한 회전 변환을 만족하여야 한다는 것이다. 예를 들어 운동하는 물체의 위치를 나타내는 위치벡터 $\mathrm{r} = x\hat{\mathrm{e}}_x + y\hat{\mathrm{e}}_y$나 물체의 속도를 나타내는 속도벡터 $\mathrm{v} = v_x\hat{\mathrm{e}}_x + v_y\hat{\mathrm{e}}_y$ 등이 벡터가 되기 위해서는 모두 좌표계의 회전에 대하여 2.1절의 변환행렬을 얻을 수 있어야 한다. 위치 벡터 r의 좌표계를 φ만큼 회전시켰다고 하자. 그러면 회전(변환)된 좌표계서의 위치벡터는 $\mathrm{r}' = x'\hat{\mathrm{e}}_x' + y'\hat{\mathrm{e}}_y'$이다. 그림 2.2를 참조하면 회전하기 전과 회전 후의 위치벡터의 좌표들은

$$x' = \cos\varphi\, x + \sin\varphi\, y \tag{2.3.1}$$

$$y' = -\sin\varphi\, x + \cos\varphi\, y \tag{2.3.2}$$

의 관계가 있음을 알 수 있다. 따라서 r'은 다음과 같이 행렬로 표현할 수 있다.

$$\mathrm{r}' = \begin{pmatrix} x' \\ y' \end{pmatrix} = \begin{pmatrix} \cos\varphi\, x + \sin\varphi\, y \\ -\sin\varphi\, x + \cos\varphi\, y \end{pmatrix} = \begin{pmatrix} \cos\varphi & \sin\varphi \\ -\sin\varphi & \cos\varphi \end{pmatrix}\begin{pmatrix} x \\ y \end{pmatrix} = \mathrm{S}\mathrm{r} \tag{2.3.3}$$

그러므로 r과 r'은 변환 행렬 S에 대해 성립하므로 위치벡터는 벡터의 정의를 만족한다. 속도벡터 v도 변환행렬이 성립되는 벡터이다. 속도에 대하여서는 $\mathrm{v} = v_x\hat{\mathrm{e}}_x + v_y\hat{\mathrm{e}}_y$에서 v_x와 v_y를 각각 위치의 시간미분 $\dot{x}$와 $\dot{y}$로 쓰면 식(2.3.3)과 유사하게 $\mathrm{v}' = \mathrm{S}\mathrm{v}$의 관계식을 얻을 수 있으므로 v도 벡터이다. 물리학에서 벡터가 되지 않는 경우를 예로 들면 $\mathrm{B} = x^2\hat{\mathrm{e}}_x + y^2\hat{\mathrm{e}}_y$와 같은 경우이다. B는 벡터의 형식을 가지고 있긴 하지만 회전 변환을 만족하지 않는다.

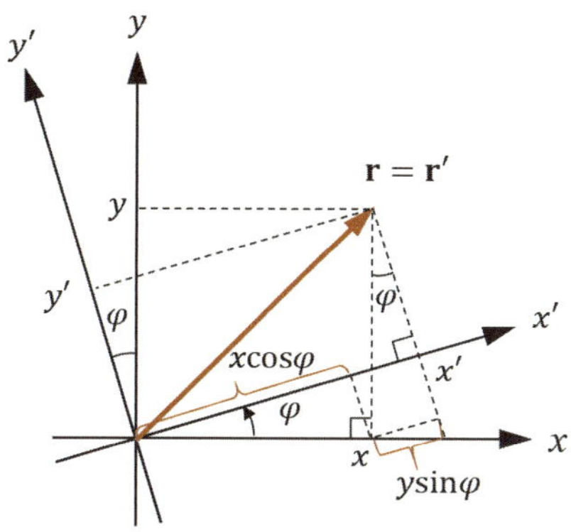

그림 2.2 위치벡터와 좌표변환

예제 2.3.1 $A = -y\hat{e}_x + x\hat{e}_y$는 변환행렬을 만족하는 벡터인가?

풀이 벡터 A를 φ 회전에 대한 변환행렬 S로 변환하게 되면

$$A' = SA = \begin{pmatrix} \cos\varphi & \sin\varphi \\ -\sin\varphi & \cos\varphi \end{pmatrix}\begin{pmatrix} -y \\ x \end{pmatrix} = \begin{pmatrix} -y\cos\varphi + x\sin\varphi \\ y\sin\varphi + x\cos\varphi \end{pmatrix} \tag{2.3.4}$$

가 된다. 회전에 의한 좌표계의 관계는 $x' = x\cos\varphi + y\sin\varphi$, $y' = -x\sin\varphi + y\cos\varphi$이다. 그러므로

$$A' = \begin{pmatrix} -y\cos\varphi + x\sin\varphi \\ y\sin\varphi + x\cos\varphi \end{pmatrix} = \begin{pmatrix} -y' \\ x' \end{pmatrix} \tag{2.3.5}$$

가 되고 A는 변환행렬을 만족한다. 회전하기 전의 A의 크기는 $x^2 + y^2$이고 A′의 크기도 $(-y')^2 + (x')^2 = (-x\sin\varphi + y\cos\varphi)^2 + (x\cos\varphi + y\sin\varphi)^2 = x^2 + y^2$이므로 회전에 의하여 크기가 변하지 않는다는 벡터의 정의를 만족한다.

예제 2.3.2 $B = x^2\hat{e}_x + y^2\hat{e}_y$는 벡터가 아님을 보이시오.

풀이 벡터 B에 변환행렬 S를 적용하면 다음과 같이 된다.

$$B' = SB = \begin{pmatrix} \cos\varphi & \sin\varphi \\ -\sin\varphi & \cos\varphi \end{pmatrix}\begin{pmatrix} x^2 \\ y^2 \end{pmatrix} = \begin{pmatrix} x^2\cos\varphi + y^2\sin\varphi \\ -x^2\sin\varphi + y^2\cos\varphi \end{pmatrix} \tag{2.3.6}$$

B와 B′의 크기를 비교하면 $|B| = x^4 + y^4 + 2x^2y^2$이고 $|B'| = x^4 + y^4$이므로 회전변환을 만족하지 않는다.

2.4 3차원 공간에서의 회전(Rotations in 3-D space)

지금까지 2차원 공간에서의 회전을 다루면서 2×2 변환행렬을 사용하였다. 실제 문제에서는 3차원 공간이 중요하므로 3×3 행렬을 써야 하는데 식(2.2.6)에서와 마찬가지로 회전한 좌표계의 단위벡터들을 회전하기 전의 단위벡터에 사영한 값을 원소로 쓰면 된다. 데카르트 좌표계에서의 3차원 변환행렬은

$$S = \begin{pmatrix} \hat{e}_x{}' \cdot \hat{e}_x & \hat{e}_x{}' \cdot \hat{e}_y & \hat{e}_x{}' \cdot \hat{e}_z \\ \hat{e}_y{}' \cdot \hat{e}_x & \hat{e}_y{}' \cdot \hat{e}_y & \hat{e}_y{}' \cdot \hat{e}_z \\ \hat{e}_z{}' \cdot \hat{e}_x & \hat{e}_z{}' \cdot \hat{e}_y & \hat{e}_z{}' \cdot \hat{e}_z \end{pmatrix} \tag{2.4.1}$$

와 같이 된다. 2차원 공간에서는 하나의 회전각 변수만 있으면 되었다. 그러나 3차원 공간에서는 회전과 관련된 3개의 독립된 변수가 존재한다. 3차원 공간에서 임의의 회전을 기술하기 위해서 **오일러 각**(Euler angles)을 도입하면 편리한데, 이는 회전의 방향을 세 단계로 순차적으로 나누고 최종적으로 전체 효과를 얻는 것이다. 세 단계는 다음과 같다.

1단계 z축을 회전 중심으로 하여 반시계 방향으로 각도 $\alpha\,(0 \le \alpha \le 2\pi)$만큼 회전한다. x축과 y축은 회전 후 새롭게 x'축과 y'축이 된다. z축과 z'은 변화 없이 같다.

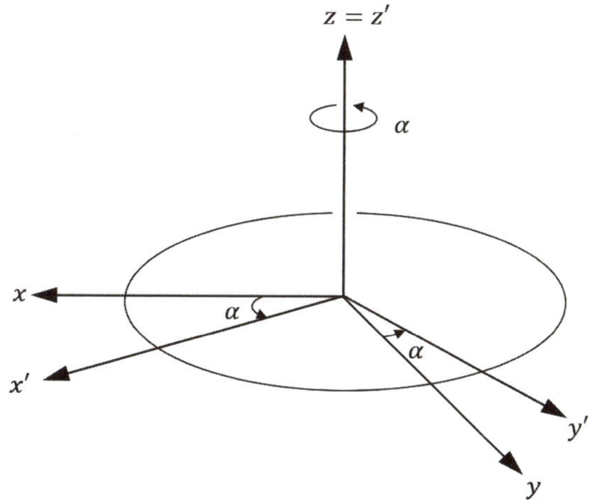

그림 2.3 z축을 중심으로 오일러 각 α만큼 회전

2단계 y'축을 회전 중심으로 하여 반시계 방향으로 각도 $\beta(0 \le \beta \le \pi)$만큼 회전한다. x'축과 z'축은 새롭게 x''축과 z''축이 된다. y'축은 변화가 없고 이를 y''축으로 놓는다.

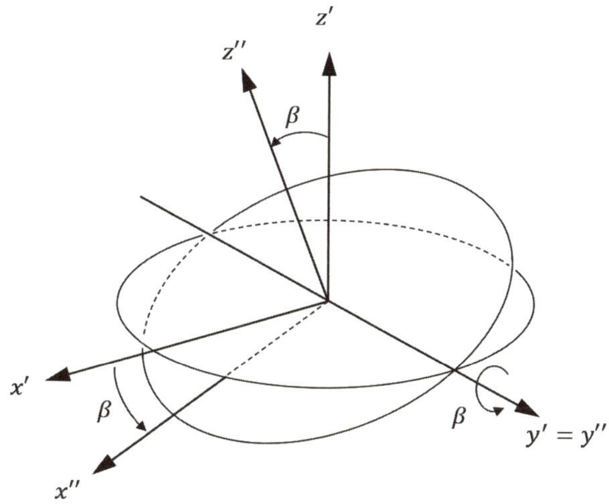

그림 2.4 y'축을 중심으로 오일러 각 β만큼 회전

3단계 z''축을 회전 중심으로 하여 반시계 방향으로 각도 $\gamma(0 \le \gamma \le 2\pi)$만큼 회전한다. 새로운 좌표축을 최종적으로 x''', y''', z'''로 놓는다. z''축은 z'''축과 같다.

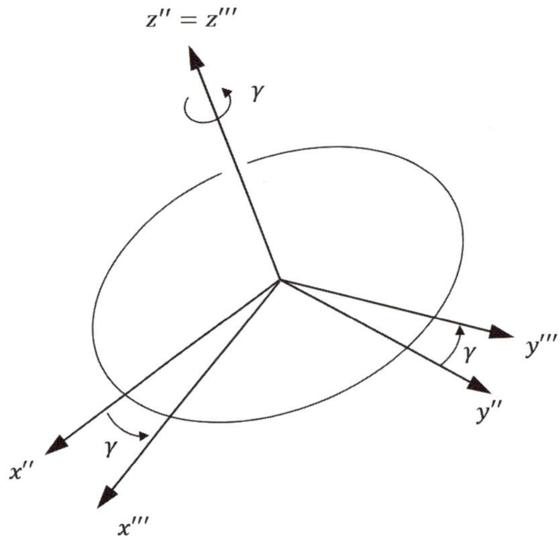

그림 2.5 z''축을 중심으로 오일러 각 γ만큼 회전

이 세 단계의 과정에서 회전각도 α, β, γ를 오일러 각이라고 한다. 이제 각각의 단계에 대한 변환행렬을 찾아보자. 첫 번째 단계의 회전은 z축이 고정된 상태에서 x축과 y축의 회전이므로 2차원의 변환행렬과 유사하다. 단, $z = z'$이므로 $\hat{\mathrm{e}}_z{}' \cdot \hat{\mathrm{e}}_j = \delta_{zj}$ $(j = x, y, z)$가 되어 오일러 각 α에 대한 1단계 변환행렬 $\mathrm{S}_1(\alpha)$은 다음과 같다.

$$\mathrm{S}_1(\alpha) = \begin{pmatrix} \cos\alpha & \sin\alpha & 0 \\ -\sin\alpha & \cos\alpha & 0 \\ 0 & 0 & 1 \end{pmatrix} \tag{2.4.2}$$

두 번째 회전은 y'축을 중심으로 한 것이므로 $x'z'$면상에서의 회전이 된다. 이 경우, $y' = y''$이고 오일러 각 β만큼 $x' \to x''$, $z' \to z''$로 회전한 것이므로 2단계 변환행렬 $\mathrm{S}_2(\beta)$는

$$\mathrm{S}_2(\beta) = \begin{pmatrix} \cos\beta & 0 & -\sin\beta \\ 0 & 1 & 0 \\ \sin\beta & 0 & \cos\beta \end{pmatrix} \tag{2.4.3}$$

와 같이 된다. 세 번째 회전은 z''축에 대한 회전이므로 1단계와 비슷하다. 그러므로 3단계 변환행렬 $S_3(\gamma)$은

$$S_3(\gamma) = \begin{pmatrix} \cos\gamma & \sin\gamma & 0 \\ -\sin\gamma & \cos\gamma & 0 \\ 0 & 0 & 1 \end{pmatrix} \tag{2.4.4}$$

가 된다. 세 단계 전체 회전에 대한 최종 변환행렬 S는 세 변환행렬을 순서대로 곱한 삼중 행렬곱이 된다.

$$S(\alpha, \beta, \gamma) = S_3(\gamma) S_2(\beta) S_1(\alpha) \tag{2.4.5}$$

행렬 $S(\alpha, \beta, \gamma)$의 i행과 j열의 원소를 s_{ij}라고 하면 당연히 $s_{ij} = \hat{e}_i''' \cdot \hat{e}_j$임을 기억하자. 변환행렬을 이용하여 회전을 시킬 때 행렬을 연산하는 순서에 주의하여야 한다. $S_1(\alpha)$이 첫 번째로 작용하고 다음에 순차적으로 $S_2(\beta)$, 그리고 $S_3(\gamma)$가 마지막으로 작용한다. 각 단계의 변환행렬 $S_1(\alpha)$, $S_2(\beta)$, $S_3(\gamma)$은 물론이고 전체 변환행렬 $S(\alpha, \beta, \gamma)$도 모두 직교행렬이며 행렬식의 값은 모두 1이다. 식(2.4.5)의 행렬을 계산하면 다음과 같다.

$$S(\alpha, \beta, \gamma) = \begin{pmatrix} \cos\alpha\cos\beta\cos\gamma - \sin\alpha\sin\gamma & \sin\alpha\cos\beta\cos\gamma + \cos\alpha\sin\gamma & -\sin\beta\cos\gamma \\ -\cos\alpha\cos\beta\sin\gamma - \sin\alpha\cos\gamma & -\sin\alpha\cos\beta\sin\gamma + \cos\alpha\cos\gamma & \sin\beta\sin\gamma \\ \cos\alpha\sin\beta & \sin\alpha\sin\beta & \cos\beta \end{pmatrix} \tag{2.4.6}$$

예제 2.4.1 위치벡터 $\mathrm{r} = \hat{\mathrm{e}}_x + \hat{\mathrm{e}}_y + \hat{\mathrm{e}}_z$에 대하여 좌표계를 오일러 각 $\alpha = \beta = \gamma = \pi/2$로 회전한 좌표계에서 위치벡터를 구하시오.

풀이 식(2.4.6)의 변환행렬에 오일러 각 $\pi/2$을 대입하면

$$\mathrm{S}(\alpha, \beta, \gamma) = \begin{pmatrix} -1 & 0 & 0 \\ 0 & 0 & 1 \\ 0 & 1 & 0 \end{pmatrix} \tag{2.4.7}$$

가 된다. 위치벡터 r을 열벡터로 표현하면 $\mathrm{r} = \begin{pmatrix} 1 \\ 1 \\ 1 \end{pmatrix}$이므로 회전 후의 위치벡터는

$$\mathrm{r}'' = \begin{pmatrix} -1 & 0 & 0 \\ 0 & 0 & 1 \\ 0 & 1 & 0 \end{pmatrix} \begin{pmatrix} 1 \\ 1 \\ 1 \end{pmatrix} = \begin{pmatrix} -1 \\ 1 \\ 1 \end{pmatrix} \tag{2.4.8}$$

이다. 그러므로 회전 후 위치벡터는 $\mathrm{r}''' = -\hat{\mathrm{e}}_x''' + \hat{\mathrm{e}}_y''' + \hat{\mathrm{e}}_z'''$이 된다.

예제 2.4.2 다음의 행렬이 변환행렬인지 확인하고, 행렬에 의하여 만들어지는 회전을 구하시오.

$$\mathrm{U} = \begin{pmatrix} 0 & 0 & 1 \\ 0 & -1 & 0 \\ 1 & 0 & 0 \end{pmatrix}$$

그리고, 위치벡터 $\mathrm{r} = \hat{\mathrm{e}}_x + \hat{\mathrm{e}}_y + \hat{\mathrm{e}}_z$에 대하여 좌표계를 오일러 각 $\alpha = \beta = \gamma = \pi/2$로 회전하였을 때의 위치벡터를 구하시오.

풀이 U의 행렬식을 계산하면 $\det\mathrm{U} = 1$이므로 U는 직교변환을 하는 변환행렬임을 알 수 있다. 식(2.4.6)의 오일러각 변환행렬의 원소를 U_{ij}라고 하자. 원소 U_{33}의 값은 0이므로 $\beta = \pi/2$이다. 따라서 $\sin\beta = 1$이 되므로 원소 U_{13}으로부터 $\gamma = \pi$임을 알 수 있다. 그리고 $U_{31} = \cos\alpha = 1$이므로 $\alpha = 0$이다. 오일러각 회전 변환은 y축을 중심으로

$\pi/2$만큼 회전한 후 z축을 중심으로 π만큼 회전한 것이다.

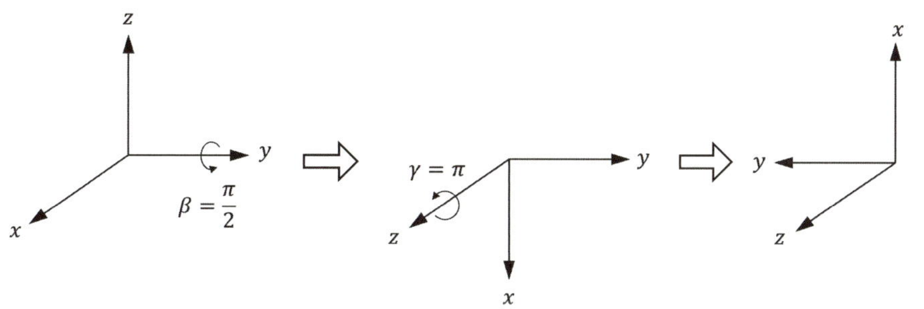

그림 2.6 변환행렬 U에 의한 좌표축의 회전

벡터 $\mathrm{r} = x\hat{\mathrm{e}}_x + y\hat{\mathrm{e}}_y + z\hat{\mathrm{e}}_z$에 대해 $\mathrm{r}' = \mathrm{U}\mathrm{r}$의 변환을 계산하면

$$\mathrm{r}' = \begin{pmatrix} 0 & 0 & 1 \\ 0 & -1 & 0 \\ 1 & 0 & 0 \end{pmatrix} \begin{pmatrix} x \\ y \\ z \end{pmatrix} = \begin{pmatrix} z \\ -y \\ x \end{pmatrix} \tag{2.4.9}$$

가 된다.

연습문제

2.1 z축에 대하여 각도 φ_1만큼 회전을 한 뒤, 계속하여 z축에 대하여 다시 각도 φ_2만큼 추가로 회전을 하였다. 변환행렬을 이용하여 다음을 증명하시오.

$$\cos(\varphi_1+\varphi_2)=\cos\varphi_1\cos\varphi_2-\sin\varphi_1\sin\varphi_2$$
$$\sin(\varphi_1+\varphi_2)=\sin\varphi_1\cos\varphi_2+\cos\varphi_1\sin\varphi_2$$

2.2 열벡터 x, y에 직교 변환행렬 S를 적용하여 $\mathrm{x}'=\mathrm{Sx}$, $\mathrm{y}'=\mathrm{Sy}$가 되었다. 이때 $(\mathrm{x}')^T\mathrm{y}'=\mathrm{x}^T\mathrm{y}$가 성립함을 보이시오.

2.3 식(2.4.5)의 오일러 각 변환행렬 $\mathrm{S}(\alpha,\beta,\gamma)$은 $\alpha\rightarrow\alpha+\pi$, $\beta\rightarrow-\beta$, $\gamma\rightarrow\gamma-\pi$의 변환에 대하여 불변임을 보이시오.

2.4 오일러 각 변환행렬 $\mathrm{S}(\alpha,\beta,\gamma)$에 대하여 다음이 성립함을 보이시오.

(a) $\mathrm{S}^{-1}(\alpha,\beta,\gamma)=\mathrm{S}^T(\alpha,\beta,\gamma)$
(b) $\mathrm{S}^{-1}(\alpha,\beta,\gamma)=\mathrm{S}^T(-\gamma,-\beta,-\alpha)$

2.5 다음의 행렬에 의해 만들어지는 변환을 구하시오.

$$\mathrm{V}=\begin{pmatrix}0&0&1\\-1&0&0\\0&-1&0\end{pmatrix}$$

Chapter 03

미분 벡터 연산자

Differential Vector Operators

3.1 스칼라장과 벡터장(Scalar field and vector field)

어떤 물리량이 위치의 함수가 되면 장(field)이라는 개념으로 정의될 수 있다. 만약 그 양이 벡터이면 **벡터장**(vector field)이 되고, 스칼라이면 **스칼라장**(scalar field)이 된다. 스칼라장의 예로는 방안의 온도 T를 들 수 있는데, 방 안 공간의 임의의 점은 위치벡터 $\mathrm{r} = x\hat{\mathrm{e}}_x + y\hat{\mathrm{e}}_y + z\hat{\mathrm{e}}_z$를 이용하여 나타낼 수 있으므로 온도는 $T(\mathrm{r})$ 또는 $T(x, y, z)$로 쓸 수 있다. 방 안의 공기의 압력이나 밀도도 역시 스칼라장이 된다. 그러나 온도의 변화나 공기 분자의 속도 등은 벡터장이 될 것이다.

일반적으로 3차원 스칼라장 $T(x, y, z)$는 시각적으로 표현하기가 까다롭지만 2차원 공간으로 한정하여 본다면 등고선 그래프(contour plot)로 이해하기 쉽게 표현할 수 있다. 온도의 분포를 2차원으로 한정하고 $T = T(x, y)$라고 하자. 이것은 3차원 공간에서 z가 일정한 면 위에서의 T를 조사하는 것으로도 해석할 수 있다. 정사각형의 방이 있고 방의 중심을 좌표의 원점으로 놓고 온도가 $T(x, y) = x^2 + y^4$으로 주어졌다면 온도 분포를 그림 3.1과 같이 표현할 수 있다. 이 그림에서 실선으로 그려진 등고선은 온도가 일정한 점들을 나타내며 등고선이 서로 가깝거나 멀게 위치한 것은 온도의 변화가 급격하거나 완만하다는 것을 나타낸다. 온도 분포 자체는 스칼라장이지만, 온도의 변화는 벡터장으로 표현할 수 있다. 그림 3.2는 화살표를 이용하여 $T = x^2 + y^4$으로 주어진 온도분포의 변화를 벡터장으로 표현한 것이다. 온도의 변화가 급격할수록 화살표의 길이가 길어지며 화살표의 방향은 온도가 증가하는 방향으로 보면 된다.

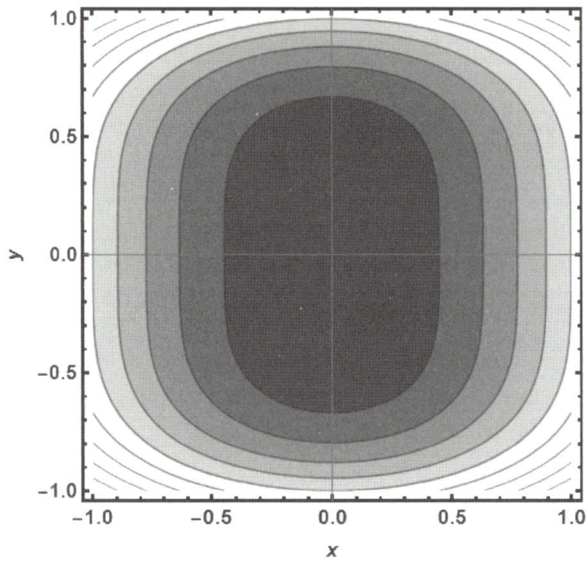

그림 3.1 2차원 스칼라장 $T(x,y) = x^2 + y^4$의 예

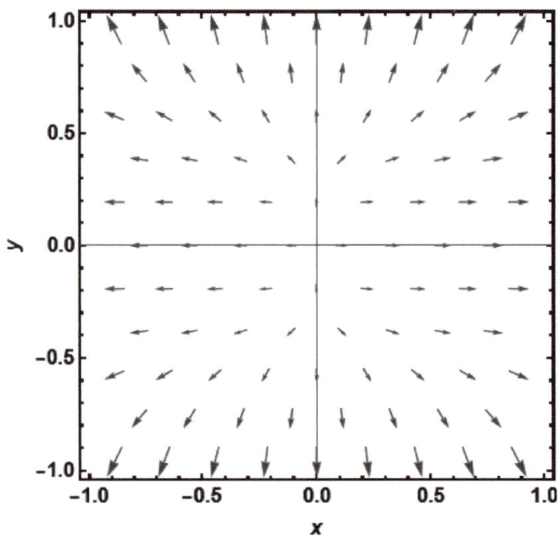

그림 3.2 2차원 스칼라장 $T(x,y) = x^2 + y^4$의 변화를 표현한 벡터장

3.2 스칼라장의 그래디언트(Gradient of a scalar field)

3.2.1 그래디언트의 정의(Definition of a gradient)

물리학에서 물체의 운동을 기술하거나 상태를 설명하기 위해 스칼라양이나 벡터양의 공간에 대한 변화율을 나타낼 필요가 있는데 이것은 미분 벡터 연산자의 개념을 도입하여 효과적으로 수행할 수 있다. 첫 번째 미분 연산자는 **그래디언트**(gradient)라고 하는 벡터장인데 스칼라장의 공간에 대한 변화를 나타낸다. 3차원 데카르트 공간에서 스칼라 함수 $\varphi(\mathrm{r})$이 위치 $\mathrm{r} = x\hat{\mathrm{e}}_x + y\hat{\mathrm{e}}_y + z\hat{\mathrm{e}}_z$에서 정의가 되었다고 하자. 위치 r에서 미소 변위 $d\mathrm{r}$ 만큼 작은 변화가 생겼을 때 스칼라 φ의 작은 변화, 즉 $d\varphi(\mathrm{r}) = \varphi(\mathrm{r}+d\mathrm{r}) - \varphi(\mathrm{r})$에 대하여 살펴보자.

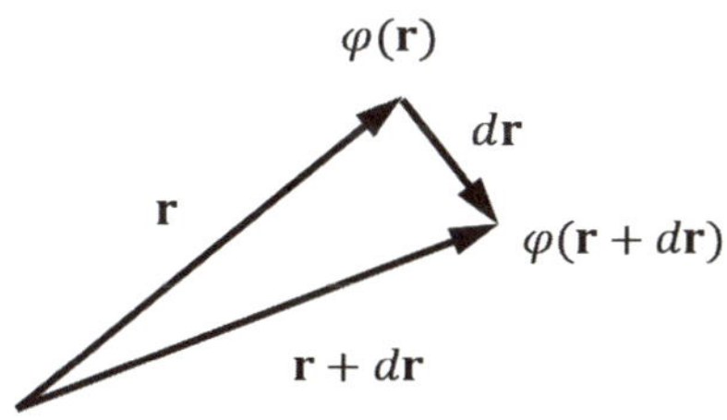

그림 3.3 스칼라 φ의 작은 변화 $d\varphi = \varphi(\mathrm{r}+d\mathrm{r}) - \varphi(\mathrm{r})$

위치벡터 $\mathrm{r} = x\hat{\mathrm{e}}_x + y\hat{\mathrm{e}}_y + z\hat{\mathrm{e}}_z$에 대해서 변수 x, y, z에 대한 각각의 작은 변화를 dx, dy, dz라고 하자. 스칼라 φ가 위치 (x, y, z)에서 dx, dy, dz만큼 변할 때 φ의 변화량 $d\varphi$를 계산하여 보자. 이해하기 쉽게 1차원의 경우에 대해 먼저 살펴보면 $d\varphi$는

$$\begin{aligned} d\varphi(x) &= \varphi(x+dx) - \varphi(x) \\ &= \frac{\varphi(x+dx) - \varphi(x)}{dx}\,dx \end{aligned} \tag{3.2.1}$$

가 되는데, $dx \to 0$으로 가는 극한을 취하면

$$d\varphi(x) = \frac{d\varphi}{dx}dx \tag{3.2.2}$$

와 같이 φ의 미분의 형태로 쓸 수 있다. 3차원 공간에서의 변화량은 다음과 같이 쓸 수 있다.

$$\begin{aligned} d\varphi(\mathbf{r}) &= \varphi(x+dx, y+dy, z+dz) - \varphi(x, y, z) \\ &= \varphi(x+dx, y+dy, z+dz) - \varphi(x, y+dy, z+dz) \\ &\quad + \varphi(x, y+dy, z+dz) - \varphi(x, y, z+dz) \\ &\quad + \varphi(x, y, z+dz) - \varphi(x, y, z) \\ &= \frac{\varphi(x+dx, y+dy, z+dz) - \varphi(x, y+dy, z+dz)}{dx}dx \\ &\quad + \frac{\varphi(x, y+dy, z+dz) - \varphi(x, y, z+dz)}{dy}dy \\ &\quad + \frac{\varphi(x, y, z+dz) - \varphi(x, y, z)}{dz}dz \end{aligned} \tag{3.2.3}$$

식(3.2.3)의 마지막 결과에서 세 개의 분수 부분은 각각 x, y, z에 대한 변화량만 나타내고 있으므로 $dx, dy, dz \to 0$인 극한에서 편미분 기호를 도입하여

$$d\varphi = \frac{\partial\varphi}{\partial x}dx + \frac{\partial\varphi}{\partial y}dy + \frac{\partial\varphi}{\partial z}dz \tag{3.2.4}$$

와 같이 쓸 수 있다. 이제 새로운 벡터 $\nabla\varphi$를

$$\nabla\varphi = \frac{\partial\varphi}{\partial x}\hat{\mathbf{e}}_x + \frac{\partial\varphi}{\partial y}\hat{\mathbf{e}}_y + \frac{\partial\varphi}{\partial z}\hat{\mathbf{e}}_z \tag{3.2.5}$$

와 같이 정의하고 미소변위 $d\mathbf{r}$을

$$d\mathbf{r} = dx\hat{\mathbf{e}}_x + dy\hat{\mathbf{e}}_y + dz\hat{\mathbf{e}}_z \tag{3.2.6}$$

로 쓰면 식(3.2.4)는 이 두 벡터를 스칼라곱을 한 결과이다. 따라서 3차원 공간에서 φ의 전미분(total derivative)은 다음과 같이 쓸 수 있다.

$$d\varphi = \nabla\varphi \cdot d\mathbf{r} \tag{3.2.7}$$

기호 ∇은 데카르트 공간에서

$$\nabla = \frac{\partial}{\partial x}\hat{\mathrm{e}}_x + \frac{\partial}{\partial y}\hat{\mathrm{e}}_y + \frac{\partial}{\partial z}\hat{\mathrm{e}}_z \tag{3.2.8}$$

로 정의되는 미분 벡터 연산자(differential vector operator)이다. $\nabla\varphi$는 보통 델 파이(del phi) 또는 그래드 파이(grad phi)라고 읽는다. 식(3.2.8)의 편미분 연산자는 단위벡터에는 작용되지 않고 ∇에 의해 연산되는 함수에만 작용된다. 그러므로 편미분 연산자와 단위벡터는 순서를 바꾸어서

$$\nabla = \hat{\mathrm{e}}_x\frac{\partial}{\partial x} + \hat{\mathrm{e}}_y\frac{\partial}{\partial y} + \hat{\mathrm{e}}_z\frac{\partial}{\partial z} \tag{3.2.9}$$

와 같이 써도 좋다. $\nabla\varphi$의 방향은 φ가 증가하는 방향을 가리키고 φ가 일정한 면에 대해서 항상 수직하다(그림 3.2). φ가 일정한 면 위에서는 당연히 $\nabla\varphi = 0$이다. 데카르트 좌표계가 아닌 극좌표계(polar coordinate system)나 구면좌표계(spherical coordinate system)에서의 미분 벡터연산자는 제6장에서 자세히 다룬다.

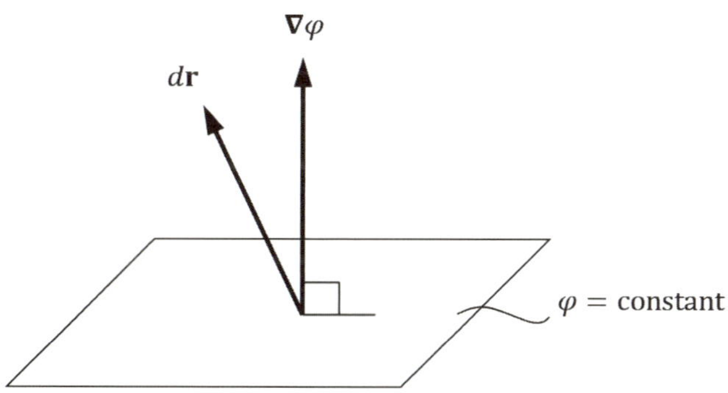

그림 3.4 $\nabla\varphi$의 방향은 φ가 일정한 면과 수직하다.

예제 3.2.1 위치벡터 $\mathbf{r} = x\hat{\mathbf{e}}_x + y\hat{\mathbf{e}}_y + z\hat{\mathbf{e}}_z$의 크기를 r이라고 할 때 ∇r을 구하시오.

풀이 r의 크기는 $r = (x^2 + y^2 + z^2)^{1/2}$이므로

$$\nabla r = \left(\frac{\partial}{\partial x}\hat{\mathbf{e}}_x + \frac{\partial}{\partial y}\hat{\mathbf{e}}_y + \frac{\partial}{\partial z}\hat{\mathbf{e}}_z\right)(x^2 + y^2 + z^2)^{1/2} \tag{3.2.10}$$

을 계산하면 된다. 위의 식에서 x 성분만 계산하면

$$\frac{\partial}{\partial x}(x^2 + y^2 + z^2)^{1/2} = \frac{x}{r} \tag{3.2.11}$$

가 되는데, 나머지 성분에 대해서도 계산을 하고 합을 하면

$$\nabla r = \frac{x}{r}\hat{\mathbf{e}}_x + \frac{y}{r}\hat{\mathbf{e}}_y + \frac{z}{r}\hat{\mathbf{e}}_z = \frac{\mathbf{r}}{r} = \hat{\mathbf{r}} \tag{3.2.12}$$

이 되므로 r의 그래디언트는 $\mathbf{r}$ 방향의 단위벡터 $\hat{\mathbf{r}}$이 된다.

예제 3.2.2 정전기학에서 원점에 있는 점전하(point charge) q_1으로부터 r만큼 떨어진 곳에서의 정전기 퍼텐셜은 $V = q_1/4\pi\epsilon_0 r$이다. 여기서 ϵ_0는 진공의 유전율이다. r에 점전하 q_2가 있다면 q_2에 작용하는 전기력은 $\mathbf{F} = -q_2\nabla V$이다. 전기력 $\mathbf{F}$를 구하시오.

풀이 $\mathbf{F} = -q_2\nabla\left(\dfrac{q_1}{4\pi\epsilon_0 r}\right) = -\dfrac{q_1 q_2}{4\pi\epsilon_0}\nabla\dfrac{1}{r}$에서 $r = (x^2 + y^2 + z^2)^{1/2}$이므로

$$\nabla\frac{1}{r} = \left(\frac{\partial}{\partial x}\hat{\mathbf{e}}_x + \frac{\partial}{\partial y}\hat{\mathbf{e}}_y + \frac{\partial}{\partial z}\hat{\mathbf{e}}_z\right)(x^2 + y^2 + z^2)^{-1/2} = -\frac{1}{r^2}\hat{\mathbf{r}} \tag{3.2.13}$$

임을 알 수 있다. 따라서 전기력은 $\mathbf{F} = \dfrac{q_1 q_2}{4\pi\epsilon_0 r^2}\hat{\mathbf{r}}$ 이 되며 이것을 쿨롱힘(Coulomb force)이라고 부른다.

3.2.2 그래디언트와 보존장(Grandient and conservative field)

스칼라 φ의 그래디언트와 변위 $d\mathbf{r}$의 스칼라곱 $d\varphi = \nabla\varphi \cdot d\mathbf{r}$은 물리학에서 매우 중요한 의미를 가지는데, 스칼라곱의 성질에 의하여 $\nabla\varphi$의 방향과 미소 변위 $d\mathbf{r}$의 방향이 평행하면 $d\varphi$의 크기는 최대가 되는 것을 알 수 있다. 만약 $\nabla\varphi$의 방향과 $d\mathbf{r}$의 방향이 수직하면 $d\varphi = 0$이 되고 변위의 방향으로는 φ가 상수가 됨을 의미한다. 다시 말하자면 φ의 가장 급격한 변화는 변위가 그래디언트와 같은 방향으로 일어날 때이고 변위가 그래디언트에 수직이면 φ의 변화는 없다는 것을 기억하자. 예를 들면, 중력과 같은 중심력장에서는 물체가 받는 힘과 중력퍼텐셜의 관계는 $\mathbf{F}(\mathbf{r}) = -\nabla V$의 형태가 되는데, 이러한 중력장하에서 변위가 반지름 벡터 $\mathbf{r}$과 수직한 방향으로 일어난다면 $\nabla V \cdot d\mathbf{r} = 0$이 되어서 $dV = 0$이 되므로 중력퍼텐셜의 변화는 없다. 따라서 중심력장 내에서는 반지름 방향에 수직한 운동은 힘의 변화가 생기지 않는다. 이러한 경우 물체는 퍼텐셜이 일정한 면에서 운동을 한다. 퍼텐셜이 일정한 면을 등퍼텐셜면(equipotential surface)이라고 한다. 반면, 변위가 반지름 벡터 $\mathbf{r}$과 나란한 방향으로 일어날 때 물체에 가해지는 힘이 가장 크게 된다.

스칼라의 그래디언트로 표현되는 벡터에 대하여 좀 더 살펴보자. 어떤 영역에서 $\mathbf{F} = \nabla\varphi$라 하고 이 영역에서 A에서 B까지의 경로 C를 따라 $\mathbf{F}$를 선적분(line integral)을 하면

$$\int_C \mathbf{F} \cdot d\mathbf{r} = \int_C \nabla\varphi \cdot d\mathbf{r} \tag{3.2.14}$$

이 된다. 이 식의 우변에서 $\nabla\varphi \cdot d\mathbf{r} = d\varphi$임을 이용하면

$$\int_C \mathbf{F} \cdot d\mathbf{r} = \int_C d\varphi = \varphi(B) - \varphi(A) \tag{3.2.15}$$

가 되어 $\mathbf{F}$를 선적분한 결과는 오로지 경로 C의 양끝점인 A와 B에서의 φ의 값에만 의존하고 중간 경로와는 무관하다는 것을 알 수 있다. 이와 같이 $\mathbf{F}$의 적분의 결과가 경로의 양쪽 끝점에만 관련이 있고 중간 경로에는 의존하지 않을 때 $\mathbf{F}$를 **보존장**(conservative field)이라고 한다. 보존장 $\mathbf{F}$가 힘이면 이를 **보존력**(conservative force)

이라고 부른다.

이제 F가 보존장이면, F를 스칼라장의 그래디언트로 쓸 수 있음을 보이자. 스칼라 φ를 벡터 F의 선적분이라고 가정하자.

$$\varphi = \int_C \mathbf{F} \cdot d\mathbf{r} \tag{3.2.16}$$

벡터 F가 보존장이면 위 적분은 중간 경로에 관계없이 잘 정의된 φ가 나온다. 즉 경로 C의 양 끝점을 A, B라고 하면 적분의 정의에 의해서 φ는 $\varphi(B) - \phi(A)$의 의미를 가지고 있으므로

$$\varphi = \int_A^B d\varphi = \int_C d\varphi \tag{3.2.17}$$

로 쓸 수 있다. 따라서 식(3.2.16)과 식(3.2.17)을 비교하면 $d\varphi = \mathbf{F} \cdot d\mathbf{r}$이 된다. 이 결과를 식(3.2.7)과 비교해보면

$$\mathbf{F} = \nabla\varphi \tag{3.2.18}$$

가 되어 보존장은 스칼라장의 그래디언트가 된다는 것을 알 수 있다.

예제 3.2.3 벡터 $\mathbf{F} = (2x+y)\hat{\mathbf{e}}_x + x\hat{\mathbf{e}}_y + 2z\hat{\mathbf{e}}_z$가 보존장임을 보이시오.

풀이 F가 보존장이면 스칼라장의 그래디언트가 존재한다. 스칼라장을 φ라고 하면

$$\frac{\partial\varphi}{\partial x} = 2x + y, \quad \frac{\partial\varphi}{\partial y} = x, \quad \frac{\partial\varphi}{\partial z} = 2z \tag{3.2.19}$$

라고 할 수 있다. 첫 번째 식을 x로 적분하면 $\varphi = x^2 + xy + c(y,z)$가 되며 여기서 $c(y,z)$는 적분상수이다. 위의 두 번째 식은 적분상수 c가 y의 함수가 되지 않고 오직 z만의 함수가 된다는 것을 의미한다. 마지막 세 번째 식으로부터 $c = z^2$이 되는 것을 알 수 있다. 그러므로 스칼라장은

$$\varphi = x^2 + xy + z^2 \qquad (3.2.20)$$

이 되고 이로부터 $\nabla\varphi$를 계산하면 $\mathrm{F} = \nabla\varphi$임이 증명된다. 식(3.2.20)의 스칼라장에 임의의 상수를 더하여도 되며, 경계조건이 주어지면 상수가 결정될 수 있다.

3.3 벡터장의 다이버전스(Divergence of a vector field)

3.3.1 다이버전스의 정의와 물리적 의미(Definition of a divergence and its physical interpretation)

다이버전스(divergence)는 벡터장을 미분하여 스칼라장이 되는 연산으로서 기호는 벡터 미분 연산자(∇)에 스칼라곱 기호를 붙여서 $\nabla \cdot$ 라고 쓰며, 연산하고자 하는 벡터의 왼쪽에 위치하며 벡터의 각 성분을 편미분하고 그 결과를 더하는 것으로 정의한다. 3차원 데카르트 공간에서 벡터 $\mathrm{A} = A_x\hat{\mathrm{e}}_x + A_y\hat{\mathrm{e}}_y + A_z\hat{\mathrm{e}}_z$의 다이버전스는

$$\begin{aligned} \nabla \cdot \mathrm{A} &= \left(\frac{\partial}{\partial x}\hat{\mathrm{e}}_x + \frac{\partial}{\partial y}\hat{\mathrm{e}}_y + \frac{\partial}{\partial z}\hat{\mathrm{e}}_z\right) \cdot \left(A_x\hat{\mathrm{e}}_x + A_y\hat{\mathrm{e}}_y + A_z\hat{\mathrm{e}}_z\right) \\ &= \frac{\partial A_x}{\partial x} + \frac{\partial A_y}{\partial y} + \frac{\partial A_z}{\partial z} \end{aligned} \qquad (3.3.1)$$

와 같이 된다. 다른 좌표계에서의 다이버전스는 제6장을 참고하기 바란다.

물리적으로 다이버전스는 어떤 점 P에서 벡터 A가 정의되어 있을 때 P를 둘러싼 작은 부피의 공간(부피요소, volume element) δV의 표면 δS를 통하여 빠져나가거나 유입되는 물리량의 흐름과 관련이 있다(그림 3.5 참조). 이를 적분의 형태로 쓰면 아래 식과 같이 δV를 둘러싼 면적분을 도입하여 쓸 수 있다.

$$\nabla \cdot \mathrm{A} = \lim_{\delta V \to 0} \frac{1}{\delta V} \int_{\delta S} \mathrm{A} \cdot d\mathrm{S} \qquad (3.3.2)$$

여기서 $d\mathrm{S}$는 표면의 바깥 방향을 향하는 면벡터(area vector)이며, 면과 수직하며 바깥 방향을 나타내는 단위벡터를 $\hat{\mathrm{n}}$이라고 하면 $d\mathrm{S} = \hat{\mathrm{n}}dS$가 된다. 별도로 지정하지 않는 한, 면벡터는 닫힌 표면에서 항상 바깥 방향을 가리키도록 정의한다. 식(3.3.2)에서 적분은 표면 δS를 통하여 나가거나 유입된 알짜량(net amount)를 나타내며 이를 부피 δV로 나누었으므로 A의 선속(flux)과 관련된 양이 된다.

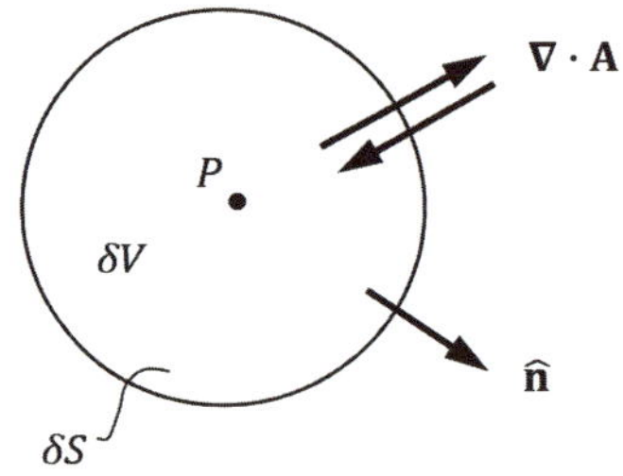

그림 3.5 부피요소 δV에서 단위벡터 $\hat{\mathrm{n}}$은 표면 δS에 대해 수직한 방향으로 밖으로 향한다.

이제 식(3.3.2)가 식(3.3.1)과 같은 식임을 증명해 보자. 어떤 공간에서 벡터 A는 연속이고 편미분이 존재한다고 하고, 계산을 쉽게 하기 위하여 이 공간 내에 세 변의 길이가 δx, δy, δz이고 부피가 δV인 작은 직육면체를 생각하고 중심 P의 좌표를 (x, y, z)라고 하자. 직육면체의 면은 여섯 방향을 향해 있으므로 식(3.3.2)의 적분은 여섯 개의 면에 대해 나누어서 계산할 수 있다. 그림 3.6과 같이 x축 좌표 $x+\delta x/2$에서 $+x$ 방향을 가리키는 면을 S_1이라고 하자. S_1의 면적은 $\delta y\,\delta z$이고 이 면을 나타내는 단위벡터는 $\hat{\mathrm{n}} = \hat{\mathrm{e}}_x$이다. S_1면에서 $\mathrm{A}\bullet\hat{\mathrm{n}} = A_x$이고 $A_x = A_x(x+\delta x/2, y, z)$이므로 이 면에서의 면적분은

$$\int_{S_1} \mathrm{A}\bullet\hat{\mathrm{n}}dS = A_x(x+\delta x/2, y, z)\,\delta y\,\delta z \tag{3.3.3}$$

가 된다. 이제 x축 좌표 $x-\delta x/2$에서 $-x$ 방향을 가리키는 면 S_2에 대하여 살펴보자. S_2의 면을 나타내는 단위벡터는 $\hat{\mathrm{n}} = -\hat{\mathrm{e}}_x$이므로

$$\int_{S_2} \mathrm{A}\bullet\hat{\mathrm{n}}dS = -A_x(x-\delta x/2, y, z)\,\delta y\,\delta z \tag{3.3.4}$$

가 된다. x방향의 순흐름은 식(3.3.3)과 식(3.3.4)를 더하면 구할 수 있는데 다음과 같다.

$$\int_{S_1+S_2} \mathrm{A} \cdot \hat{\mathrm{n}} dS = [A_x(x+\delta x/2, y, z) - A_x(x-\delta x/2, y, z)]\delta y \delta z \tag{3.3.5}$$

$$= \frac{A_x(x+\delta x/2, y, z) - A_x(x-\delta x/2, y, z)}{\delta x}\delta x \delta y \delta z$$

$\delta x \to 0$의 극한에서 A_x의 변화는

$$\lim_{\delta x \to 0} \frac{A_x(x+\delta x/2, y, z) - A_x(x-\delta x/2, y, z)}{\delta x} = \frac{\partial A_x}{\partial x} \tag{3.3.6}$$

와 같이 x의 편미분으로 나타낼 수 있다. $\delta x \delta y \delta z$는 부피요소 δV이고 $\delta V \to 0$일 때 S_1과 S_2면에 대한 적분은

$$\int_{S_1+S_2} \mathrm{A} \cdot \hat{\mathrm{n}} dS = \lim_{\delta V \to 0} \frac{\partial A_x}{\partial x} \delta V \tag{3.3.7}$$

로 쓸 수 있다. 이와 같이 직육면체의 모든 면에 대하여 적분하면

$$\int_{\delta S} \mathrm{A} \cdot \hat{\mathrm{n}} dS = \lim_{\delta V \to 0} \left(\frac{\partial A_x}{\partial x} + \frac{\partial A_x}{\partial x} + \frac{\partial A_x}{\partial x} \right) \delta V \tag{3.3.8}$$

$$= (\nabla \cdot \mathrm{A}) \lim_{\delta \mathrm{V} \to 0} \delta V$$

가 되어서 식(3.3.2)를 증명할 수 있다. 벡터 A의 다이버전스는 $\nabla \cdot \mathrm{A}$로 쓰기도 하고 div A로 쓰기도 한다.

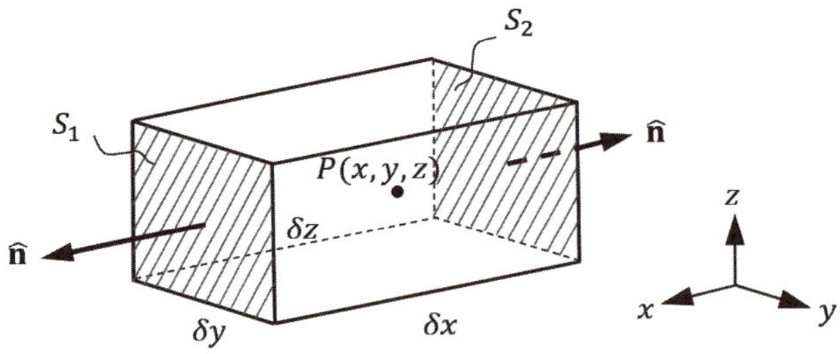

그림 3.6 $\nabla \cdot \mathbf{A}$를 계산하기 위한 미소 직육면체

물리적인 의미를 좀 더 이해하기 위하여 벡터장 $\mathbf{A}$를 공간의 한 점 $\mathbf{r}$에서의 유체의 속도 $\mathbf{v}(\mathbf{r})$라고 하고 $\rho(\mathbf{r})$를 유체의 밀도라고 하자. 밀도와 속도를 곱한 $\rho(\mathbf{r})\mathbf{v}(\mathbf{r})$를 유체의 흐름률(flow rate) 또는 선속(flux)이라고 한다. 식(3.3.2)의 오른쪽 적분이 의미하는 것은 단위부피당 어떤 면을 통과하여 빠져나간(또는 유입된) 물리량을 의미하므로 $\nabla \cdot (\rho\mathbf{v})$는 부피요소에서의 유체 밀도의 단위시간당 알짜 변화율이다. 만일 유체가 새롭게 만들어지거나 사라지지 않는다면 $\nabla \cdot (\rho\mathbf{v})$가 양의 값을 가질 때에는 부피요소에서의 내부 유체량이 감소하는 것이므로 밀도의 시간 변화율이 음이 되고, $\nabla \cdot (\rho\mathbf{v})$가 음의 값을 가지면 부피요소 내에 유체량이 증가하는 것이므로 밀도의 시간 변화율이 양이 된다. 이러한 관계를 식으로 정량화하면 다음과 같다.

$$\frac{\partial \rho}{\partial t} + \nabla \cdot (\rho\mathbf{v}) = 0 \tag{3.3.9}$$

이러한 형태의 식을 연속 방정식(equation of continuity)라고 하며 운동하는 입자에 대해서는 입자 보존 법칙이라고도 부른다.

만약 어느 공간 영역에서 다이버전스가 없으면(값이 0이면) $\partial\rho/dt = 0$이므로 그 영역에서 유체는 흐름이 일정한 정상 상태(steady state)라고 해석할 수 있다. 이것은 유체나 입자의 흐름은 물론이고 다른 종류의 물리량에 대해서도 적용할 수 있는데, 예를 들면 자기장은 다이버전스가 항상 0이고, 전기장에 대해서는 전하가 없는 영역에서 다이버전스가 0이다. 자기장이나 전기장은 역선(line of force)으로 표현할 수 있는데, 다이버전스가 0이라는 의미는 부피요소로 들어가는 역선의 양과 나오는 역선의 양이 똑같다는 것이다. 공간 어느 곳에서나 다이버전스가 0이라면 역선은 닫힌 고리(closed loop)를 형성한다(그림 3.7 참조). 이와 같이 다이버전스가 0인 벡터장을 **솔레노이드형**

(solenoidal)이라고 하며 대표적인 예가 바로 자기장이다. 자기장 B는 모든 공간에서

$$\nabla \cdot \mathrm{B} = 0 \tag{3.3.10}$$

가 되므로 자기장 역선은 시작점과 끝점이 없이 항상 닫힌 고리의 형태로 존재한다.

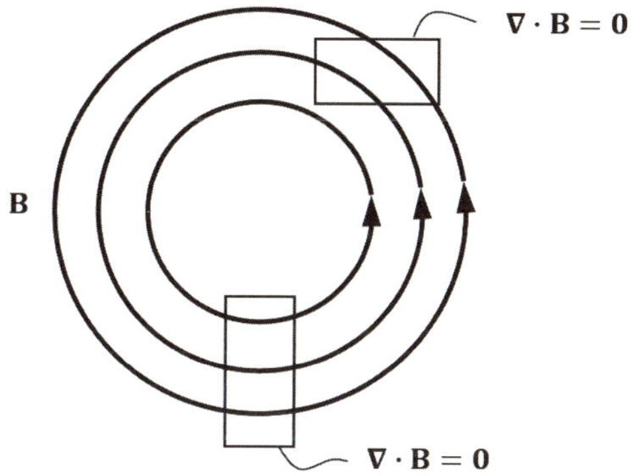

그림 3.7 솔레노이드형 벡터장은 다이버전스가 0이며 닫힌 고리를 형성한다.

전기장의 경우에는 그림 3.8에서 볼 수 있듯이 역선이 시작하거나 끝나는 점이 있다. 일반적으로 전기장은 양의 전하에서 역선이 나오는 것으로 정의하고 음의 전하에서 역선이 끝나는 것으로 정의한다. 전기장 E에 대하여 공간 내에 알짜 전하량이 양이면 $\nabla \cdot \mathrm{E} > 0$이고, 음이면 $\nabla \cdot \mathrm{E} < 0$이다. 알짜 전하가 0인 공간에서는 $\nabla \cdot \mathrm{E} = 0$이다. 다이버전스의 의미는 '발산(發散)'이며 물리적으로는 벡터장이 팽창(expansion) 또는 수축(contraction)한다는 것이다. 그림 3.8에서 여러 가지 값을 갖는 전기장의 다이버전스를 시각적으로 나타내었다.

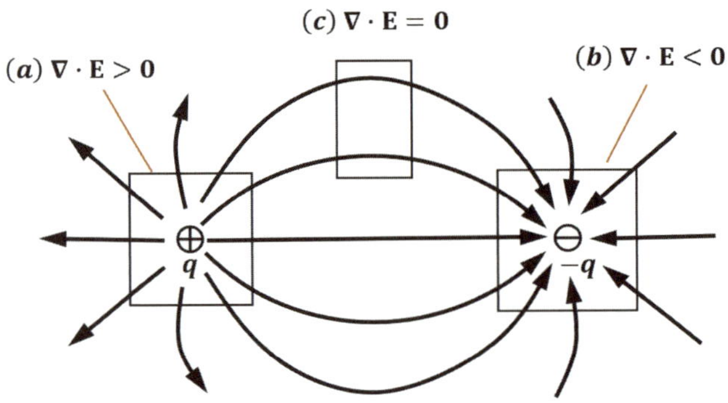

그림 3.8 전기장의 다이버전스 (a) $\nabla \cdot \mathrm{E} > 0$ (b) $\nabla \cdot \mathrm{E} < 0$ (c) $\nabla \cdot \mathrm{E} = 0$

예제 3.3.1 벡터 $\mathrm{r} = x\hat{\mathrm{e}}_x + y\hat{\mathrm{e}}_y + z\hat{\mathrm{e}}_z$의 다이버전스 $\nabla \cdot \mathrm{r}$을 계산하시오.

풀이

$$\nabla \cdot \mathrm{r} = \left(\frac{\partial}{\partial x}\hat{\mathrm{e}}_x + \frac{\partial}{\partial y}\hat{\mathrm{e}}_y + \frac{\partial}{\partial z}\hat{\mathrm{e}}_z\right) \cdot \left(x\hat{\mathrm{e}}_x + y\hat{\mathrm{e}}_y + z\hat{\mathrm{e}}_z\right) \tag{3.3.11}$$

$$= \frac{\partial x}{\partial x} + \frac{\partial y}{\partial y} + \frac{\partial z}{\partial z}$$

$$= 3$$

예제 3.3.2 벡터 $\mathrm{A} = x\hat{\mathrm{e}}_y$의 다이버전스 $\nabla \cdot \mathrm{A}$를 계산하시오.

풀이

$$\nabla \cdot \mathrm{A} = \left(\frac{\partial}{\partial x}\hat{\mathrm{e}}_x + \frac{\partial}{\partial y}\hat{\mathrm{e}}_y + \frac{\partial}{\partial z}\hat{\mathrm{e}}_z\right) \cdot x\hat{\mathrm{e}}_y \tag{3.3.12}$$

$$= \frac{\partial x}{\partial y}$$

$$= 0$$

벡터장 $\mathrm{A} = x\hat{\mathrm{e}}_y$는 솔레노이드형이다.

예제 3.3.3 중심력장 $\mathbf{F}(\mathbf{r}) = f(r)\hat{\mathbf{r}}$의 다이버전스 $\nabla \cdot \mathbf{F}$를 계산하시오. 단, $\hat{\mathbf{r}} = \mathbf{r}/|\mathbf{r}|$이다.

풀이 $\mathbf{F}(\mathbf{r})$의 다이버전스는

$$\begin{aligned}\nabla \cdot \mathbf{F} &= \left(\frac{\partial}{\partial x}\hat{\mathbf{e}}_x + \frac{\partial}{\partial y}\hat{\mathbf{e}}_y + \frac{\partial}{\partial z}\hat{\mathbf{e}}_z\right) \cdot f(r)\left(\frac{x}{r}\hat{\mathbf{e}}_x + \frac{y}{r}\hat{\mathbf{e}}_y + \frac{z}{r}\hat{\mathbf{e}}_z\right) \qquad (3.3.13)\\ &= \frac{\partial}{\partial x}\left(f(r)\frac{x}{r}\right) + \frac{\partial}{\partial y}\left(f(r)\frac{y}{r}\right) + \frac{\partial}{\partial z}\left(f(r)\frac{z}{r}\right)\end{aligned}$$

이다. 이 식의 마지막 결과에서 첫 번째 항은 다음과 같이 계산된다.

$$\begin{aligned}\frac{\partial}{\partial x}\left(f(r)\frac{x}{r}\right) &= \frac{f(r)}{r} + x\,f(r)\frac{\partial}{\partial x}\left(\frac{1}{r}\right) + \frac{x}{r}\frac{\partial f(r)}{\partial x} \qquad (3.3.14)\\ &= f(r)\left[\frac{1}{r} + x\frac{\partial r}{\partial x}\frac{\partial}{\partial r}\left(\frac{1}{r}\right)\right] + \frac{x}{r}\frac{\partial r}{\partial x}\frac{df(r)}{dr}\\ &= f(r)\left(\frac{1}{r} - \frac{x^2}{r^3}\right) + \frac{x^2}{r^2}\frac{df(r)}{dr}\end{aligned}$$

두 번째와 세 번째 항을 계산하여 더하면

$$\nabla \cdot \mathbf{F} = \frac{2}{r}f(r) + \frac{df(r)}{dr} \qquad (3.3.15)$$

를 얻는다. 중력이나 쿨롱힘 같은 경우에 중심력이 거리의 제곱에 반비례하므로 $f(r) = r^{-2}$로 놓으면 $r = 0$인 점을 제외하고 모든 영역에서 다이버전스는 0이 된다. $r = 0$인 곳에서는 미분이 정의되지 않는다.

3.3.2 스칼라장의 라플라시안(Laplacian of a scalar field)

앞의 3.2절에서 스칼라장의 그래디언트는 벡터장이라고 배웠는데, 그래디언트에 다이버전스를 적용하면 스칼라장의 **라플라시안**(Laplacian)을 정의할 수 있다. 스칼라 φ의 라플라시안은

$$\nabla \cdot \nabla\varphi = \nabla^2\varphi \qquad (3.3.16)$$

와 같이 정의된다. 라플라시안은 기호 ∇^2을 일컫는 말이며 $\nabla^2\varphi$을 보통 'φ의 라플라시안' 또는 'del squared φ'라고 부른다. ∇^2은 **라플라스 연산자**(Laplace operator)라고 부르기도 한다. 데카르트 좌표계에서 라플라시안은

$$\nabla^2 = \left(\frac{\partial}{\partial x}\hat{\mathrm{e}}_x + \frac{\partial}{\partial y}\hat{\mathrm{e}}_y + \frac{\partial}{\partial z}\hat{\mathrm{e}}_z\right)\cdot\left(\frac{\partial}{\partial x}\hat{\mathrm{e}}_x + \frac{\partial}{\partial y}\hat{\mathrm{e}}_y + \frac{\partial}{\partial z}\hat{\mathrm{e}}_z\right) \qquad (3.3.17)$$

$$= \frac{\partial^2}{\partial x^2} + \frac{\partial^2}{\partial y^2} + \frac{\partial^2}{\partial z^2}$$

이다. 스칼라장 φ의 라플라시안은

$$\nabla^2\varphi = \frac{\partial^2\varphi}{\partial x^2} + \frac{\partial^2\varphi}{\partial y^2} + \frac{\partial^2\varphi}{\partial z^2} \qquad (3.3.18)$$

가 되며 φ의 2계 편미분들의 합으로 나타난다. 라플라시안은 물리에서 자주 쓰이는 양으로서 파동의 해석, 열전도 및 확산 등의 계산에 매우 중요하게 쓰인다. 전자기학에서 맥스웰 방정식(Maxwell's equations)의 하나인 가우스 법칙(Gauss' law)은 전하밀도를 ρ, 전기장을 E라고 하면 $\nabla\cdot\mathrm{E} = \rho/\epsilon_0$로 쓸 수 있다. 전기장은 정전기 퍼텐셜(electrostatic potential) φ에 음의 그래디언트를 취한 것이므로 $\nabla\cdot(-\nabla\varphi) = -\nabla^2\varphi$가 되어서 가우스 법칙은

$$\nabla^2\varphi = -\frac{\rho}{\epsilon_0} \qquad (3.3.19)$$

와 같이 된다. 어떤 함수의 라플라시안이 0이 아닌 경우, 그 식을 **푸아송 방정식**(Poisson's equation)이라고 부른다. 식(3.3.19)는 푸아송 방정식이다. 만약 전하밀도가 0이라면

$$\nabla^2\varphi = 0 \qquad (3.3.20)$$

가 되는데 이와 같은 형태의 식은 **라플라스 방정식**(Laplace's equation)이라고 부른다.

중심력장을 다룰 때 종종 r의 함수인 스칼라장 $\varphi(r)$의 라플라시안을 계산할 필요가 있다. $\varphi(r)$의 라플라시안은

$$\nabla^2\varphi(r) = \left(\frac{\partial^2}{\partial x^2} + \frac{\partial^2}{\partial y^2} + \frac{\partial^2}{\partial z^2}\right)\varphi(r) \tag{3.3.21}$$

$$= \frac{\partial}{\partial x}\left(\frac{\partial\varphi}{\partial x}\right) + \frac{\partial}{\partial y}\left(\frac{\partial\varphi}{\partial y}\right) + \frac{\partial}{\partial z}\left(\frac{\partial\varphi}{\partial z}\right)$$

$$= \frac{\partial}{\partial x}\left(\frac{d\varphi}{dr}\frac{x}{r}\right) + \frac{\partial}{\partial y}\left(\frac{d\varphi}{dr}\frac{y}{r}\right) + \frac{\partial}{\partial z}\left(\frac{d\varphi}{dr}\frac{z}{r}\right)$$

와 같이 되는데 여기서 마지막 식의 첫 번째 항은

$$\frac{\partial}{\partial x}\left(\frac{d\varphi}{dr}\frac{x}{r}\right) = \frac{1}{r}\frac{d\varphi}{dr} - \frac{x}{r^2}\frac{\partial r}{\partial x}\frac{d\varphi}{dr} + \frac{x}{r}\frac{\partial r}{\partial x}\frac{d^2\varphi}{dr^2} \tag{3.3.22}$$

이 되며 $\partial r/\partial x = x/r$이다. 우변의 두 번째와 세 번째 항까지 계산하여 더하면 $\varphi(r)$의 라플라시안은 최종적으로

$$\nabla^2\varphi(r) = \frac{2}{r}\frac{d\varphi}{dr} + \frac{d^2\varphi}{dr^2} \tag{3.3.23}$$

가 된다. r에 대한 2계 미분 항 외에도 1계 미분 항을 포함하고 있음을 유의해야 한다. 전자기학에서 점전하에 의한 전기력은 거리의 제곱에 반비례하는 중심력장이므로 정전기 퍼텐셜은 $\varphi(r) \sim 1/r$이 된다. 그러므로 정전기 퍼텐셜은 $\nabla^2\varphi(r) = 0$이 되어 라플라스 방정식을 만족한다. 라플라시안은 벡터장에도 적용이 가능하다. 벡터 $\mathrm{A} = A_x\hat{\mathrm{e}}_x + A_y\hat{\mathrm{e}}_y + A_z\hat{\mathrm{e}}_z$의 라플라시안은

$$\nabla^2\mathrm{A} = \nabla^2 A_x\hat{\mathrm{e}}_x + \nabla^2 A_y\hat{\mathrm{e}}_y + \nabla^2 A_z\hat{\mathrm{e}}_z \tag{3.3.24}$$

와 같이 벡터 A의 각 성분에 라플라시안을 적용한다. $\nabla^2\mathrm{A}$을 **벡터 라플라시안**(vector Laplacian)이라고 부른다.

역사노트

라플라스방정식과 라플라시안의 용어는 프랑스 수학자 피에르-시몽 드 라플라스(1749-1827)의 이름에서 따왔다. 라플라스의 유년 및 소년 시절은 정확히 알려진 것이 없으나 16세에 프랑스의 명문대학인 캉(Caen) 대학에 입학할 정도로 총명했다. 19세에 캉 대학 교수의 추천으로 파리의 달랑베르(d'Alembert, 해석역학의 기초를 세운 당대 최고의 수학자이며 물리학자이자 철학자)를 찾아가 배움을 청하였다. 후에 혁명으로 집권에 성공한 나폴레옹 보나파르트의 눈에 들어 내무부장관이 되었으나 관리로서의 소질은 없어서 곧바로 해임되었다(1799). 그러나 나폴레옹과의 관계는 좋아서 라플라스는 중력에 관한 그의 역작 〈천체역학에 관한 논문(Traité de Mécanique Céleste)〉 제3권을 나폴레옹에게 헌정하였고(1802), 나폴레옹은 라플라스에게 백작의 작위를 수여하였다(1806). 나폴레옹이 몰락할 때 라플라스는 부르봉 왕가의 편에 섰고, 왕정이 복고되면서 후작으로 승격되었다(1817). 라플라스는 태양계의 기원을 가스 성운의 냉각 및 수축으로 보았고, 달의 가속이 지구 궤도의 이심률과 관계있다는 것을 밝혀내는 등 행성과 위성의 역학적 문제에 대한 난제를 해결하는데 기여하였다. 미분방정식을 대수방정식으로 변환시켜주는 라플라스 변환은 이공계 학생이면 꼭 배워야할 중요한 내용이다. 라플라스는 젊은 시절부터 라그랑주(Lagrange, 라그랑주 역학을 만듦)[a]와 교류했다는 흔적이 많은데 이 두 위대한 수학자의 비교는 종종 흥미롭다. 라그랑주는 수학적 전개과정과 형식을 매우 중요시 하였고 수학적 증명을 하나의 예술로 본 반면에 라플라스는 중간 과정은 중요하게 생각하지 않았고 수학적 결과는 자연 현상을 설명하는 도구로 충분하다고 생각하였다. 라플라스의 사망 후 그의 뇌는 따로 보관되어 방랑하다가 영국으로 건너가게 되었는데, 사후 100주년을 기념하여 네이처誌에 실린 'The Brain of Laplace'라는 제목의 논문(Nature 119, 560 (1927))에서 라플라스의 뇌에 대하여 상세히 다루었다. 그의 뇌는 크기가 평균보다 작았다고 한다.

[라플라스 Pierre-Simon Laplace, 1749-1827 (사진출처: Wikimedia Commons)]

[a]라그랑주는 도함수의 일반적인 표현인 $y'(x)$를 창안했다. 도함수의 다른 표현인 dy/dx는 라이프니츠(Leibniz)가, $\dot{y}$는 뉴턴(Newton)이 창안한 것으로 알려져 있다.

3.4 벡터장의 컬(Curl of a vector field)

3.4.1 컬의 정의와 물리적 의미(Definition of a curl and its physical interpretation)

벡터의 연산에서 **컬**(curl)은 미분연산자 델(∇)과 벡터장을 벡터곱하여 그 결과가 벡터장이 되는 연산으로서 기호는 벡터 미분 연산자에 벡터곱 기호를 붙여서 $\nabla\times$라고 쓰며, 연산하고자 하는 벡터의 왼쪽에 위치한다. 3차원 데카르트 공간에서 벡터 $\mathrm{A} = A_x\hat{\mathrm{e}}_x + A_y\hat{\mathrm{e}}_y + A_z\hat{\mathrm{e}}_z$의 컬은

$$\begin{aligned}\nabla\times\mathrm{A} &= \left(\frac{\partial}{\partial x}\hat{\mathrm{e}}_x + \frac{\partial}{\partial y}\hat{\mathrm{e}}_y + \frac{\partial}{\partial z}\hat{\mathrm{e}}_z\right)\times\left(A_x\hat{\mathrm{e}}_x + A_y\hat{\mathrm{e}}_y + A_z\hat{\mathrm{e}}_z\right) \\ &= \left(\frac{\partial}{\partial y}A_z - \frac{\partial}{\partial z}A_y\right)\hat{\mathrm{e}}_x + \left(\frac{\partial}{\partial z}A_x - \frac{\partial}{\partial x}A_z\right)\hat{\mathrm{e}}_y + \left(\frac{\partial}{\partial x}A_y - \frac{\partial}{\partial y}A_x\right)\hat{\mathrm{e}}_z\end{aligned} \tag{3.4.1}$$

와 같이 정의된다. $\nabla\times\mathrm{A}$는 보통 '컬 A(curl of A)'라고 읽는다. 단위벡터들의 벡터곱이 $\hat{\mathrm{e}}_i\times\hat{\mathrm{e}}_j = \varepsilon_{ijk}\hat{\mathrm{e}}_k$가 되는 것을 기억하면 식(3.4.1)의 결과를 쉽게 이해할 수 있다. 이 결과는 행렬식의 구조를 이해하고 있으면 3×3 행렬식으로 재구성할 수 있다. 행렬식의 첫 번째 행에는 세 방향의 단위벡터를 쓰고 두 번째 행에는 델의 연산자를 쓰고 마지막 세 번째 행에는 A의 성분을 쓰면 다음과 같다.

$$\nabla\times\mathrm{A} = \begin{vmatrix}\hat{\mathrm{e}}_x & \hat{\mathrm{e}}_y & \hat{\mathrm{e}}_z \\ \dfrac{\partial}{\partial x} & \dfrac{\partial}{\partial y} & \dfrac{\partial}{\partial z} \\ A_x & A_y & A_z\end{vmatrix} \tag{3.4.2}$$

주의할 점은 두 번째 행의 편미분 도함수는 벡터 A의 성분에만 적용되는 연산자로서 일반적인 행렬식의 행바꿈 원리는 적용되지 않는다는 것이다. 식(3.4.2)의 결과는 식(3.4.1)과 같다.

물리적으로 컬은 벡터 A가 주어졌을 때 그 공간에서 작은 닫힌 경로에 대한 선적분

의 값과 관련이 있다. 그림 3.9와 같이 A가 주어진 공간에 작은 닫힌 경로 δC를 생각하자. δS는 δC에 의해 둘러싸인 면적이고 ds는 경로적분의 선적분요소이며 면의 방향을 가리키는 단위벡터 $\hat{\mathrm{n}}$의 방향은 일반적으로 경로의 방향과 관련하여 그림과 같이 오른손 규칙에 따라 정의한다. $\hat{\mathrm{n}}$은 항상 고리면에 대하여 수직한 방향이다.

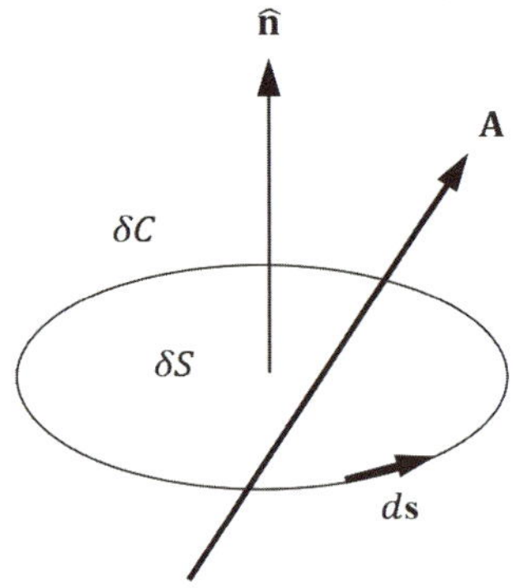

그림 3.9 컬을 정의하기 위한 닫힌 경로 δC와 경로적분요소 ds

벡터 A와 경로 ds를 스칼라곱을 하면 A의 경로방향 성분을 구할 수 있다. 경로가 닫힌 고리의 형태라면 δC에 대하여 선적분한 결과가 앞서 정의한 $\nabla \times \mathrm{A}$와 관련이 있음을 보일 수 있는데, 정확하게는 다음의 식이 성립함을 보일 수 있다.

$$\lim_{\delta S \to 0} \frac{1}{\delta S} \oint_{\delta C} \mathrm{A} \cdot d\mathrm{s} = \hat{\mathrm{n}} \cdot \nabla \times \mathrm{A} \tag{3.4.3}$$

여기서 $\hat{\mathrm{n}} \cdot \nabla \times \mathrm{A}$은 스칼라양이며 $\nabla \times \mathrm{A}$의 $\hat{\mathrm{n}}$ 방향의 성분을 의미한다.

계산을 간단하게 하기 위해 미소면적 δS가 z 방향을 향해 있고 δC는 δx와 δy를 변으로 하는 직사각형이라고 하자. 그러면 그림 3.10에서처럼 적분경로 ds가 반시계 방향으로 회전하는 경우라면 $\hat{\mathrm{n}} = \hat{\mathrm{e}}_z$이다. δS의 중심좌표를 (x_0, y_0, z_0)라고 하면 선분 C_1은 점$(x_0 - \delta x/2, y_0 - \delta y/2, z_0)$에서 점$(x_0 + \delta x/2, y_0 - \delta y/2, z_0)$로 가는 경로이다. 만약 δx가 매우 작은 값이라면 선분 C_1이 적분에 기여하는 양은 다음과 같다.

와 같이 된다.

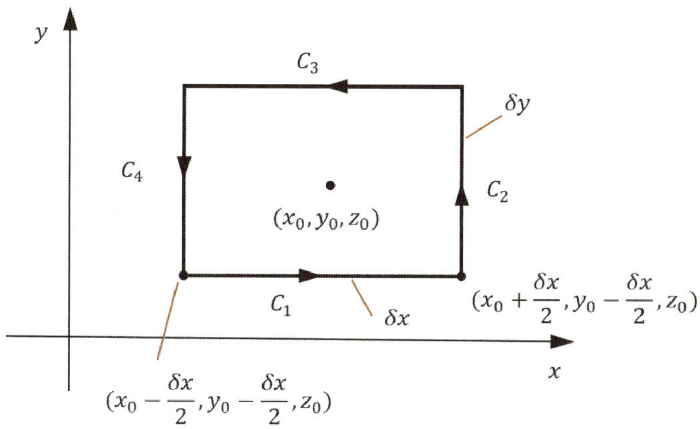

그림 3.10 컬을 계산하기 위한 네 개의 선분으로 이어진 닫힌 경로

$$\int_{C_1} \mathrm{A} \cdot d\mathrm{s} = \int_{C_1} A_x dx = \int_{x_0 - \delta x}^{x_0 + \delta x} A_x(x, y_0 - \delta y/2, z_0)\, dx \tag{3.4.4}$$
$$\approx A_x(x_0, y_0 - \delta y/2, z_0)\, \delta x$$

선분 C_3는 점$(x_0 + \delta x/2, y_0 + \delta y/2, z_0)$에서 점$(x_0 - \delta x/2, y_0 + \delta y/2, z_0)$으로 가는 경로이며 C_1과 반대 방향이다. 따라서 C_3의 기여는 다음과 같다.

$$\int_{C_3} \mathrm{A} \cdot d\mathrm{s} \approx -A_x(x_0, y_0 + \delta y/2, z_0)\, \delta x \tag{3.4.5}$$

그러므로 C_1과 C_3의 적분을 더하고 δx와 δy가 0으로 가는 극한을 취하면

$$\int_{C_1 + C_3} \mathrm{A} \cdot d\mathrm{s} \approx A_x(x_0, y_0 - \delta y/2, z_0)\, \delta x - A_x(x_0, y_0 + \delta y/2, z_0)\, \delta x \tag{3.4.6}$$
$$= -\frac{A_x(x_0, y_0 + \delta y/2, z_0) - A_x(x_0, y_0 - \delta y/2, z_0)}{\delta y}\, \delta y\, \delta x$$
$$\approx -\frac{\partial A_x}{\partial y}\, \delta y\, \delta x$$

와 같이 된다.

선분 C_2는 점$(x_0+\delta x/2, y_0-\delta y/2, z_0)$에서 점$(x_0+\delta x/2, y_0+\delta y/2, z_0)$으로 가는 경로이므로

$$\int_{C_2} \mathrm{A} \cdot d\mathrm{s} \approx A_y(x_0+\delta x/2,\ y_0,\ z_0)\,\delta y \tag{3.4.7}$$

가 되고, 선분 C_4는 점$(x_0-\delta x/2, y_0+\delta y/2, z_0)$에서 점$(x_0-\delta x/2, y_0-\delta y/2, z_0)$으로 가는 경로이므로

$$\int_{C_4} \mathrm{A} \cdot d\mathrm{s} \approx -\,A_y(x_0-\delta x/2,\ y_0,\ z_0)\,\delta y \tag{3.4.8}$$

가 된다. 마찬가지로 δx, $\delta y \to 0$인 극한에서 선분 C_2와 C_4의 적분을 더하면

$$\begin{aligned}\int_{C_2+C_4} \mathrm{A} \cdot d\mathrm{s} &\approx A_y(x_0+\delta x/2,\ y_0,\ z_0)\,\delta y - A_y(x_0-\delta x/2,\ y_0,\ z_0)\,\delta y \\ &= \frac{A_y(x_0+\delta x/2,\ y_0,\ z_0) - A_y(x_0-\delta x/2,\ y_0,\ z_0)}{\delta x}\,\delta x\,\delta y \\ &\approx \frac{\partial A_y}{\partial x}\,\delta x\,\delta y\end{aligned} \tag{3.4.9}$$

가 된다. 따라서 닫힌 경로 $\delta C = C_1+C_2+C_3+C_4$에 대한 전체 적분의 값은

$$\int_{\delta C} \mathrm{A} \cdot d\mathrm{s} \approx \left(\frac{\partial A_y}{\partial x} - \frac{\partial A_x}{\partial y}\right)\delta x\,\delta y \tag{3.4.10}$$

가 되는데 $\delta S = \delta x\,\delta y$이므로

$$\lim_{\delta S \to 0} \frac{1}{\delta S} \oint_{\delta C} \mathrm{A} \cdot d\mathrm{s} \approx \frac{\partial A_y}{\partial x} - \frac{\partial A_x}{\partial y} \tag{3.4.11}$$

와 같이 쓸 수 있다. 적분기호에 원을 표시한 것은 적분경로 δC가 닫힌 경로임을 의미

한다. 식(3.4.11)은 오른손 규칙에 따라 닫힌 경로가 이루는 면이 $\hat{e}_z$ 방향이고 식의 오른쪽 항들은 $\nabla \times A$의 z 방향 성분과 같으므로

$$\lim_{\delta S \to 0} \frac{1}{\delta S} \oint_{\delta C} A \cdot ds = \hat{e}_z \cdot \nabla \times A \tag{3.4.12}$$

와 같이 쓸 수 있다. 만약 닫힌 경로의 면이 x축 또는 y축 방향을 향한다면, 식(3.4.12)의 오른쪽 항에서 단위벡터의 방향만 바꾸어주면 된다는 것을 쉽게 알 수 있다. 그러므로 일반적으로 임의의 방향의 경로 면에 대하여 식(3.4.3)이 성립하는 것이 증명되었다.

이제 컬의 의미를 살펴보자. $\nabla \times A$이 특정한 방향으로 어떤 값을 가지고 있다면 그 방향을 축으로 하는 닫힌 경로에 대한 벡터 A의 선적분 값이 있다는 것이다. 식(3.4.3)이나 식(3.4.12)의 오른쪽 항은 극한에서의 단위면적당 선적분의 값을 나타내고 있는데 이러한 것을 순환(circulation)이라고 부른다. 순환의 값이 0이 아니라는 것은 닫힌 고리를 형성하는 흐름이 있다는 의미이다. 이러한 닫힌 경로의 흐름을 맴돈다는 의미로 영어로 컬(curl)이라고 하며 연산자 $\nabla \times$를 컬이라고 부르는 이유이다.

컬의 간단한 예로 $A = x\hat{e}_y$인 경우를 예로 들어보자. 그림 3.11은 벡터 A를 시각화한 것이다. A의 컬은 $\nabla \times A = \hat{e}_z$가 됨을 쉽게 알 수 있다. 따라서 $\nabla \times A$는 크기가 1이며 z축 방향의 성분을 가지고 있는데 그림 3.11에서 보면 지면을 뚫고 나오는 방향이다. 벡터 A를 유체의 속도라고 가정해보자. 유체는 y 방향으로 흐르고 있으며 x의 부호에 따라 위 또는 아래 방향으로 흐르며 x의 크기에 비례하여 속력이 커진다. 이러한 유체 속에 어떤 물체가 투입되면 유체가 흐르는 방향을 기준으로 유체는 오른쪽이 왼쪽보다 큰 속도 성분을 갖게 되고 따라서 물체는 반시계 방향으로 회전할 것이다. 이 회전의 축은 z 방향이며 이것이 바로 $\nabla \times A$의 방향인 것이다. 따라서 $\nabla \times A$는 속도 벡터장 A 내에 존재하는 물체의 회전과 관련이 있다고 할 수 있다. 회전의 크기는 $\nabla \times A$의 크기와 관계있다. 이러한 의미에서 A의 컬을 유체역학에서는 소용돌이도(vorticity, 와도 渦度)라고도 한다. 컬에 대한 이해도를 높이기 위해 그림 3.12처럼 가상의 프로펠러를 유체 내에 설치했다고 보자. 유체 내의 프로펠러는 그림과 같이 위치에 관계없이 반시계 방향으로 돌 것이다. 이것을 $\nabla \times A$의 의미로 해석해도 좋다.

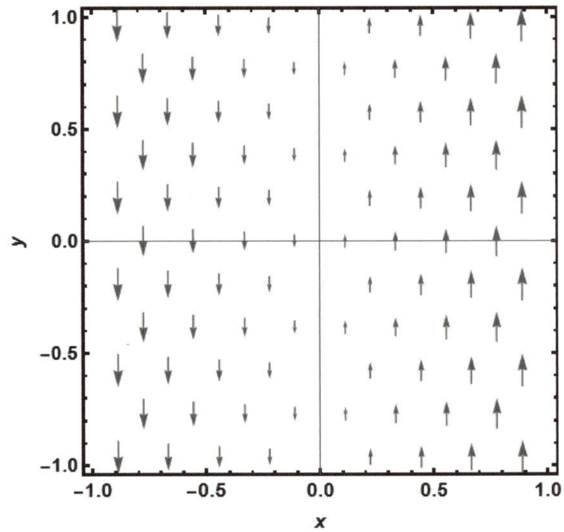

그림 3.11 벡터 $\mathrm{A} = x\hat{\mathrm{e}}_y$의 시각화

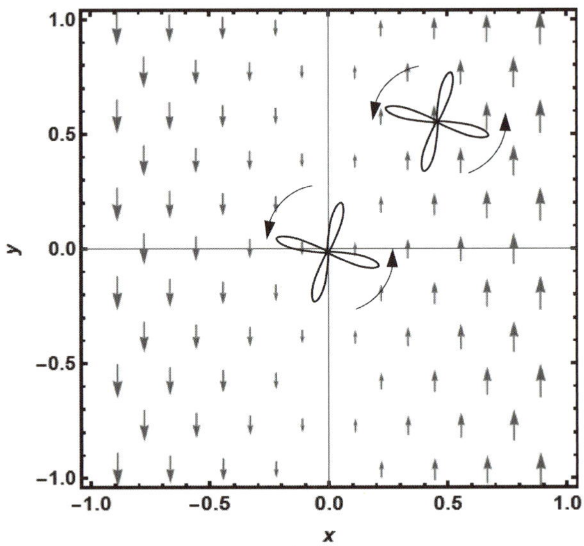

그림 3.12 벡터 $\mathrm{A} = x\hat{\mathrm{e}}_y$와 가상 프로펠러의 회전

컬이 0인 경우의 예를 보자. 만약 $\mathrm{B} = x\hat{\mathrm{e}}_x$라고 하면 $\nabla \times \mathrm{B} = 0$이 된다. 그림 3.13에서 보듯이 벡터 B는 x축 방향을 따라 확장은 되지만 회전의 의미는 없다. 컬이 어디에서나 0이라면 이러한 벡터를 **돌지 않는다**(irroational)라고 하거나 **비회전형**(irrotational)이라고 한다. 그림 3.12에서 예를 들었던 가상의 프로펠러는 그림 3.13의

어느 위치에 놓더라도 돌지 않을 것이다.

$$\nabla \times \mathrm{B} = 0: \ \text{irrotational} \tag{3.4.13}$$

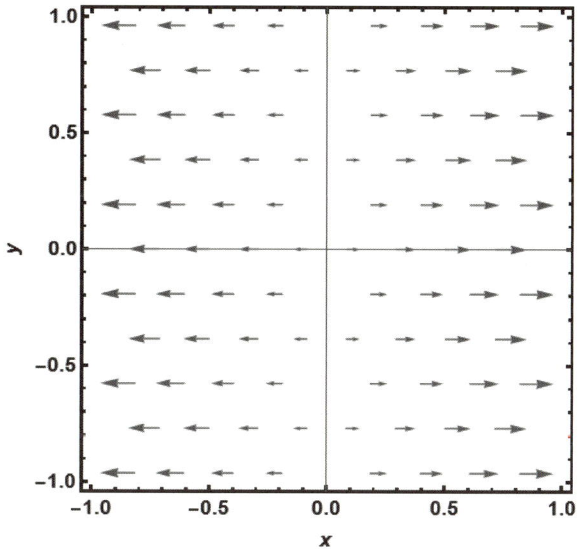

그림 3.13 벡터 $\mathrm{B} = x\hat{\mathrm{e}}_x$의 시각화

예제 3.4.1 벡터 $\mathrm{A} = xy\hat{\mathrm{e}}_x + (x+z)\hat{\mathrm{e}}_y + y\hat{\mathrm{e}}_z$의 컬을 구하고, A가 비회전형(irrotational)이 될 조건을 찾으시오.

풀이 식(3.4.1) 또는 식(3.4.2)를 이용하면

$$\nabla \times \mathrm{A} = \left(\frac{\partial y}{\partial y} - \frac{\partial(x+z)}{\partial z}\right)\hat{\mathrm{e}}_x + \left(\frac{\partial(xy)}{\partial z} - \frac{\partial y}{\partial x}\right)\hat{\mathrm{e}}_y + \left(\frac{\partial(x+z)}{\partial x} - \frac{\partial(xy)}{\partial y}\right)\hat{\mathrm{e}}_z \tag{3.4.14}$$

$$= (1-1)\hat{\mathrm{e}}_x + 0 + (1-x)\hat{\mathrm{e}}_z$$

$$= (1-x)\hat{\mathrm{e}}_z$$

가 된다. 따라서 일반적으로 $\nabla \times \mathrm{A} \neq 0$이지만 $x = 1$인 면에서는 $\nabla \times \mathrm{A} = 0$이 되어 A는 비회전형이 된다.

예제 3.4.2 벡터 $\mathbf{r} = x\hat{\mathbf{e}}_x + y\hat{\mathbf{e}}_y + z\hat{\mathbf{e}}_z$에 대하여 $r = |\mathbf{r}|$, $\hat{\mathbf{r}} = \mathbf{r}/r$일 때, $\nabla \times f(r)\hat{\mathbf{r}}$을 계산하시오.

풀이 $\hat{\mathbf{r}} = \frac{x}{r}\hat{\mathbf{e}}_x + \frac{y}{r}\hat{\mathbf{e}}_y + \frac{z}{r}\hat{\mathbf{e}}_z$이므로 $\nabla \times f(r)\hat{\mathbf{r}}$의 x성분은

$$\begin{aligned}[\nabla \times f(r)\hat{\mathbf{r}}]_x &= \frac{\partial}{\partial y}\left(\frac{zf(r)}{r}\right) - \frac{\partial}{\partial z}\left(\frac{yf(r)}{r}\right) \qquad (3.4.15)\\ &= z\left[\frac{d}{dr}\frac{f(r)}{r}\right]\frac{\partial r}{\partial y} - y\left[\frac{d}{dr}\frac{f(r)}{r}\right]\frac{\partial r}{\partial z}\\ &= 0\end{aligned}$$

이다. $\nabla \times f(r)\hat{\mathbf{r}}$의 y성분과 z성분도 마찬가지로 0이 된다. 따라서 $\nabla \times f(r)\hat{\mathbf{r}} = 0$이다. 즉, 중심력장은 비회전형이라는 것을 알 수 있다.

3.4.2 컬의 레비-치비타 기호 표현법(Levi-Civita representation of a curl)

컬의 계산은 레비-치비타 기호를 이용하면 편리하다. 레비-치비타는 이미 제1장에서 자세히 소개한 바가 있는데 벡터 $\mathbf{A}$와 $\mathbf{B}$의 벡터곱의 경우, ijk를 기준 순서라고 할 때 $\mathbf{A} \times \mathbf{B}$의 i 성분은

$$(\mathbf{A} \times \mathbf{B})_i = \varepsilon_{ijk} A_j B_k \qquad (3.4.16)$$

와 같이 정의된다는 것을 배웠다. 이와 같이 $\nabla \times \mathbf{A}$의 i성분은

$$(\nabla \times \mathbf{A})_i = \varepsilon_{ijk} \frac{\partial}{\partial x_j} A_k \qquad (3.4.17)$$

로 쓰면 된다. 단지 벡터의 성분 대신에 연산자가 사용되었음에 유의하고, 반복된 지수는 합(summation)을 의미한다는 것을 기억하자. 다시 말하자면 식(3.4.17)은 j와 k에 대한 합기호를 써서

$$(\nabla \times \mathrm{A})_i = \sum_{j,\,k} \varepsilon_{ijk} \frac{\partial}{\partial x_j} A_k \tag{3.4.18}$$

로 써야 하지만 합 기호를 종종 생략하여 아인슈타인 합 규약으로 표현하는 것이 일반적인 관례이다. 만약 성분으로 표현하지 않고 벡터로 바로 쓰고 싶으면

$$\nabla \times \mathrm{A} = (\nabla \times \mathrm{A})_i \hat{\mathrm{e}}_i = \left(\varepsilon_{ijk} \frac{\partial}{\partial x_j} A_k \right) \hat{\mathrm{e}}_i \tag{3.4.19}$$

라고 해도 좋다. 단 이 경우는 i, j, k에 대한 삼중 합이 된다.

식(3.4.17)을 이용하면 $\nabla \times \mathrm{A}$의 x, y, z 성분은 각각

$$(\nabla \times \mathrm{A})_x = \varepsilon_{xyz} \frac{\partial}{\partial y} A_z + \varepsilon_{xzy} \frac{\partial}{\partial z} A_y \tag{3.4.20}$$

$$(\nabla \times \mathrm{A})_y = \varepsilon_{yzx} \frac{\partial}{\partial z} A_x + \varepsilon_{yxz} \frac{\partial}{\partial x} A_z \tag{3.4.21}$$

$$(\nabla \times \mathrm{A})_z = \varepsilon_{zxy} \frac{\partial}{\partial x} A_y + \varepsilon_{zyx} \frac{\partial}{\partial y} A_x \tag{3.4.22}$$

가 되는데 제1장에서 설명하였듯이 지수의 기준순서 규칙에 따라 $\varepsilon_{ijk} = \pm 1$ 또는 0이 되므로 식(3.4.20)-(3.4.22)는 곧

$$(\nabla \times \mathrm{A})_x = \frac{\partial A_z}{\partial y} - \frac{\partial A_y}{\partial z} \tag{3.4.23}$$

$$(\nabla \times \mathrm{A})_y = \frac{\partial A_x}{\partial z} - \frac{\partial A_z}{\partial x} \tag{3.4.24}$$

$$(\nabla \times \mathrm{A})_z = \frac{\partial A_y}{\partial x} - \frac{\partial A_x}{\partial y} \tag{3.4.25}$$

가 된다. 따라서 $\nabla\times\mathrm{A}$의 세 성분을 다 구하였고 식(3.4.1)을 증명하였다. 식(3.4.17)을 잘 알아두면 컬을 포함하는 복잡한 계산을 쉽게 할 수 있으므로 매우 유용할 것이다.

예제 3.4.3 스칼라 φ와 벡터 A에 대하여 $\nabla\times(\varphi\mathrm{A}) = (\nabla\varphi)\times\mathrm{A} + \varphi\nabla\times\mathrm{A}$를 증명하시오.

풀이 $\nabla\times(\varphi\mathrm{A})$의 i성분을 레비-치비타 기호로 써보자.

$$
\begin{aligned}
[\nabla\times(\varphi\mathrm{A})]_i &= \varepsilon_{ijk}\frac{\partial}{\partial x_j}\varphi A_k = \varepsilon_{ijk}\left(\frac{\partial\varphi}{\partial x_j}A_k + \varphi\frac{\partial A_k}{\partial x_i}\right) \qquad (3.4.26)\\
&= \varepsilon_{ijk}\frac{\partial\varphi}{\partial x_j}A_k + \varphi\,\varepsilon_{ijk}\frac{\partial A_k}{\partial x_i}\\
&= [(\nabla\varphi)\times\mathrm{A}]_i + \varphi[\nabla\times\mathrm{A}]_i
\end{aligned}
$$

그러므로 $\nabla\times(\varphi\mathrm{A}) = (\nabla\varphi)\times\mathrm{A} + \varphi\nabla\times\mathrm{A}$가 증명되었다.

3.4.3 컬과 비회전형(Curl and irrotational)

벡터장 A가 스칼라장 φ의 그래디언트가 되는 경우에, 즉 $\mathrm{A} = \nabla\varphi$인 관계가 있으면 A는 보존장이 된다는 것을 배웠다. A가 벡터이므로 보존벡터장(conservative vector field)이 라고도 한다. 이러한 보존장의 컬을 계산하면

$$
\begin{aligned}
\nabla\times\mathrm{A} = \nabla\times\nabla\varphi &= \left(\frac{\partial}{\partial x}\hat{\mathrm{e}}_x + \frac{\partial}{\partial y}\hat{\mathrm{e}}_y + \frac{\partial}{\partial z}\hat{\mathrm{e}}_z\right)\times\left(\frac{\partial\varphi}{\partial x}\hat{\mathrm{e}}_x + \frac{\partial\varphi}{\partial y}\hat{\mathrm{e}}_y + \frac{\partial\varphi}{\partial z}\hat{\mathrm{e}}_z\right) \qquad (3.4.27)\\
&= \left(\frac{\partial^2\varphi}{\partial y\,\partial z} - \frac{\partial^2\varphi}{\partial z\,\partial y}\right)\hat{\mathrm{e}}_x + \left(\frac{\partial^2\varphi}{\partial z\,\partial x} - \frac{\partial^2\varphi}{\partial x\,\partial z}\right)\hat{\mathrm{e}}_y + \left(\frac{\partial^2\varphi}{\partial x\,\partial y} - \frac{\partial^2\varphi}{\partial y\,\partial x}\right)\hat{\mathrm{e}}_z
\end{aligned}
$$

가 되는데 편미분은 순서를 바꾸어도 되므로 각 성분은 모두 0이 된다. 그러므로 스칼라장 φ에 대해서는 항상

$$\nabla \times \nabla \varphi = 0 \tag{3.4.28}$$

이 성립하며 그래디언트를 갖는 벡터장 A = $\nabla\varphi$는 비회전형이다. 이 결과의 역도 참이며 돌지 않는 벡터장은 보존장이 되며 스칼라장의 그래디언트로 쓸 수 있다. 보존장이면 닫힌 경로를 따라 선적분한 결과가 0이 된다.

식(3.4.9)는 레비-치비타 기호를 쓰면 쉽게 증명할 수 있다. $\nabla \times \nabla \varphi$의 i성분은

$$[\nabla \times \nabla \varphi]_i = \varepsilon_{ijk} \frac{\partial}{\partial x_j} \frac{\partial \varphi}{\partial x_k} \tag{3.4.29}$$

이며 $i = x$인 경우에 $j, k = y, z$이므로

$$[\nabla \times \nabla \varphi]_x = \frac{\partial}{\partial y} \frac{\partial \varphi}{\partial z} - \frac{\partial}{\partial z} \frac{\partial \varphi}{\partial y} = 0 \tag{3.4.30}$$

이 되는 것을 알 수 있고, $i = y$ 및 $i = z$에 대해서도 마찬가지의 결과가 나온다. 따라서 $\nabla \times \nabla \varphi = 0$인 것이 증명되었다.

3.4.4 컬과 솔레노이드형(Curl and solenoidal)

벡터장 A의 컬에 스칼라곱을 하면 삼중 스칼라곱의 형태가 되는데 컬에 다이버전스를 적용하여 $\nabla \cdot (\nabla \times \mathrm{A})$를 계산하여 보자. A가 미분 가능한 벡터라면 레비-치비타 기호를 사용하여 다음과 같은 결과를 얻을 수 있다.

$$\begin{aligned}\nabla \cdot (\nabla \times \mathrm{A}) &= \frac{\partial}{\partial x_i} (\nabla \times \mathrm{A})_i \qquad (3.4.31)\\ &= \varepsilon_{ijk} \frac{\partial}{\partial x_i} \frac{\partial}{\partial x_j} A_k \qquad (i, j, k = x, y, z)\\ &= \frac{\partial}{\partial x} \frac{\partial}{\partial y} A_z - \frac{\partial}{\partial x} \frac{\partial}{\partial z} A_y + \frac{\partial}{\partial y} \frac{\partial}{\partial z} A_x - \frac{\partial}{\partial y} \frac{\partial}{\partial x} A_z\end{aligned}$$

$$+\frac{\partial}{\partial z}\frac{\partial}{\partial x}A_y-\frac{\partial}{\partial z}\frac{\partial}{\partial y}A_x$$

$$=0$$

그러므로 임의의 벡터 A에 대하여 항상

$$\nabla\cdot(\nabla\times\mathrm{A})=0 \tag{3.4.32}$$

을 만족하고, $\nabla\times\mathrm{A}$은 솔레노이드형(solenoidal)이 된다.

컬의 다이버전스는 행렬식으로도 표현할 수 있다. 컬의 행렬식 표현은 식(3.4.2)에 소개되어 있는데, 여기에 다이버전스를 취하는 것은 스칼라곱을 하는 것과 같으므로 미분 벡터 연산자 델(∇)의 각 단위벡터와 $\nabla\times\mathrm{A}$의 단위벡터를 스칼라곱하는 것과 같다. 그러므로 $\nabla\cdot(\nabla\times\mathrm{A})$는 컬의 행렬식 표현에서 단위벡터의 자리에 단위벡터 대신에 ∇의 성분을 써 넣으면 된다. 단 ∇의 성분은 편미분 연산자임에 유의하자. $\nabla\cdot(\nabla\times\mathrm{A})$의 행렬식 표현은 다음과 같다.

$$\nabla\cdot(\nabla\times\mathrm{A})=\begin{vmatrix}\frac{\partial}{\partial x} & \frac{\partial}{\partial y} & \frac{\partial}{\partial z}\\ \frac{\partial}{\partial x} & \frac{\partial}{\partial y} & \frac{\partial}{\partial z}\\ A_x & A_y & A_z\end{vmatrix} \tag{3.4.33}$$

이 행렬식을 계산하면 $\nabla\cdot(\nabla\times\mathrm{A})=0$이 되는 것을 바로 알 수 있다.

3.4.5 컬의 컬(Curl of a curl)

물리학을 공부하면서 종종 컬의 컬을 계산할 일이 있을 것이다. 예를 들면 전자기학에서 패러데이의 법칙에 컬을 적용하면 진공 중에 전파되는 전자기파의 파동방정식을 편리하게 얻을 수가 있다. 벡터 A의 컬에 다시 컬을 적용하면

$$\nabla\times(\nabla\times \mathrm{A}) = \nabla(\nabla\cdot \mathrm{A}) - \nabla\cdot\nabla \mathrm{A} \tag{3.4.34}$$

가 되는데 이를 증명해보자. 3차원 데카르트 좌표계에서 $\nabla\times(\nabla\times \mathrm{A})$의 i성분은

$$\begin{aligned}
[\nabla\times(\nabla\times \mathrm{A})]_i &= \varepsilon_{ijk}\frac{\partial}{\partial x_j}(\nabla\times \mathrm{A})_k \\
&= \varepsilon_{ijk}\varepsilon_{klm}\frac{\partial}{\partial x_j}\frac{\partial}{\partial x_l}A_m \\
&= (\delta_{il}\delta_{jm} - \delta_{im}\delta_{jl})\frac{\partial}{\partial x_j}\frac{\partial}{\partial x_l}A_m \\
&= \frac{\partial}{\partial x_j}\frac{\partial}{\partial x_i}A_j - \frac{\partial}{\partial x_j}\frac{\partial}{\partial x_j}A_i \\
&= \frac{\partial}{\partial x_i}\frac{\partial}{\partial x_j}A_j - \frac{\partial}{\partial x_j}\frac{\partial}{\partial x_j}A_i \\
&= \frac{\partial}{\partial x_i}(\nabla\cdot \mathrm{A}) - \nabla\cdot\nabla A_i
\end{aligned} \tag{3.4.35}$$

와 같이 된다. 따라서 $\nabla\times(\nabla\times \mathrm{A})$는 위의 식(3.4.35)의 마지막 표현에서 좌표계의 방향 벡터를 붙여서 벡터 합을 해주면 되므로 다음과 같이 증명된다.

$$\begin{aligned}
\nabla\times(\nabla\times \mathrm{A}) &= [\nabla\times(\nabla\times \mathrm{A})]_i\hat{\mathrm{e}}_i \\
&= \left[\frac{\partial}{\partial x_i}(\nabla\cdot \mathrm{A}) - \nabla\cdot\nabla A_i\right]\hat{\mathrm{e}}_i \\
&= \nabla(\nabla\cdot \mathrm{A}) - \nabla\cdot\nabla \mathrm{A}
\end{aligned} \tag{3.4.36}$$

연습문제

문제 3.1–3.8에서 r은 위치벡터 $\mathbf{r} = x\hat{\mathbf{e}}_x + y\hat{\mathbf{e}}_y + z\hat{\mathbf{e}}_z$이다.

3.1 $r = |\mathbf{r}|$에 대하여, ∇r^n을 계산하시오.

3.2 $r = |\mathbf{r}|$에 대하여, $\nabla^2 r^n$을 계산하시오.

3.3 만약 $\mathbf{A}$가 비회전형이면, $\mathbf{A}\times\mathbf{r}$이 솔레노이드형임을 보이시오.

3.4 만약 $\mathbf{A}$와 $\mathbf{B}$가 상수벡터라면 $\nabla(\mathbf{A}\cdot\mathbf{B}\times\mathbf{r}) = \mathbf{A}\times\mathbf{B}$임을 보이시오.

3.5 벡터 $\mathbf{F} = r^n\mathbf{r}$에 대하여 $\nabla\cdot\mathbf{F}$를 계산하시오.

3.6 벡터 $\mathbf{F} = r^n\mathbf{r}$에 대하여 $\nabla\times\mathbf{F}$를 계산하시오.

3.7 벡터 $\mathbf{F} = r^n\mathbf{r}$에 대하여 $\mathbf{F} = -\nabla\varphi$를 만족하는 스칼라 함수 φ를 구하고, 원점 및 무한대에서 발산하는 n값을 구하시오.

3.8 벡터 $\mathbf{F}$가 공간 (x, y, z)와 시간 t의 함수이다. $d\mathbf{F} = (d\mathbf{r}\times\nabla)\mathbf{F} + \dfrac{\partial\mathbf{F}}{\partial t}dt$임을 보이시오.

3.9 $\nabla\times(\varphi\nabla\varphi) = 0$을 증명하시오.

3.10 $\nabla\cdot(\mathbf{A}\times\mathbf{B}) = \mathbf{B}\cdot(\nabla\times\mathbf{A}) - \mathbf{A}\cdot(\nabla\times\mathbf{B})$를 증명하시오.

3.11 $\mathbf{A}\times(\nabla\times\mathbf{A}) = \dfrac{1}{2}\nabla A^2 - (\mathbf{A}\cdot\nabla)\mathbf{A}$를 증명하시오.

3.12 전자기학에서 진공중의 전기장 E와 자기장 B에 대하여 앙페르의 법칙과 패러데이의 법칙은 다음과 같다.

$$\nabla \times \mathrm{B} = \varepsilon_0 \mu_0 \frac{\partial \mathrm{E}}{\partial t}$$

$$\nabla \times \mathrm{E} = -\frac{\partial \mathrm{B}}{\partial t}$$

여기서 ε_0와 μ_0는 진공의 유전율과 투자율이다. 전기장과 자기장이 일정한 속력을 가진 전자기파동으로 전파됨을 보이시오.

Chapter 04

벡터의 적분과 적분정리

Vector Integrations and Integral Theorems

4.1 선적분(Line integrals)

4.1.1 선적분의 형태(Forms of line integrals)

제4장에서는 벡터의 적분에 대하여 알아보고자 한다. 벡터와 관련된 적분의 종류에는 선적분(line integral), 면적분(surface integral), 그리고 부피적분(volume integral)이 있다. 이러한 적분들은 원리적으로 스칼라 함수의 적분으로 분해될 수 있다. 선적분은 경로 C 상의 길이요소(line element) 벡터를 $d\mathrm{r}$이라고 할 때 다음 세 가지의 기본적인 형태를 생각할 수 있다.

$$\int_C \varphi\, d\mathrm{r} \tag{4.1.1}$$

$$\int_C \mathrm{A} \cdot d\mathrm{r} \tag{4.1.2}$$

$$\int_C \mathrm{A} \times d\mathrm{r} \tag{4.1.3}$$

3차원 데카르트 좌표계에서 길이요소는 $d\mathrm{r} = \hat{\mathrm{e}}_x dx + \hat{\mathrm{e}}_y dy + \hat{\mathrm{e}}_z dz$로 쓸 수 있으며, 식 (4.1.1)-(4.1.3)은 각각 다음과 같이 세 성분에 따른 스칼라 적분으로 나누어질 수 있다.

$$\int_C \varphi\, d\mathrm{r} = \hat{\mathrm{e}}_x \int_C \varphi\, dx + \hat{\mathrm{e}}_y \int_C \varphi\, dy + \hat{\mathrm{e}}_z \int_C \varphi\, dz \tag{4.1.4}$$

$$\int_C \mathrm{A} \cdot d\mathrm{r} = \int_C A_x\, dx + \int_C A_y\, dy + \int_C A_z\, dz \tag{4.1.5}$$

$$\int_C \mathrm{A} \times d\mathrm{r} = \hat{\mathrm{e}}_x \left(\int_C A_y\, dz - \int_C A_z\, dy \right) + \hat{\mathrm{e}}_y \left(\int_C A_z\, dx - \int_C A_x\, dz \right) + \hat{\mathrm{e}}_z \left(\int_C A_x\, dy - \int_C A_y\, dx \right) \tag{4.1.6}$$

단위벡터들은 크기와 방향이 일정하므로 적분 안에 있지 않아도 되고 밖으로 빼낼 수 있다. 식(4.1.5)는 결과가 스칼라이지만 식(4.1.4)와 식(4.1.6)은 스칼라 적분 결과를 성분으로 갖는 벡터이다. 경로 C가 명시되어 있다면 위의 적분들은 통상적인 적분법에 따라 연산하면 된다.

4.1.2 선적분의 응용(Applications of line integrals)

선적분의 경우 적분 경로에 따라 서로 다른 결과가 나올 수 있다. 2차원 데카르트 좌표계에서 적분 경로가 (0, 0)에서 시작하고 (1, 1)에서 끝이 나지만 중간 경로가 다른 두 가지의 경우를 생각해보자. 그림 4.1과 같이 경로 C_1은 x축을 따라 (0, 0)에서 (1, 0)으로 수평으로 간 뒤, (1, 0)에서 (1, 1)로 수직 위로 간 경우이고, 경로 C_2는 (0, 0)에서 (1, 1)로 $y=x$의 일직선을 따라 간 경우라고 하자. 2차원 공간에서 길이요소는 $d\mathrm{r} = dx\hat{\mathrm{e}}_x + dy\hat{\mathrm{e}}_y$이다.

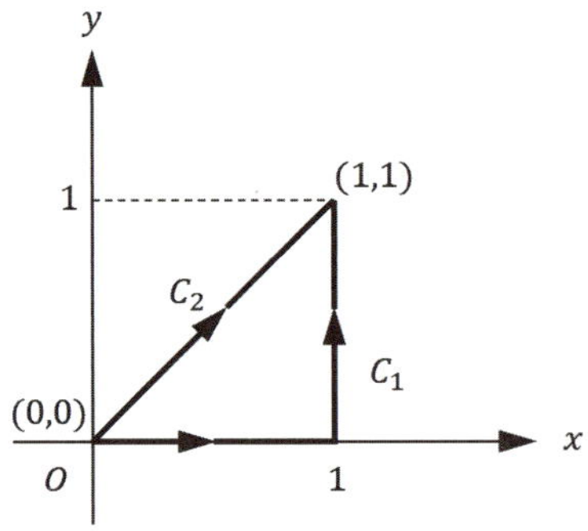

그림 4.1 두 가지 선적분 경로

이 두 가지 경로에 대하여 피적분 함수가 $\varphi(x, y) = x$인 스칼라 함수의 예를 들어보자. 경로 C_1의 경우에는 (0, 0)→(1, 0)로 가는 동안에 $y = 0$이고 (1, 0)→(1, 1)로 가는 동안에는 $x = 1$이므로 φ의 선적분은

$$\int_{C_1} \varphi(x, y)\, d\mathbf{r} = \hat{\mathbf{e}}_x \int_0^1 \varphi(x, 0) dx + \hat{\mathbf{e}}_y \int_0^1 \varphi(1, y)\, dy \tag{4.1.7}$$

$$= \hat{\mathbf{e}}_x \int_0^1 x\, dx + \hat{\mathbf{e}}_y \int_0^1 dy = \frac{1}{2}\hat{\mathbf{e}}_x + \hat{\mathbf{e}}_y$$

와 같이 계산된다. 경로 C_2의 경우에는 (0, 0)→(1, 1)로 가는 동안 $y = x$이므로

$$\int_{C_2} \varphi(x, y)\, d\mathbf{r} = \hat{\mathbf{e}}_x \int_0^1 \varphi(x, x) dx + \hat{\mathbf{e}}_y \int_0^1 \varphi(y, y)\, dy \tag{4.1.8}$$

$$= \hat{\mathbf{e}}_x \int_0^1 x\, dx + \hat{\mathbf{e}}_y \int_0^1 y\, dy = \frac{1}{2}\hat{\mathbf{e}}_x + \frac{1}{2}\hat{\mathbf{e}}_y$$

가 된다. 그러므로 시작점과 끝점이 같더라도 중간 경로가 다르면 적분의 결과는 일반적으로 다르다는 것에 유의하자.

물리학이나 공학에서 좀 더 자주 접하는 선적분은 식(4.1.2)의 형태이다. 고립계에서 역학적 에너지 보존을 이용하여 문제를 풀 때 종종 일-에너지 정리(work-energy theorem)와 같은 원리를 이용하기도 하는데, 식(4.1.2)는 경로에 따른 변위와 관련된 일(work)을 계산하는 데 유용하다. 어떤 물체가 힘 $\mathbf{F}$에 의하여 $d\mathbf{r}$만큼의 변위가 생겼다면

이 때 힘이 한 일(work done)은 $\mathbf{F} \cdot d\mathbf{r}$이 되고 물체가 경로 C를 따라 이동했다면 경로 전체에 대하여 한 일은

$$\int_C \mathbf{F} \cdot d\mathbf{r}$$

가 된다. 예를 들어 어떤 물체에 가한 힘이 $\mathbf{F}(x,y) = -y\,\hat{\mathbf{e}}_x + x\,\hat{\mathbf{e}}_y$로 주어졌다고 가정하자. 이 벡터 힘을 시각화하면 그림 4.2에서 보듯이 원점을 중심으로 소용돌이치며 중심에서 멀어질수록 크기가 커지는 회전하는 형태의 힘이다.

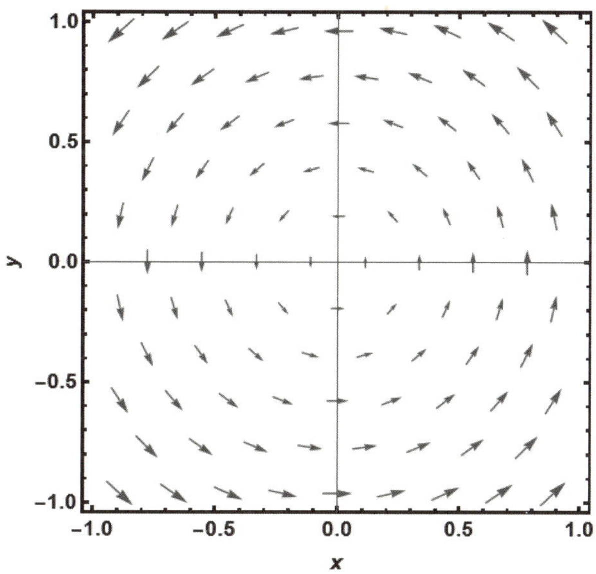

그림 4.2 벡터장 $\mathbf{F} = -y\,\hat{\mathbf{e}}_x + x\,\hat{\mathbf{e}}_y$의 시각화

앞서 언급한 두 경로 대하여 각각 적분을 계산하여 보면, C_1에 대하여

$$\int_{C_1} \mathbf{F} \cdot d\mathbf{r} = \int_0^1 F_x(x,0)\,dx + \int_0^1 F_y(1,y)\,dy \tag{4.1.9}$$

$$= \int_0^1 0\,dx + \int_0^1 1\,dy = 1$$

그리고 C_2에 대하여

$$\int_{C_2} \mathbf{F} \cdot d\mathbf{r} = \int_0^1 F_x(x, x)\, dx + \int_0^1 F_y(y, y)\, dy \tag{4.1.10}$$

$$= \int_0^1 (-x)\, dx + \int_0^1 y\, dy$$

$$= -\frac{1}{2} + \frac{1}{2} = 0$$

의 결과를 얻는다. 그러므로 힘 $\mathbf{F}(x,y) = -y\hat{\mathbf{e}}_x + x\hat{\mathbf{e}}_y$의 경우에 적분은 경로에 의존한다.

이미 제3장에서 학습하였듯이 적분의 결과가 시작점과 끝점에만 관계가 있고 중간 경로에 무관할 때에는 F를 보존적이라고 하고, 그러한 F가 힘이면 이를 보존력이라고 한다. 벡터장 F가 보존적이면 시작점(A)과 끝점(B)이 같지만 다른 경로를 갖는 C_1과 C_2에 대해 다음이 성립한다. 그림 4.3에서 C_1과 C_2는 서로 다른 경로이지만 시작점과 끝점이 같다. F가 보존적이면 적분의 결과는 양 끝점에만 의존하므로 다음이 성립한다.

$$\int_{C_1} \mathbf{F} \cdot d\mathbf{r} = \int_{C_2} \mathbf{F} \cdot d\mathbf{r} \tag{4.1.11}$$

이제, 경로 C_1과 C_2는 어느 하나의 순서를 바꾸어줌으로써 닫힌 경로로 만들 수 있다. C_2의 경로를 $B \rightarrow A$로 바꾸고 이 경로를 C_2'이라고 하자. 그러면

$$\int_{C_2} \mathbf{F} \cdot d\mathbf{r} = -\int_{C_2'} \mathbf{F} \cdot d\mathbf{r} \tag{4.1.12}$$

가 되므로

$$\int_{C_1} \mathbf{F} \cdot d\mathbf{r} + \int_{C_2'} \mathbf{F} \cdot d\mathbf{r} = 0 \tag{4.1.13}$$

가 된다. 그러면 그림 4.4와 같이 C_1과 C_2'은 하나의 닫힌 경로를 형성한다. 이를 C라고 하면

$$\oint_C \mathbf{F} \cdot d\mathbf{r} = 0 \tag{4.1.14}$$

이 성립하며, F는 보존적이 된다. 식(4.1.14)에서 적분 기호에 표시한 동그라미는 적분 경로가 닫혀있다는 뜻이다. 보존벡터장은 물리학에서 매우 중요하며 중력 및 전기력 등은 보존장의 좋은 예이다.

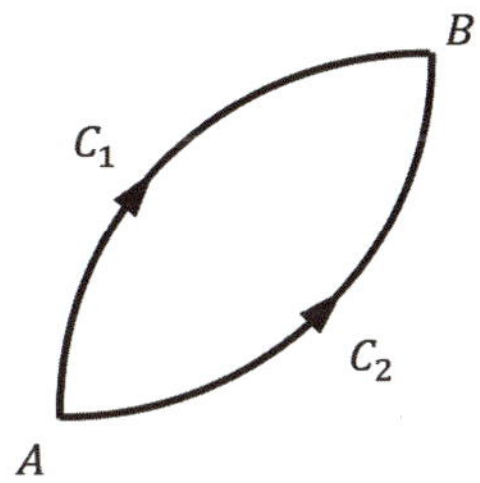

그림 4.3 시작점(A)과 끝점(B)이 같지만 다른 경로를 갖는 C_1과 C_2

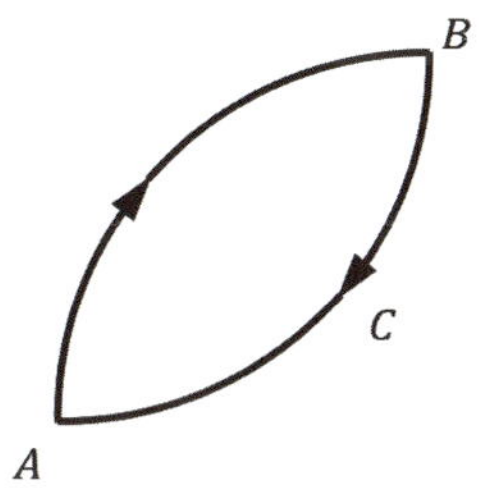

그림 4.4 닫힌 경로 C

마지막으로, 식(4.1.3)과 같은 벡터곱 선적분의 형태는 피적분 벡터와 적분요소 벡터의 벡터곱을 먼저 계산한 뒤에 각 성분별로 적분을 해주면 된다. $\mathbf{A} = A_x \hat{\mathbf{e}}_x + A_y \hat{\mathbf{e}}_y + A_z \hat{\mathbf{e}}_z$, $d\mathbf{r} = dx\,\hat{\mathbf{e}}_x + dy\,\hat{\mathbf{e}}_y + dz\,\hat{\mathbf{e}}_z$라고 하면 $\mathbf{A} \times d\mathbf{r}$의 각 성분은 $(\mathbf{A} \times d\mathbf{r})_i = \varepsilon_{ijk} A_j dx_k$로부터 구할 수 있다. 즉

$$(\mathbf{A} \times d\mathbf{r})_x = A_y dz - A_z dy \tag{4.1.15}$$

$$(\mathbf{A} \times d\mathbf{r})_y = A_z dx \quad A_x dz \tag{4.1.16}$$

$$(\mathbf{A}\times d\mathbf{r})_z = A_x dy - A_y dx \tag{4.1.17}$$

가 되므로 $\mathbf{A}\times d\mathbf{r}$의 적분은

$$\int_C \mathbf{A}\times d\mathbf{r} = \hat{\mathbf{e}}_x \int_C (A_y dz - A_z dy) + \hat{\mathbf{e}}_y \int_C (A_z dx - A_x dz) + \hat{\mathbf{e}}_z \int_C (A_x dy - A_y dx) \tag{4.1.18}$$

와 같이 계산할 수 있다.

예제 4.1.1 그림 4.5의 닫힌 경로를 이용하여 벡터장 $\mathbf{F} = x\hat{\mathbf{e}}_x + y\hat{\mathbf{e}}_y$가 보존장인지 아닌지 확인하시오.

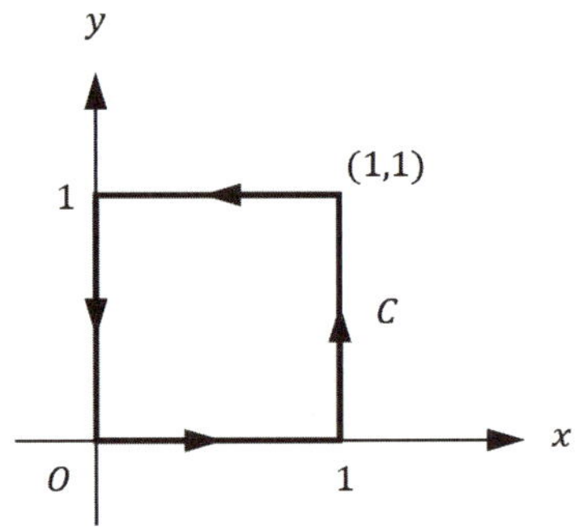

그림 4.5 정사각형의 닫힌 경로 C

풀이

$$\int_C \mathbf{F}\cdot d\mathbf{r} = \int_C (x\hat{\mathbf{e}}_x + y\hat{\mathbf{e}}_y)\cdot(dx\,\hat{\mathbf{e}}_x + dy\,\hat{\mathbf{e}}_y) = \int_C (x\,dx + y\,dy) \tag{4.1.19}$$

$$= \int_0^1 x\,dx + \int_0^1 y\,dy + \int_1^0 x\,dx + \int_1^0 y\,dy$$

$$= 0$$

그러므로 $\mathbf{F} = x\hat{\mathbf{e}}_x + y\hat{\mathbf{e}}_y$는 보존장이다.

예제 4.1.2 그림 4.5의 닫힌 경로를 이용하여 벡터장 $\mathbf{F} = y\hat{\mathbf{e}}_x + x(x-1)\hat{\mathbf{e}}_y$가 보존장인지 아닌지 확인하시오.

풀이

$$\int_C \mathbf{F}\cdot d\mathbf{r} = \int_C \left[y\hat{\mathbf{e}}_x + x(x-1)\hat{\mathbf{e}}_y\right]\cdot\left(dx\,\hat{\mathbf{e}}_x + dy\,\hat{\mathbf{e}}_y\right) = \int_C [y\,dx + x(x-1)\,dy]$$

$$= \int_0^1 0\,dx + \int_0^1 0\,dy + \int_1^0 dx + \int_1^0 0\,dy$$

$$= -1 \tag{4.1.20}$$

그러므로 $\mathbf{F} = y\hat{\mathbf{e}}_x + x(x-1)\hat{\mathbf{e}}_y$는 보존장이 아니다.

예제 4.1.3 벡터 $\mathbf{A} = y\hat{\mathbf{e}}_x + x\hat{\mathbf{e}}_y$에 대하여 $0 \le x \le \pi$ 구간에서 적분 경로 C가 $y = \sin x$로 주어졌다. $\int_C \mathbf{A}\times d\mathbf{r}$을 계산하시오.

풀이 벡터곱 $\mathbf{A}\times d\mathbf{r}$은

$$\mathbf{A}\times d\mathbf{r} = \left(y\hat{\mathbf{e}}_x + x\hat{\mathbf{e}}_y\right)\times\left(dx\,\hat{\mathbf{e}}_x + dy\,\hat{\mathbf{e}}_y + dz\,\hat{\mathbf{e}}_z\right) \tag{4.1.21}$$

$$= x\,dz\,\hat{\mathbf{e}}_x - y\,dz\,\hat{\mathbf{e}}_y + (-x\,dx + y\,dy)\,\hat{\mathbf{e}}_z$$

이다. 그런데 적분 경로 상에서 z방향의 변위는 없으므로 $dz = 0$가 된다. 따라서

$$\mathbf{A}\times d\mathbf{r} = (-x\,dx + y\,dy)\,\hat{\mathbf{e}}_z \tag{4.1.22}$$

이므로 적분은 다음과 같이 계산된다.

$$\int_C \mathbf{A}\times d\mathbf{r} = \int_C (-x\,dx + y\,dy)\,\hat{\mathbf{e}}_z \tag{4.1.23}$$

$$= \left[-\int_0^\pi x\,dx + \int_0^\pi \sin x\, d(\sin x)\right]\hat{\mathbf{e}}_z$$

$$= -\frac{\pi^2}{2}\hat{\mathbf{e}}_z$$

4.2 면적분(Surface integrals)

4.2.1 면적분의 형태(Forms of surface integrals)

면적분은 선적분과 비슷한 형태이지만 길이요소 대신에 면적요소(area element)를 가지고 어떤 특정한 면에 대한 적분을 의미한다. 면적요소는 벡터이며 면과 수직한 방향이다. 면적요소 벡터의 방향에 대한 일반적인 관례는 닫힌 표면에서는 외부로 향하는 방향을 가리키고 열린 표면에서는 문제의 특성에 따라 임의로 정할 수 있으나, 면의 가장자리를 돌아가는 방향과 관련성이 있을 때에는 일반적으로 오른손 규칙에 따라 정의된다. 그림 4.6에서 구나 원통과 같은 닫힌 표면의 면적요소 $d\sigma$는 항상 바깥 방향을 향하고, 열린 면에서의 $d\sigma$는 위 또는 아래를 향할 수 있는데 주어진 문제에 따라 알맞게 결정하면 된다.

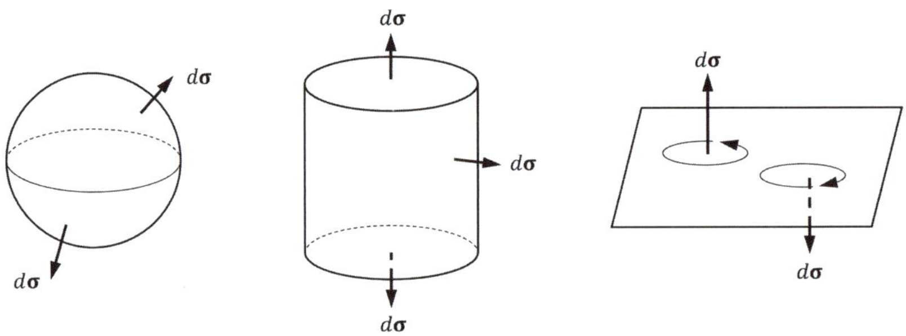

그림 4.6 닫힌 표면과 열린 표면에서의 면적요소 $d\sigma$의 방향

표면 S에서 면적분은 선적분처럼 스칼라 φ와 벡터 A에 대하여 다음 세 가지의 기본적인 형태가 있다.

$$\int_S \varphi \, d\sigma \tag{4.2.1}$$

$$\int_S \mathrm{A} \cdot d\sigma \tag{4.2.2}$$

$$\int_S \mathrm{A} \times d\sigma \tag{4.2.3}$$

특히 스칼라곱의 형태인 식(4.2.2)는 표면 S를 통과하는 흐름과 관련이 있으며 물리에서 자주 나타난다.

면적분을 수행하기 위해서는 면적요소 $d\boldsymbol{\sigma}$를 정확히 정의하는 것이 중요하다. 면의 방향을 가리키는 단위벡터를 $\hat{\mathrm{n}}$이라하고 하면 면적요소를 $d\boldsymbol{\sigma} = d\sigma\hat{\mathrm{n}}$으로 쓸 수 있다. 이제 스칼라양인 $d\sigma$를 정의하는 법에 대해 알아보자. $d\sigma$는 여러 가지 방법으로 정의할 수 있는데, 그림 4.7에서처럼 데카르트 좌표계에서는 일반적으로 x축과 y축 방향의 작은 변위 dx와 dy로 이루어진 사각형을 생각하여 $d\sigma = dx\,dy$로 놓는다. 그러나 주어진 문제에 따라서는 면적요소를 긴 띠 모양으로 하는 것이 편리할 때가 있다. 그림 4.7에서 보듯이 크기가 가로 M, 세로 L의 직사각형 형태의 면인 경우 가로의 좌표를 x라고 할 때 면적요소는 $d\sigma = L\,dx$로 정의하기도 한다. 물론 $d\sigma = M\,dy$도 가능하다. 면적요소를 $dx\,dy$로 정의하면 면적분은 이중 적분이 되고 $L\,dx$나 $M\,dy$로 하면 단일 적분이 된다.

원판과 같은 모양의 면에서는 가는 고리 모양이나 작은 파이 조각과 같은 면적요소를 정의하면 편리하다. 그림 4.8은 반지름 R인 원판의 경우에 대하여 극좌표계를 이용하여 세 종류의 면적요소에 대한 정의를 보여주고 있다. 극좌표에서 dr은 반지름 방향의 작은 변위이고 $d\theta$는 중심각의 작은 변위이다. 가는 고리의 경우 $d\sigma = 2\pi r\,dr$로, 작은 파이 조각의 경우 $d\sigma = (1/2)\,R^2\,d\theta$로 할 수 있다. 또한 데카르트 좌표계에서 면적요소를 $dx\,dy$라고 한 것처럼 극좌표계에서도 두 개의 요소를 곱하여 면적요소를 $d\sigma = r\,dr\,d\theta$와 같이 정의할 수 있다. 면적요소가 $r\,dr\,d\theta$인 경우 적분은 이중적분이고, 면적요소가 $2\pi r\,dr$ 및 $(1/2)\,R^2\,d\theta$인 경우는 단일적분이다.

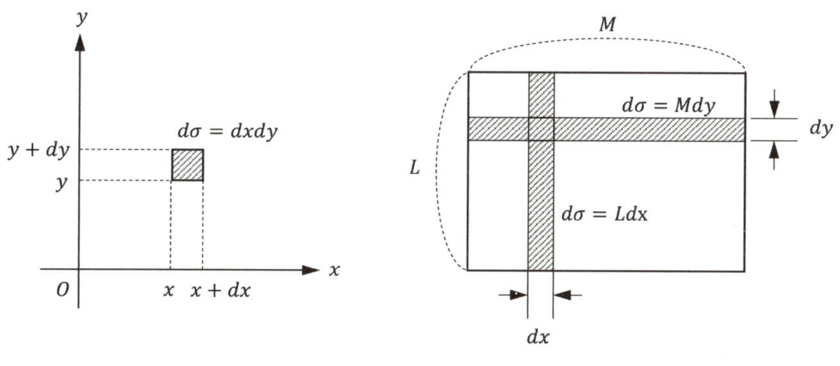

그림 4.7 데카르트 좌표계에서 여러 가지 면적요소의 정의(음영부분)

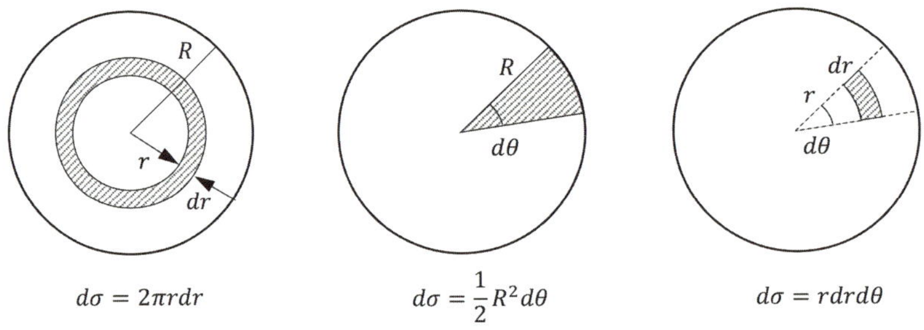

그림 4.8 평면 극좌표계에서 여러 가지 면적요소의 정의(음영부분)

곡면에서의 면적요소도 정의 할 수 있는데 그림 4.9와 그림 4.10은 원통의 옆면과 구의 표면에 대한 일반적인 면적요소의 정의를 나타내고 있다. 중심이 z축이고 높이 L, 반지름 R인 원통의 경우 면적요소는 $d\sigma = LR d\theta$ 또는 $d\sigma = 2\pi R dz$와 같은 가는 띠 모양, 그리고 $d\sigma = R d\theta \, dz$와 같은 작은 조각 모양의 세 가지가 가능하다(그림 4.9). 구(sphere)의 경우에는 구면좌표계를 써서 극각(polar angle)을 θ, 방위각(azimuthal angle)을 ϕ라고 하면 면적요소를 $d\sigma = r^2 \sin\theta \, d\theta \, d\phi$와 같이 구 표면의 작은 조각으로 하거나 $d\sigma = 2\pi r^2 \sin\theta \, d\theta$와 같이 띠 모양으로도 정의할 수 있다(그림 4.10).

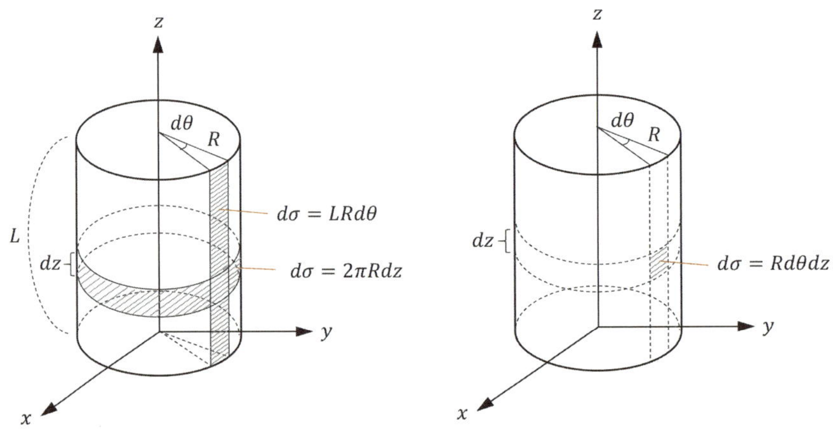

그림 4.9 원통 좌표계에서의 면적요소의 정의(음영부분)

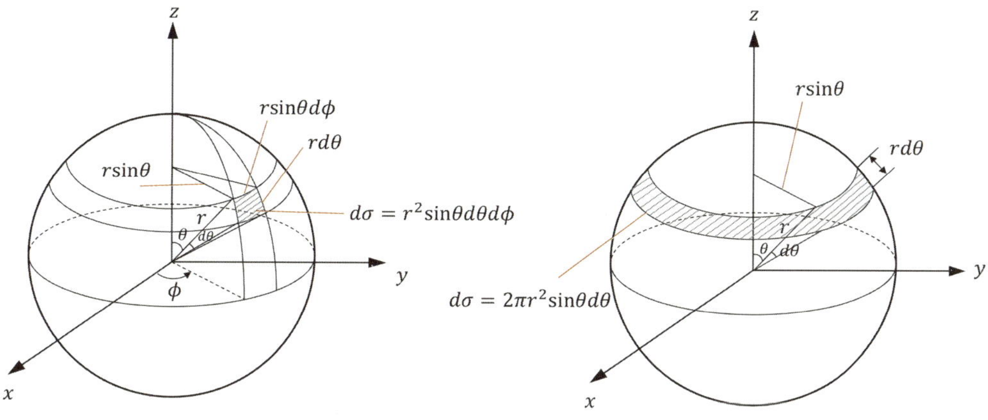

그림 4.10 구면 좌표계에서의 면적요소의 정의(음영부분)

4.2.2 면적분의 응용(Applications of surface integrals)

면적분의 간단한 예로서 관속을 흐르는 유체의 단위시간당 선속(flux)을 계산해보자. 유체의 속도를 $\mathbf{u}$, 관의 단면적을 A라고 하자. 유체는 관의 방향을 따라 일정한 속력 $u = |\mathbf{u}|$로 흐르고 있다. 시간 t동안 유체가 이동한 거리는 ut이므로 면적 A를 통해 흘러나간 유체의 부피는 utA가 된다. 선속 Q는 단위시간당 빠져나간 유체의 양이므로 전체 부피에 시간 t를 나누면 $Q = uA$가 된다. 이제 관의 방향을 z축과 나란하게 두고, 관 속을 흐르는 유체의 속력을 $u = u(x, y)$라고 하자. 관의 단면은 (x,y) 평면상에 있고, 가로를 a, 세로를 b라고 하면 사각형으로 된 단면의 넓이는 $A = ab$이다. 이러한 단면의 면적요소를 $d\sigma = dx\,dy$라고 하자. 면적요소 $d\sigma$를 통과한 유체의 선속은 $dQ = u(x, y)\,dx\,dy$이며 면 A를 통과한 전체 선속은

$$Q = \int_A u(x, y)\,dx\,dy \tag{4.2.4}$$

가 된다. 만약에 단면과 나란한 방향으로 흐르는 유체가 있다면 이 유체는 면을 통과하여 지나간 것이 아니므로 $d\sigma$를 통과한 선속은 0이 된다. 이제 유체의 방향과 단면의 방향이 임의의 각도인 경우를 보자. 그림 4.11과 같이 단면이 향하는 방향과 유체의 방향 사이의 각도를 θ라고 하자. 벡터 $\hat{\mathbf{n}}$은 면의 방향을 나타내는 단위벡터이다. 유체의 속도

벡터 $\mathbf{u}$는 $\mathbf{u} = \mathbf{u}_{\parallel} + \mathbf{u}_{\perp}$와 같이 단면에 나란한 성분과 수직한 성분으로 분해할 수 있는데, 앞서 언급한 것처럼 단면과 나란한 성분의 선속은 0이다. 그러므로 유체 속도의 수직한 성분만 선속에 기여를 하는데, 수직한 속도 성분은 $u_{\perp} = \mathbf{u} \cdot \hat{\mathbf{n}}$로부터 구할 수 있고 $\mathbf{u} \cdot \hat{\mathbf{n}} = u\cos\theta$이므로 식(4.2.4)는

$$Q = \int_A u_{\perp}(x, y)\, dx\, dy = \int_A u(x, y)\cos\theta\, dx\, dy \tag{4.2.5}$$

와 같이 된다. 면적요소 벡터는 $d\boldsymbol{\sigma} = \hat{\mathbf{n}}\, d\sigma = \hat{\mathbf{n}}\, dx\, dy$이다. 그러므로 총 선속은 일반적으로

$$Q = \int_A \mathbf{u} \cdot d\boldsymbol{\sigma} \tag{4.2.6}$$

와 같이 속도 벡터와 면적요소 벡터의 스칼라곱의 형태로 쓸 수 있다.

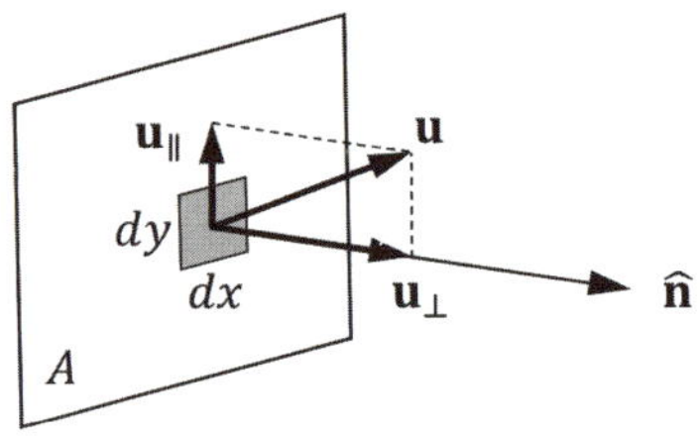

그림 4.11 단면 A를 통과하는 유체

예제 4.2.1 전자기학에서 가우스 법칙은 닫힌 면 S에 대하여 전기장 선속의 값이 면 내부의 전하량과 같다는 것을 말하고 있다. 전기장을 $\mathbf{E}$라고 하고 면 내부의 전하량을 Q라고 하면 다음 식이 성립한다.

$$Q = \epsilon_0 \oint_S \mathbf{E} \cdot \hat{\mathbf{n}}\, d\sigma$$

전기장이 $\mathbf{E} = x\hat{\mathbf{e}}_x + y\hat{\mathbf{e}}_y + z\hat{\mathbf{e}}_z$로 주어지고 닫힌 면은 한 변의 길이가 2이고 중심이 원점인 정육면체이다. 전하량 Q를 구하시오.

풀이 정육면체의 여섯 면 중에 하나인 $x=1$인 면에 대해서 보자. 이 면의 단위벡터는 $\hat{\mathbf{n}} = \hat{\mathbf{e}}_x$이며 면적요소는 $d\sigma = dy\,dz$가 된다. 이 면을 통과하는 선속을 구하면

$$Q_{x=1} = \epsilon_0 \int_{x=1} \mathbf{E} \cdot \hat{\mathbf{n}}\, d\sigma = \epsilon_0 \int_{x=1} \mathbf{E} \cdot \hat{\mathbf{e}}_x\, dy\, dz \tag{4.2.7}$$

이다. $\mathbf{E} \cdot \hat{\mathbf{e}}_x = x$이므로

$$Q_{x=1} = \epsilon_0 \int_{-1}^{1} dy \int_{-1}^{1} dz = 4\epsilon_0 \tag{4.2.8}$$

가 된다. 나머지 다섯 개의 면도 이와 같은 방법으로 계산하면 면 내부의 전하량은 $Q = 24\epsilon_0$이 된다.

예제 4.2.2 면 S가 xy면 전체를 나타낸다고 할 때, 적분

$$\int_S e^{-x^2-y^2} dS$$

를 극좌표계를 이용하여 계산해보시오.

풀이 평면 극좌표계 (r, θ)에서 $x^2 + y^2 = r^2$이고 $dS = r\,dr\,d\theta$이다. S가 (x, y)면 전체를 나타내므로 r과 θ의 범위는 $0 \le r < \infty$ 및 $0 \le \theta < 2\pi$이다. 그러므로 다음과 같이 계산된다.

$$\begin{aligned} \int_S e^{-x^2-y^2} dS &= \int_0^{\infty} \int_0^{2\pi} e^{-r^2} r\, dr\, d\theta \\ &= 2\pi \int_0^{\infty} e^{-r^2} r\, dr = 2\pi \int_0^{\infty} \frac{e^{-t}}{2} dt \\ &= \pi \left[-e^{-t} \right]_0^{\infty} = \pi \end{aligned} \tag{4.2.9}$$

4.3 부피적분(Volume integrals)

부피적분은 선적분이나 면적분과는 달리 부피요소가 스칼라이므로 비교적 간단하다. 부피요소를 $d\tau$라고 할 때 일반적인 적분 형태는

$$\int_V \mathrm{A}\, d\tau \tag{4.3.1}$$

이다. 여러 문헌에서 부피요소는 종종 d^3r 또는 $d\mathrm{r}$로 표기하기도 하는데 $d\mathrm{r}$은 선적분의 길이요소와 혼동이 되므로 여기서는 쓰지 않도록 한다. 식(4.3.1)은 데카르트 좌표계에서 벡터 A의 성분으로 나누면

$$\int_V \mathrm{A}\, d\tau = \hat{\mathrm{e}}_x \int_V A_x\, d\tau + \hat{\mathrm{e}}_y \int_V A_y\, d\tau + \hat{\mathrm{e}}_z \int_V A_z\, d\tau \tag{4.3.2}$$

와 같이 되어서 세 개의 스칼라 적분을 수행하는 것과 같다.

데카르트 좌표계에서 부피요소는 $d\tau = dx\, dy\, dz$로 하는 것이 일반적이고 이 경우 적분은 삼중 적분(triple integral)이 된다. 그러나 주어진 문제에 따라서 길이 L에 대해 $d\tau = L\, dx\, dy$와 같이 정의하는 것도 가능하다. 또한, 원통좌표계에서 부피요소는 $d\tau = r\, dr\, d\theta\, dz$가 될 수 있으며 구면좌표계에서는 $d\tau = r^2 \sin\theta\, dr\, d\theta\, d\phi$와 같이 쓸 수 있는데, 그 외에도 여러 가지가 정의가 가능하며 주어진 문제에 따라 적절하게 선택하면 된다. 원통좌표계와 구면좌표계에서의 부피요소는 제6장에서 자세히 다루고 있다.

4.4 가우스 정리(Gauss' theorem)

4.4.1 다이버전스와 부피적분(Divergence and volume integral)

앞서 제3장에서 벡터 A의 다이버전스는 공간의 작은 부피요소의 표면을 통과하는 양

을 의미한다고 배웠다. 벡터 A의 다이버전스를 부피 V에 대하여 적분하면 V를 둘러싼 표면을 통과하는 양이 된다. 그러므로 이 양은 곧 4.2절에서 배운 것처럼 A와 면적요소를 스칼라곱하여 면적분한 것과 같은 양이 되어야 한다. 따라서 부피적분과 면적분 사이에 다음의 식이 성립한다.

$$\int_V \nabla \cdot \mathrm{A}\, d\tau = \oint_S \mathrm{A} \cdot d\sigma \tag{4.4.1}$$

이 관계식을 **가우스 정리**(Gauss' theorem) 또는 **발산 정리**(divergence theorem)라고 한다. 가우스 정리에서 면적분 기호에 그려진 원은 부피 V를 둘러싼 단힌 면 S에 대하여 적분을 한다는 것을 의미한다.

이제 가우스 정리를 증명하여 보자. 부피 V를 아주 많은 수의 작은 부피요소 $d\tau_i$로 나누었다고 하자(그림 4.12). 즉 $V = \sum_i d\tau_i$이다. 부피요소의 표면에서의 면적요소 벡터 $d\sigma$는 바깥 방향으로 향한다. 각각의 부피요소 $d\tau_i$에 대하여 A의 다이버전스는 제3장의 식(3.3.2)에 의해

$$\nabla \cdot \mathrm{A} = \lim_{d\tau_i \to 0} \frac{1}{d\tau_i} \oint_{\substack{\text{suface}\\ \text{of } d\tau_i}} \mathrm{A} \cdot d\sigma \tag{4.4.2}$$

와 같이 쓸 수 있다. 그러므로 $d\tau_i \to 0$일 때

$$\nabla \cdot \mathrm{A}\, d\tau_i = \oint_{\substack{\text{suface}\\ \text{of } d\tau_i}} \mathrm{A} \cdot d\sigma \tag{4.4.3}$$

가 되며 이 양은 부피요소 $d\tau_i$의 표면을 통과하여 나가거나 들어온 알짜 흐름(net outflow)이다. 증명을 간단하게하기 위해 부피요소 $d\tau_i$가 정육면체의 모양을 하고 있다고 가정하자. 그러면 그림 4.13에서 보듯이 부피요소 $d\tau_1$의 한 면에서 유출되어 나온 양은 바로 옆의 부피요소 $d\tau_2$의 접해 있는 면을 통하여 들어가는 양과 같다. 두 부피요소 $d\tau_1$과 $d\tau_2$가 접해있다면 접한 면에서 면적요소 벡터 $d\sigma$의 방향이 서로 반대이므로 접한 면에서 두 부피요소의 다이버전스 값은 크기는 같고 부호는 반대가 된다. 따라서 접한 면

에서 다이버전스 값은 서로 상쇄가 된다. 이와 같이 하여 모든 부피요소를 더해 나가면 결국 내부에서의 모든 흐름은 다 상쇄가 되고 오로지 맨 바깥에 위치한 부피요소의 바깥 면을 통하여 흘러나가거나 들어온 양만이 계산이 될 것이다. 그러므로 다음과 같이 쓸 수 있다.

$$\sum_{\text{all } i} \nabla \cdot \mathrm{A}\, d\tau_i = \sum_{\text{all } i} \oint_{\substack{\text{suface}\\ \text{of } d\tau_i}} \mathrm{A} \cdot d\sigma \qquad (4.4.4)$$

$$= \oint_{\substack{\text{suface}\\ \text{of } V}} \mathrm{A} \cdot d\sigma$$

따라서 가우스 정리가 증명되었다.

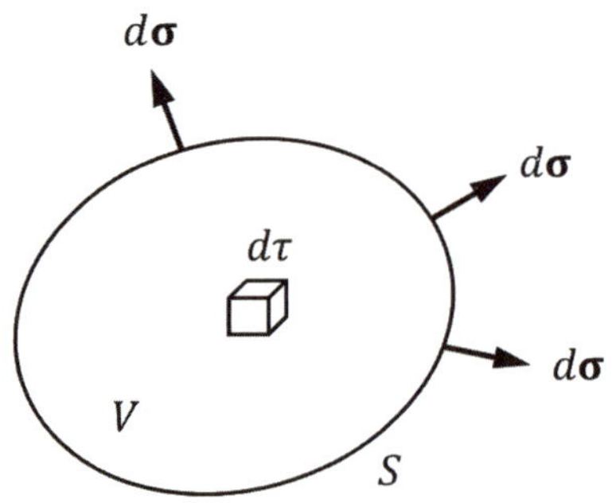

그림 4.12 가우스 정리의 증명을 위해 부피 V를 작은 부피요소 $d\tau_i$로 나눈다.

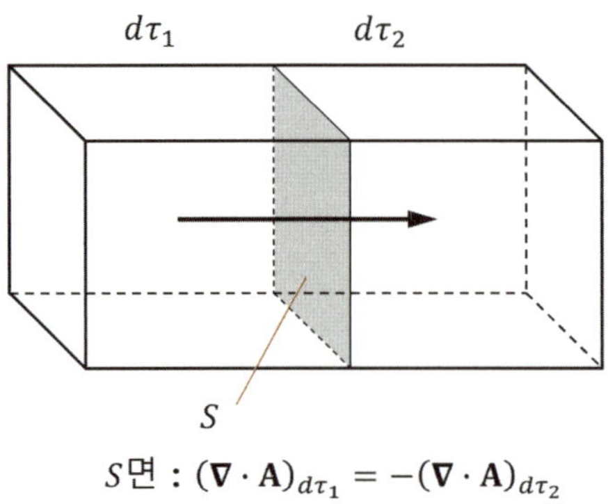

그림 4.13 인접한 두 부피요소의 접한 면에서는 다이버전스의 부호가 서로 반대가 된다.

가우스 정리는 부피적분과 면적분의 관계를 나타내는 식으로 실제적으로 많은 적분 문제에서 유용하게 쓰인다. 가우스 정리의 다른 형태로는 그래디언트와 컬을 포함하는 다음과 같은 식들이 있다. 스칼라 함수 φ와 벡터 함수 P에 대하여

$$\int_V \nabla\varphi\, d\tau = \oint_S \varphi\, d\boldsymbol{\sigma} \tag{4.4.5}$$

$$\int_V \nabla\times \mathrm{P}\, d\tau = \oint_S d\boldsymbol{\sigma}\times \mathrm{P} \tag{4.4.6}$$

가 성립한다.

예제 4.4.1 식(4.4.5)를 증명하시오.

풀이 벡터 A를 $\mathrm{A} = \varphi \mathrm{a}$와 같이 놓자. 여기서 φ는 스칼라 함수이며, a는 A의 방향을 가리키고 크기가 일정한 상수 벡터이다. 그러면 A의 다이버전스는

$$\nabla\cdot(\varphi \boldsymbol{a}) = (\nabla\varphi)\cdot \mathrm{a} + \varphi\nabla\cdot \mathrm{a} \tag{4.4.7}$$

인데 $\nabla\cdot \mathrm{a} = 0$이므로 이를 가우스 정리에 적용하면

$$\int_V (\nabla\varphi)\cdot \mathrm{a}\, d\tau = \oint_S \varphi \mathrm{a}\cdot d\boldsymbol{\sigma} \tag{4.4.8}$$

가 되는데 a는 상수벡터이므로 스칼라곱을 밖으로 뺄 수 있다. 즉

$$\left[\int_V \nabla\varphi\, d\tau - \oint_S \varphi\, d\boldsymbol{\sigma}\right]\cdot \mathrm{a} = 0 \tag{4.4.9}$$

가 되는데 임의의 a에 대하여 성립하므로 괄호 안의 식이 0이 되어야 한다. 그러므로 식(4.4.5)가 증명이 되었다.

예제 4.4.2 식(4.4.6)을 증명하시오.

풀이 상수벡터 a를 써서 A = a×P라고 하자. 그러면 부피적분 속의 다이버전스는

$$\nabla \cdot (\mathrm{a}\times \mathrm{P}) = \frac{\partial}{\partial x_i}(\mathrm{a}\times \mathrm{P})_i = \frac{\partial}{\partial x_i}(\varepsilon_{ijk} a_j P_k) \tag{4.4.10}$$

$$= a_j \varepsilon_{ijk} \frac{\partial}{\partial x_i} P_k = a_j \varepsilon_{jki} \frac{\partial}{\partial x_i} P_k = -a_j \varepsilon_{jik} \frac{\partial}{\partial x_i} P_k$$

$$= -a_j (\nabla \times \mathrm{P})_j$$

$$= -\mathrm{a} \cdot (\nabla \times \mathrm{P})$$

가 되고, 면적분 안의 스칼라 곱은

$$(\mathrm{a}\times \mathrm{P}) \cdot d\sigma = (\mathrm{a}\times \mathrm{P})_i d\sigma_i \tag{4.4.11}$$

$$= \varepsilon_{ijk} a_j P_k d\sigma_i = a_j \varepsilon_{jki} P_k d\sigma_i$$

$$= a_j (\mathrm{P}\times d\sigma)_j$$

$$= \mathrm{a} \cdot (\mathrm{P}\times d\sigma)$$

가 된다. 따라서 가우스 정리는 다음과 같이 된다.

$$\mathrm{a} \cdot \left[\int_V \nabla \times \mathrm{P}\, d\tau + \oint_S \mathrm{P}\times d\sigma \right] = 0 \tag{4.4.12}$$

벡터 a의 방향은 임의이므로 괄호 안의 식이 0이어야 한다. 그러므로 식(4.4.6)이 증명되었다.

역사노트

요한 카를 프리드리히 가우스(Johann Carl Friedrich Gauß, 1777–1855)는 독일의 수학자로서 글보다 숫자를 먼저 익혔다고 할 정도로 수학에 뛰어난 천재였다. 가난한 벽돌공의 아들이었던 가우스는 아버지를 따라 벽돌공이 될 뻔하였으나 어려운 환경을 극복하고 최고의 업적을 남기는 수학자가 되었을 뿐만 아니라 물리학, 천문학, 측지학 등의 많은 분야에 큰 업적을 남겼다. 가우스는 철저한 완벽주의자로 알려져 있어서 완벽하게 정리될 때 까지는 발표를 미루는 일이 많았다. 다른 수학자들의 발견들이 알고 보니 가우스가 이미 수 년 혹은 십 수 년 전에 발견한 것이라는 사실이 밝혀지기도 했다. 한 예로, 1762년 무렵에 라그랑지(Lagrange)가 발산 정리의 존재를 발견하였고 1826년에 러시아의 수학자 오스트로그랏스키(Ostrogradsky)가 이를 최초로 증명하여 발표하였다. 그러나 1813년에 이미 가우스가 중력이론을 연구하면서 회전타원체를 적분할 때, 비록 발표는 하지 않았지만, 발산 정리를 증명하였다는 것이 밝혀졌다. 따라서 오늘날 발산 정리를 가우스 정리라고 부르게 되었다. 가우스는 엄청난 업적에 비해 발표된 논문의 양은 적었는데, 완벽할 때까지 발표하지 않는 것은 그의 신조였던 "적지만 성숙하게(pauca sed matura)"를 따랐기 때문이었다. 가우스의 철학을 엿볼 수 있는 또 하나의 단면은 그가 곧 잘 인용한 세익스피어의 구절에 있다. "대자연이여, 당신이 정해 놓은 법칙에 따라 봉사하는 것이 나의 의무입니다"라는 말을 즐겨 하며 일생동안 성실한 자세로 열심히 일을 했다고 한다. 또한 그의 편지 속에서 "가장 큰 즐거움은 주는 것은 지식이 아니라 배우는 행위입니다"라고 한 것을 보아 결과 보다는 탐구의 과정을 얼마나 좋아했는지 알 수 있다. 자와 컴파스만으로 정17각형을 작도하는 것은 수학계의 오랜 숙원이었는데 가우스가 이것이 가능하다는 것을 발견하고는 너무나 기뻐서 자신의 묘비에 정17각형을 새겨달라고 유언하였다. 하지만 정17각형은 원과 뚜렷이 구별이 되지 않아 정17각형 대신에 정17각의 별을 그의 동상에 새겼다.

[가우스의 초상과 그의 동상에 새겨진 정17각 별]

4.4.2 그린 정리(Green's theorem)

가우스 정리의 따름정리(corollary)인 **그린 정리**(Green's theorem)는 다음의 두 형태가 있다. 스칼라 함수 u, v에 대하여

$$\int_V (u\nabla^2 v - v\nabla^2 u)d\tau = \oint_S (u\nabla v - v\nabla u)\cdot d\boldsymbol{\sigma} \tag{4.4.13}$$

$$\int_V (u\nabla^2 v + \nabla u \cdot \nabla v)d\tau = \oint_S u\nabla v \cdot d\boldsymbol{\sigma} \tag{4.4.14}$$

를 만족한다. 그린 정리는 다음의 항등식

$$\nabla \cdot (u\nabla v) = u\nabla^2 v + (\nabla u)\cdot(\nabla v) \tag{4.4.15}$$

$$\nabla \cdot (v\nabla u) = v\nabla^2 u + (\nabla v)\cdot(\nabla u) \tag{4.4.16}$$

을 이용하여 쉽게 증명할 수 있다.

역사노트

조지 그린(George Green, 1793–1841)은 영국 노팅엄(Nottingham)의 풍차 방앗간을 소유한 제분 · 제빵사 집안의 출신이다. 당시의 교육 환경으로 인해 실질적인 학교 교육은 2년도 채 받지 못하였지만, 제분업을 힘들어 했던 그린은 도서관에서 책을 보며 독학으로 수학과 과학을 공부하였다. 1828년에 첫 저서이자 위대한 걸작인 〈전기학 및 자기학의 이론에 대한 수학적 해석의 적용에 관한 에세이(An essay on the application of mathematical analysis to the theories of electricity and magnetism)〉에서 그린의 정리를 발표하였다. 그의 뛰어남을 발견한 친구들의 권유와 주변의 도움으로 40세에 가까운 나이인 1832년에 캠브리지 대학의 학부생으로 입학할 수 있었다. 그린의 위대한 업적은 사후 수년이 지난 후에 켈빈 경(당시는 젊은 윌리엄 톰슨)에 의해 재발견되어 널리 알려지게 되었다. 노팅엄 대학의 도서관은 그린의 이름을 따서 명명되었고 그린이 소유하였던 풍차 방앗간은 현재 사이언스 센터(Green's Windmill & Science Center)로 개관되어 일반인들에게 공개되어 있다.

[그린의 풍차 방앗간과 그린 정리가 발표된 저서 표지 (출처: Green's Windmill & Science Center 홈페이지)]

4.5 스토크스 정리(Stokes' theorem)

4.5.1 컬과 면적분(Curl and surface integral)

스토크스 정리(Stokes' theorem)는 열린 면에서의 면적분과 선적분의 관계를 나타낸다. 벡터 A의 컬이 열린 면 S의 면적요소 $d\sigma$를 통과한 양은 $\nabla\times\mathrm{A}\cdot d\sigma$이며 면 전체에 대해 적분을 수행하면 S를 통과한 양이 된다. 이때 경로 C를 열린 면 S의 가장자리를 한 바퀴 도는 닫힌 경로라고 하자. 면을 통과한 $\nabla\times\mathrm{A}$의 양이 벡터 A를 경로 C의 길이요소 $d\mathrm{r}$과 스칼라곱을 한 뒤에 닫힌 경로 C를 따라 선적분한 것과 같다는 것이 스토크스 정리이며 다음의 관계식이 성립한다.

$$\int_S \nabla\times\mathrm{A}\cdot d\sigma = \oint_C \mathrm{A}\cdot d\mathrm{r} \tag{4.5.1}$$

이 관계식을 스토크스 정리라고 부르며, 가우스 정리를 발산 정리라고 하는 것처럼 스토크스 정리는 컬 정리(curl theorem)라고 부르기도 한다.

스토크스 정리를 증명해보자. 열린 면 S가 xy면에 놓여 있고 무수히 많은 작은 사각형의 면적요소로 나누어져 있다고 하자. 면적요소를 $d\sigma = dx\,dy$라고 하고 이 둘레를 한 바퀴 돌아가는 닫힌 경로를 dC_i, 경로상의 길이요소를 $d\mathrm{r}_i$이라고 하자. 닫힌 경로를 따라 벡터 A를 선적분한 것은 A의 컬과 관계가 있다는 것을 제3장에서 이미 배운 바가 있다. 즉 $dx, dy \to 0$이고 $d\mathrm{r}_i$가 그림 4.14에 표시된 방향처럼 돌아가는 경우라면 오른손 규칙에 따라 면적요소 벡터 $d\boldsymbol{\sigma}$는 z방향을 향하고, 식(4.5.1)의 우변으로부터

$$\oint_{dC_i} \mathrm{A} \cdot d\mathrm{r}_i = \hat{\mathrm{e}}_z \cdot \nabla \times \mathrm{A}\, d\sigma = \nabla \times \mathrm{A} \cdot \mathrm{d}\boldsymbol{\sigma} \tag{4.5.2}$$

가 성립하는 것을 알 수 있다. 이제 그림 4.14처럼 인접한 두 개의 면적요소 $d\boldsymbol{\sigma}_1$, $d\boldsymbol{\sigma}_2$를 생각해보자. 각각의 경로를 dC_1과 dC_2라 하면 서로 맞닿아 있는 부분에서는 경로가 서로 반대 방향으로 향해있으므로 적분의 기여가 상쇄되고, 인접한 두 면적요소의 가장자리를 돌아가는 경로(dC_{12})만 적분에 기여를 한다. 즉 다음과 같이 쓸 수 있다.

$$\oint_{dC_1 + dC_2} \mathrm{A} \cdot d\mathrm{r}_i = \oint_{dC_{12}} \mathrm{A} \cdot d\mathrm{r}_i = \sum_{i=1}^{2} \nabla \times \mathrm{A} \cdot d\boldsymbol{\sigma}_i \tag{4.5.3}$$

이와 같이 인접한 면적요소를 계속 더해가며 계산을 하면 내부의 접한 경로들은 모두 적분 값이 상쇄되고 가장자리 경로만 적분의 결과에 기여를 한다. 결국 모든 면적요소에 대해서 모두 계산을 하면 더 이상 인접한 면이 없는 S의 가장자리 둘레 경로 C만 적분에 기여하게 되므로 다음과 같이 쓸 수 있다.

$$\oint_C \mathrm{A} \cdot d\mathrm{r}_i = \sum_{\mathrm{all}\, i} \nabla \times \mathrm{A} \cdot d\boldsymbol{\sigma}_i = \int_S \nabla \times \mathrm{A} \cdot d\boldsymbol{\sigma} \tag{4.5.4}$$

참고로, 열린 면이 아닌 닫힌 면에 대해 컬을 적분하면 둘레가 없으므로

$$\int_S \nabla \times \mathrm{A} \cdot d\boldsymbol{\sigma} = 0 \tag{4.5.5}$$

이 된다.

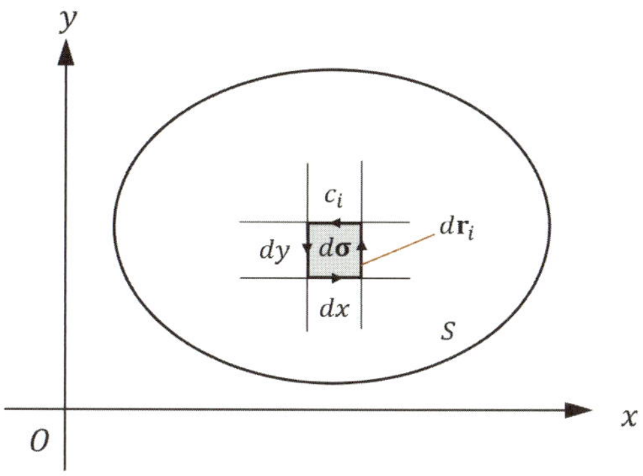

그림 4.14 열린 면 S를 작은 면적요소 $d\sigma$로 나누었다.

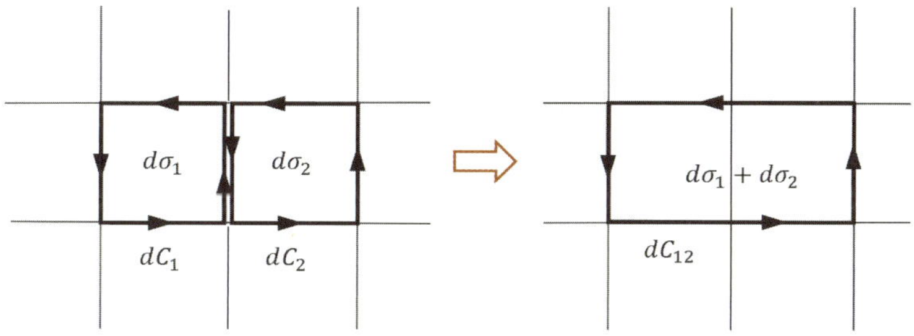

그림 4.15 인접한 두 면적요소의 적분 경로

스토크스 정리를 이용하면 면적분과 선적분사이에 관련된 식을 더 얻을 수 있다. 식 (4.5.5)에서 벡터 A를 스칼라 함수 φ와 상수벡터 a를 도입하여 $\mathrm{A} = \varphi\mathrm{a}$라고 쓸 수 있으면 다음의 식이 성립한다.

$$\int_S d\sigma \times \nabla\varphi = \oint_C \varphi\, d\mathrm{r} \tag{4.5.6}$$

벡터 A가 상수벡터 a와 임의의 벡터 P에 대하여 $\mathrm{A} = \mathrm{a} \times \mathrm{P}$와 같이 되면 다음의 식이 성립한다.

$$\int_S (d\sigma \times \nabla) \times \mathrm{P} = \oint_C d\mathrm{r} \times \mathrm{P} \tag{4.5.7}$$

4.5.2 스토크스 정리의 응용(Application of Stokes' theorem)

스토크스 정리를 이용하면 미분형의 패러데이 법칙을 적분형으로 쉽게 바꿔줄 수 있다. 시간 종속 자기장 B에 의해 유도되는 전기장 E는 다음의 미분형 패러데이 법칙을 만족한다.

$$\nabla \times \mathrm{E} = -\frac{\partial \mathrm{B}}{\partial t} \tag{4.5.8}$$

자기장 B가 통과하는 면적을 S라 하고 S의 둘레를 닫힌 고리 경로 C라고 하자. 그러면 S에 대해 $\nabla \times \mathrm{E}$를 면적분하면 다음을 얻는다.

$$\int_S \nabla \times \mathrm{E} \cdot d\sigma = -\frac{\partial}{\partial t}\int_S \mathrm{B} \cdot \mathrm{d}\sigma = -\frac{d\Phi_B}{dt} \tag{4.5.9}$$

여기서 Φ_B는 면적 S를 통과하는 자속(magnetic flux)이다. 식(4.5.9)에 스토크스 정리를 적용하면

$$\oint_C \mathrm{E} \cdot d\mathrm{r} = -\frac{d\Phi_B}{dt} \tag{4.5.10}$$

와 같이 되는데 이 식을 적분형 패러데이 법칙이라고 한다. 이 식은 고리를 따라 유도된 전기장이 자속의 시간변화율과 같음을 보여주고 있다. 우변의 마이너스 부호는 렌츠의 법칙(Lenz's law)에 따른 결과이다.

역사노트

스토크스 정리가 최초로 문헌에 등장한 때는 1854년 2월에 캠브리지 대학교 교수였던 조지 스토크스(George Stokes, 1819–1903)가 출제한 경시대회 문제였다. 문제의 내용은 다음과 같다.

If X, Y, Z be functions of the rectangular coordinates x, y, z, dS an element of any limited surface, l, m, n the cosines of the inclinations of the normal at dS to the axes, ds an element of the boundary line, shew that

$$\iint\left\{l\left(\frac{\partial Z}{\partial y}-\frac{\partial Y}{\partial z}\right)+m\left(\frac{\partial X}{\partial z}-\frac{\partial Z}{\partial x}\right)+n\left(\frac{\partial Y}{\partial x}-\frac{\partial X}{\partial y}\right)\right\}dS=\int\left(X\frac{dx}{ds}+Y\frac{dy}{ds}+Z\frac{dz}{ds}\right)ds$$

... the single integral being taken all around the perimeter of the surface.

캠브리지 대학의 학생들이 이 문제를 풀었다는 기록은 없다. 비록 이 문제는 스토크스가 출제하기 몇 년 전인 1850년에 이미 켈빈 경(당시는 윌리엄 톰슨)의 편지 속에 소개가 된 적이 있었지만 최초로 증명이 되어 출판된 것은 1861년 독일 수학자 헤르만 한켈(Hermann Hankel)에 의해서다. 1871년에 영국의 물리학자 제임스 클러크 맥스웰(James Clerk Maxwell)은 스토크스에게 편지를 써서 스토크스의 정리에 대해 질문을 하자 스토크스가 이에 대해 답을 하였다고 알려져 있다. 맥스웰은 1873년에 출판된 전자기학의 이론을 정립한 그의 역작 〈A Treatise on Electricity and Magnetism〉에서 스토크스 정리를 소개하였다.

[조지 스토크스]

연습문제

4.1 점(1, 1)에서 점(3, 3)으로 가는 경로에 대해서 힘 $\mathrm{F} = \hat{\mathrm{e}}_x(x-y) + \hat{\mathrm{e}}_y(x+y)$는 보존력인가?

4.2 원점과 점(1, 0, 0), 점(0, 1, 0), 점(0, 0, 1)을 꼭지점으로 하는 정육면체에 대하여 $\mathrm{r} = x\hat{\mathrm{e}}_x + y\hat{\mathrm{e}}_y + z\hat{\mathrm{e}}_z$이고 $d\sigma$는 정육면체의 면적요소 벡터일 때 다음 적분을 계산하시오.

$$\oint_S \mathrm{r} \cdot d\sigma$$

4.3 스칼라 함수 f 또는 벡터 함수 A가 $r \to \infty$인 극한에서 0으로 수렴하는 경우, 전 공간에 대하여 적분을 수행하여 다음 식이 성립함을 보이시오. 여기서 d^3r은 부피요소 $d\tau$를 의미한다.

$$\int \mathrm{A}(\mathrm{r}) \cdot \nabla f(\mathrm{r}) d^3r = -\int f(\mathrm{r}) \nabla \cdot \mathrm{A}(\mathrm{r}) d^3r$$

4.4 가우스 정리를 이용하여 닫힌 면 S에 대하여 다음을 증명하시오.

$$\oint_S d\sigma = 0$$

4.5 부피 V를 둘러싸고 있는 면적을 S라고 할 때 다음 식을 증명하시오. 단, V는 원점을 포함하고 있다.

$$\oint_S \mathrm{r} \cdot \mathrm{d}\sigma = 3V$$

4.6 벡터 $\mathrm{A} = -\hat{\mathrm{e}}_x y + \hat{\mathrm{e}}_y x$가 주어졌을 때 xy평면에서 닫힌 경로를 따라 A를 선적분하면 적분의 결과가 경로로 둘러싸인 면적의 두 배가 됨을 증명하시오.

4.7 전류 고리의 자기 모멘트는 다음과 같은 형태의 선적분으로 계산할 수 있다.

$$\oint_C \mathrm{r} \times d\mathrm{r}$$

전류 고리가 xy평면에 있고 타원이라고 하면 고리의 둘레는 $\mathrm{r} = \hat{\mathrm{e}}_x a\cos\theta + \hat{\mathrm{e}}_y b\sin\theta$에 의해 기술된다. a와 b는 상수이고 θ는 양의 x축에서 측정된 r의 각도이다. 타원의 면적이 πab가 됨을 증명하시오.

4.8 자기장 B와 자기 벡터 퍼텐셜은 A는 $\mathrm{B} = \nabla \times \mathrm{A}$의 관계가 있다. 스토크스의 정리를 이용하면

$$\int_S \mathrm{B} \cdot d\sigma = \oint_C \mathrm{A} \cdot d\mathrm{r}$$

가 된다. 이 식의 양변은 게이지 변환(gauge transformation) $\mathrm{A} \to \mathrm{A} + \nabla\varphi$에 대하여 불변임을 보이시오.

4.9 임의의 스칼라 함수 φ에 대하여 다음이 성립함을 보이시오.

$$\int_S d\sigma \times \nabla\varphi = \oint_C \varphi\, d\mathrm{r}$$

4.10 임의의 벡터 P에 대하여 다음이 성립함을 보이시오.

$$\int_S (d\sigma \times \nabla) \times \mathrm{P} = \oint_C d\mathrm{r} \times \mathrm{P}$$

Chapter 05

퍼텐셜 이론

Potential Theory

5.1 역학에서의 퍼텐셜(Potential in mechanics)

지난 제4장에서 우리는 스토크스 정리를 통하여 벡터 함수의 면적분이 선적분으로 변형이 될 수 있음을 알았다. 이를 역학에서의 일(work done)을 구하는 과정에 적용을 하여 학습해보기로 하자.

위치 벡터 $\mathrm{r} = x\hat{\mathrm{e}}_x + y\hat{\mathrm{e}}_y + z\hat{\mathrm{e}}_z$을 변수로 하는 힘 벡터 $\mathrm{F}(\mathrm{r}) = \mathrm{F}(x, y, z)$를 고려하자. 어떤 물체에 이 힘이 작용하여 xy평면 상에서 위치 A에서 위치 B까지 움직이는 동안에 한 일 W는 다음과 같이 표현이 된다.

$$W_{A \to B} = \int_A^B \mathrm{F} \cdot d\mathrm{r} \tag{5.1.1}$$

여기서 $d\mathrm{r} = dx\hat{\mathrm{e}}_x + dy\hat{\mathrm{e}}_y + dz\hat{\mathrm{e}}_z$는 길이요소이다. 만약에 물체에 힘이 작용하여 위치 A에서 출발하여 다시 원래의 위치 A로 돌아 왔다면 이 때 한 일은 다음과 같다.

$$W_{A \to A} = \oint \mathrm{F} \cdot d\mathrm{r} \tag{5.1.2}$$

여기서 적분 기호 중간에 있는 원은 적분의 경로가 닫힌 경로임을 의미한다. 그런데 식 (5.1.2)의 적분의 결과가 중간 경로에 관계없이 0이 되는 경우가 있는데, 이미 제4장에서 배운바와 같이 이런 경우에는 그 힘을 보존력이라고 한다. 즉 벡터 $\mathrm{F}(\mathrm{r})$이 보존력이면

$$W_{A\to A} = \oint_C \mathbf{F} \cdot d\mathbf{r} = 0 \tag{5.1.3}$$

이 성립한다. 식(5.1.3)에 스토크스 법칙을 적용하면

$$\oint_C \mathbf{F} \cdot d\mathbf{r} = 0 = \int_S \nabla \times \mathbf{F} \cdot d\boldsymbol{\sigma} \tag{5.1.4}$$

와 같이 선적분을 컬 F의 면적분으로 쓸 수 있다. 여기서 $d\boldsymbol{\sigma}$는 면적요소 벡터이다. 식(5.1.4)는 임의의 보존력에 대하여 만족하므로 우변으로부터

$$\nabla \times \mathbf{F} = 0 \tag{5.1.5}$$

가 성립됨을 알 수 있다. F의 컬을 성분으로 분해하여 나타내면

$$\nabla \times \mathbf{F} = \hat{\mathbf{e}}_x\left(\frac{\partial F_y}{\partial z} - \frac{\partial F_z}{\partial y}\right) + \hat{\mathbf{e}}_y\left(\frac{\partial F_z}{\partial x} - \frac{\partial F_x}{\partial z}\right) + \hat{\mathbf{e}}_z\left(\frac{\partial F_x}{\partial y} - \frac{\partial F_y}{\partial x}\right) \tag{5.1.6}$$

와 같이 되는데, 각각의 성분이 0이 되어야 하므로

$$\frac{\partial F_y}{\partial z} - \frac{\partial F_z}{\partial y} = 0, \quad \frac{\partial F_z}{\partial x} - \frac{\partial F_x}{\partial z} = 0, \quad \frac{\partial F_x}{\partial y} - \frac{\partial F_y}{\partial x} = 0 \tag{5.1.7}$$

이 성립한다.

우리가 이전 장에서 학습한 내용 중에 임의의 스칼라함수 $\varphi(\mathbf{r}) = \varphi(x, y, z)$에 그래디언트 연산자가 작용되어 있는 벡터 함수 $\nabla\varphi$에 컬 연산자 $\nabla\times$를 작용시키면 항상 $\nabla\times\nabla\varphi = 0$이 되는 벡터 항등식이 있었다. 따라서 식(5.1.5)를 만족하는 보존력 $\mathbf{F}(\mathbf{r})$는 항상

$$\mathbf{F}(\mathbf{r}) = -\nabla\varphi(\mathbf{r}) \tag{5.1.8}$$

와 같은 형태로 나타낼 수가 있다. 여기서 스칼라함수 $\varphi(\mathbf{r})$를 퍼텐셜 에너지(potential energy)라고 부르고, 그래디언트 앞의 음의 부호는 힘의 방향은 퍼텐셜 에너지가 감소하는 방향이라는 것을 나타낸다. 식(5.1.3), 식(5.1.5), 식(5.1.7) 그리고 식(5.1.8)은 모두 같은 의미를 가지는 동등한 식이다. 식(5.1.8)을 식(5.1.1)에 대입하면

$$
\begin{aligned}
\int_A^B \mathrm{F} \cdot d\mathrm{r} &= \int_A^B -\nabla\varphi \cdot d\mathrm{r} \qquad (5.1.9)\\
&= -\int_A^B \left(\frac{\partial\varphi}{\partial x}\hat{\mathrm{e}}_x + \frac{\partial\varphi}{\partial y}\hat{\mathrm{e}}_y + \frac{\partial\varphi}{\partial z}\hat{\mathrm{e}}_z\right) \cdot \left(dx\hat{\mathrm{e}}_x + dy\hat{\mathrm{e}}_y + dz\hat{\mathrm{e}}_z\right)\\
&= -\int_A^B \left(\frac{\partial\varphi}{\partial x}dx + \frac{\partial\varphi}{\partial y}dy + \frac{\partial\varphi}{\partial z}dz\right)\\
&= -\int_A^B d\varphi = -\left[\varphi\right]_A^B = \varphi(A) - \varphi(B)
\end{aligned}
$$

가 된다. 여기서 $\nabla\varphi \cdot d\mathrm{r} = d\varphi$로 전미분이 됨을 이용하였다. 그러므로 닫힌 경로에 대한 보존력의 경로 적분은

$$
\oint \mathrm{F} \cdot d\mathrm{r} = -\oint \nabla\varphi \cdot d\mathrm{r} = -\oint d\varphi = 0 \qquad (5.1.10)
$$

이 되므로 닫힌 경로에서 보존력이 한 일은 0이 됨을 알 수가 있다. 그림 5.1에서와 같이 위치 A에서 C, B, D를 지나 다시 A로 돌아 왔다면 식(5.1.10)은

$$
\oint \mathrm{F} \cdot d\mathrm{r} = \oint_{ACBDA} \mathrm{F} \cdot d\mathrm{r} = \int_{ACB} \mathrm{F} \cdot d\mathrm{r} + \int_{BDA} \mathrm{F} \cdot d\mathrm{r} = 0 \qquad (5.1.11)
$$

과 같이 되며, 이는 곧

$$
\int_{ACB} \mathrm{F} \cdot d\mathrm{r} = -\int_{BDA} \mathrm{F} \cdot d\mathrm{r} = \int_{ADB} \mathrm{F} \cdot d\mathrm{r} \qquad (5.1.12)
$$

이 성립함을 의미한다.

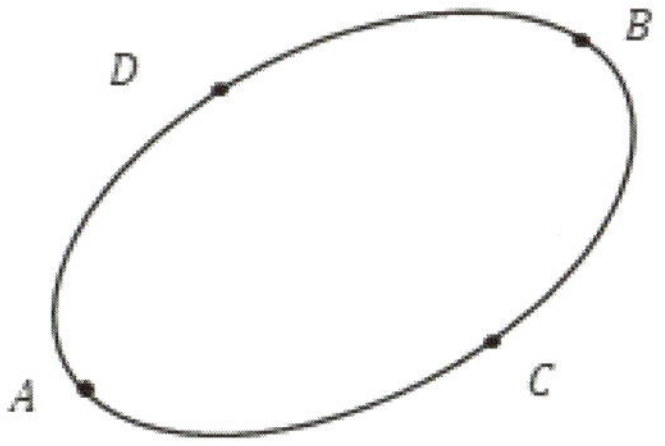

그림 5.1 $A \to C \to B \to D \to A$로 가는 닫힌 경로

그러므로 적분 $\int \mathbf{F} \cdot d\mathbf{r}$의 결과는 경로가 $A \to C \to B$로 가는 것과 $A \to D \to B$로 가는 것이 동일하다. 즉 A에서 B로 갈 때 중간지점 C나 D 어디를 지나가더라도 상관없이 적분의 결과가 같으므로, 보존력이 한 일은 경로에 무관하고 단지 시작점과 끝점의 위치만 관련되어 있으므로

$$\int_{ACB} \mathbf{F} \cdot d\mathbf{r} = \int_{ADB} \mathbf{F} \cdot d\mathbf{r} = \int_A^B \mathbf{F} \cdot d\mathbf{r} \tag{5.1.13}$$

와 같이 된다. 결론적으로 어떤 물체가 보존력에 의해 위치 A에서 B로 움직인 경우에 보존력과 퍼텐셜 에너지의 관계는 다음과 같이 쓸 수 있다.

$$\varphi(B) = \varphi(A) - \int_A^B \mathbf{F} \cdot d\mathbf{r} \tag{5.1.14}$$

보존력이 미치는 공간을 **보존력장**(conservative force field)이라고도 하는데 이는 제3장에서 언급한 보존벡터장이다. 물체에 보존력만 작용하면 역학적 에너지는 보존된다.

5.2 전자기학에서의 퍼텐셜(Potential in electromagnetism)

맥스웰 방정식을 MKS(SI) 단위계에서 미분형으로 쓰면 다음과 같다.

$$\nabla \cdot \mathrm{E} = \frac{\rho}{\varepsilon_0} \tag{5.2.1}$$

$$\nabla \cdot \mathrm{B} = 0 \tag{5.2.2}$$

$$\nabla \times \mathrm{E} = -\frac{\partial \mathrm{B}}{\partial t} \tag{5.2.3}$$

$$\nabla \times \mathrm{B} = \mu_0 \left(\mathrm{J} + \varepsilon_0 \frac{\partial \mathrm{E}}{\partial t} \right) \tag{5.2.4}$$

여기서 E는 전기장, B는 자기장, ρ는 체적 전하밀도, J는 전류밀도, ε_0는 진공의 유전율, 그리고 μ_0는 진공의 투자율이다. 시간에 의존하지 않는 정전기학(electrostatics)의 경우에는 식(5.2.3)에서 $\partial \mathrm{B}/\partial t = 0$이 되므로 전기장의 컬과 다이버전스는 각각

$$\nabla \times \mathrm{E} = 0 \tag{5.2.5}$$

$$\nabla \cdot \mathrm{E} = \frac{\rho}{\varepsilon_0} \tag{5.2.6}$$

가 된다. 임의의 스칼라 함수에 그래디언트를 하고 다시 컬을 작용하면 항상 0이 되는 성질을 이용하면 식(5.2.5)에서 전기장을 $\mathrm{E} = -\nabla\phi$로 쓸 수 있다. 그러므로 정전기학을 나타내는 두 개의 식[식(5.2.5)와 식(5.2.6)]은 아래와 같이 하나의 푸아송 방정식으로 나타낼 수 있다.

$$\nabla^2 \phi = -\frac{\rho}{\varepsilon_0} \tag{5.2.7}$$

여기서 ϕ를 정전기 퍼텐셜(electrostatic potential)이라고 부른다. 부피 V내에 연속전하 분포를 갖는 전하밀도 ρ가 주어졌을 때 ϕ를 r의 함수로 생각하면 식(5.2.7)의 해는 다음과 같이 쓸 수 있다.

$$\phi(\mathbf{r}) = \frac{1}{4\pi\epsilon_0}\int_V \frac{\rho(\mathbf{r}')}{|\mathbf{r}-\mathbf{r}'|}d^3r' \tag{5.2.8}$$

여기서 $d^3r'(=d\tau)$은 부피요소이다. 식(5.2.8)에 라플라스 연산자 ∇^2를 작용하면

$$\begin{aligned}\nabla^2\phi(\mathbf{r}') &= \frac{1}{4\pi\epsilon_0}\int_V \nabla^2\left(\frac{\rho(\mathbf{r}')}{|\mathbf{r}-\mathbf{r}'|}\right)d^3r' = \frac{1}{4\pi\epsilon_0}\int_V \rho(\mathbf{r}')\nabla^2\frac{1}{|\mathbf{r}-\mathbf{r}'|}d^3r' \\ &= \frac{1}{4\pi\epsilon_0}\int_V \rho(\mathbf{r}')[-4\pi\delta(\mathbf{r}-\mathbf{r}')]\,d^3r' = -\frac{\rho(\mathbf{r})}{\epsilon_0}\end{aligned} \tag{5.2.9}$$

이 되므로 식(5.2.8)은 푸아송 방정식의 해가 되는 것을 알 수 있다. 식(5.2.9)의 연산에서

$$\nabla^2\frac{1}{|\mathbf{r}-\mathbf{r}'|} = -4\pi\delta(\mathbf{r}-\mathbf{r}') \tag{5.2.10}$$

의 관계식을 이용하였다. 여기서 $\delta(\mathbf{r}-\mathbf{r}')$은 3차원 디랙 델타함수(Dirac delta function)이다. 식(5.2.10)의 증명은 부록을 참고하기 바란다. 따라서 전기장은 $\mathbf{E}(\mathbf{r}) = -\nabla\phi(\mathbf{r})$을 이용하면 쉽게 얻을 수 있다.

이제 시간에 의존하지 않는 정자기학(magnetostatics)의 경우를 살펴보자. 식(5.2.4)에서 $\partial\mathbf{E}/\partial t = 0$이 되므로 자기장의 컬과 다이버전스는 각각

$$\nabla\times\mathbf{B} = \mu_0\mathbf{J} \tag{5.2.11}$$

$$\nabla\cdot\mathbf{B} = 0 \tag{5.2.12}$$

으로 주어진다. 벡터에 컬을 취하고 다이버전스를 작용하면 항상 0이 되는 성질을 이용하면 임의의 벡터 $\mathbf{A}$에 대하여 $\nabla\cdot\nabla\times\mathbf{A}=0$와 같이 쓸 수 있다. 그러므로 식(5.2.12)로부터 자기장을 $\mathbf{B}=\nabla\times\mathbf{A}$로 둘 수 있으므로 정자기학을 나타내는 두개의 식[식(5.2.11)과 식(5.2.12)]은 아래와 같이 한 개의 식으로 표현할 수 있다.

$$\nabla\times\nabla\times\mathbf{A}(\mathbf{r})=\mu_0\mathbf{J} \tag{5.2.13}$$

여기서 벡터 함수 A를 **벡터 퍼텐셜**(vector potential)이라고 부른다. 정자기학 문제에서는 식(5.2.13)이 경계조건과 함께 주어진다.

예제 5.2.1 식(5.2.13)의 좌변 $\nabla\times\nabla\times\mathbf{A}$를 전개하시오.

풀이 레비-치비타 기호 ε_{ijk}를 사용하여 $\nabla\times\nabla\times\mathbf{A}$의 i성분을 표현하면

$$[\nabla\times(\nabla\times\mathbf{A})]_i=\varepsilon_{ijk}\frac{\partial}{\partial x_j}(\nabla\times\mathbf{A})_k \tag{5.2.14}$$

가 되고 $\nabla\times\mathbf{A}$의 k성분은

$$(\nabla\times\mathbf{A})_k=\varepsilon_{klm}\frac{\partial}{\partial x_l}A_m \tag{5.2.15}$$

이므로

$$\begin{aligned}[\nabla\times(\nabla\times\mathbf{A})]_i&=\varepsilon_{ijk}\frac{\partial}{\partial x_j}\varepsilon_{klm}\frac{\partial}{\partial x_l}A_m=\frac{\partial}{\partial x_j}\varepsilon_{ijk}\varepsilon_{lmk}\frac{\partial}{\partial x_l}A_m \\ &=\frac{\partial}{\partial x_j}(\delta_{il}\delta_{jm}-\delta_{im}\delta_{jl})\frac{\partial}{\partial x_l}A_m=\frac{\partial}{\partial x_j}\frac{\partial}{\partial x_i}A_j-\frac{\partial}{\partial x_j}\frac{\partial}{\partial x_j}A_i \\ &=[\nabla(\nabla\cdot\mathbf{A})]_i-[(\nabla\cdot\nabla)\mathbf{A}]_i\end{aligned} \tag{5.2.16}$$

가 된다. 따라서 $\nabla\times\nabla\times\mathbf{A}$는 다음과 같이 전개된다.

$$\nabla\times(\nabla\times\mathbf{A})=\nabla(\nabla\cdot\mathbf{A})-(\nabla\cdot\nabla)\mathbf{A} \tag{5.2.17}$$

정자기학을 나타내는 식(5.2.13)은 예제의 풀이에 나온 식(5.2.17)을 이용하면 아래와 같이 변형하여 쓸 수 있다.

$$\nabla(\nabla\cdot\mathbf{A})-\nabla^2\mathbf{A}=\mu_0\mathbf{J} \tag{5.2.18}$$

식(5.2.18)에서 $\nabla\cdot\mathbf{A}=0$을 만족하도록 할 수 있는데 이것을 쿨롱 게이지(Coulomb gauge)라고 한다. 이에 대한 자세한 설명은 제8장 벡터해석학의 응용 부분에서 다루기로 하겠다. 쿨롱 게이지를 적용하면 식(5.2.18)은 다음과 같이 벡터 푸아송 방정식으로 주어진다.

$$\nabla^2 \mathbf{A}(\mathbf{r}) = -\mu_0 \mathbf{J} \tag{5.2.19}$$

이 식을 성분별로 적어보면

$$\nabla^2 A_i(\mathbf{r}) = -\mu_0 J_i \quad (i = x, y, z) \tag{5.2.20}$$

가 되므로 식(5.2.7)의 푸아송 방정식과 같은 형태인 것을 알 수 있다. 그러므로 식(5.2.19)의 해가되는 벡터 퍼텐셜은

$$\mathbf{A}(\mathbf{r}) = \frac{\mu_0}{4\pi}\int_V \frac{\mathbf{J}(\mathbf{r}')}{|\mathbf{r}-\mathbf{r}'|} d^3r' \tag{5.2.21}$$

이 됨을 알 수 있다. 여기서 V는 전류밀도 $\mathbf{J}$가 존재하는 공간의 부피이고, d^3r'는 부피요소이다. 식(5.2.21)에 라플라스 연산자 ∇^2를 작용하면

$$\nabla^2 \mathbf{A}(\mathbf{r}) = \frac{\mu_0}{4\pi}\int_V \nabla^2\left(\frac{\mathbf{J}(\mathbf{r}')}{|\mathbf{r}-\mathbf{r}'|}\right) d^3r' = \frac{\mu_0}{4\pi}\int_V \mathbf{J}(\mathbf{r}')\nabla^2 \frac{1}{|\mathbf{r}-\mathbf{r}'|} d^3r' \tag{5.2.22}$$

$$= \frac{\mu_0}{4\pi}\int_V \mathbf{J}(\mathbf{r}')[-4\pi\delta(\mathbf{r}-\mathbf{r}')]\, d^3r' = -\mu_0\mathbf{J}(\mathbf{r})$$

가 되므로 벡터 푸아송 방정식을 만족한다는 것을 알 수 있다. 그러므로 자기장은 $\mathbf{B}(\mathbf{r}) = \nabla \times \mathbf{A}(\mathbf{r})$을 이용하여 쉽게 구할 수 있다. 전자기학과 관련한 벡터 미적분의 응용은 제8장에서 좀 더 자세히 다루도록 하겠다.

연습문제

5.1 일정한 힘 $\mathrm{F} = 3\hat{\mathrm{e}}_x + 2\hat{\mathrm{e}}_y + \hat{\mathrm{e}}_z$가 물체에 작용하여 위치 $\mathrm{r}_1 = \hat{\mathrm{e}}_x - 2\hat{\mathrm{e}}_y + \hat{\mathrm{e}}_z$ 에서 $\mathrm{r}_2 = -\hat{\mathrm{e}}_x + 2\hat{\mathrm{e}}_y - \hat{\mathrm{e}}_z$까지 움직였을 때 물체에 한 일을 구하시오.

5.2 2차원 평면에서 힘 $\mathrm{F}(x,y) = 2y\hat{\mathrm{e}}_x + xy\hat{\mathrm{e}}_y$가 물체에 작용하여 원점으로부터 (2, 1)까지 직선상에 움직였을 때 물체에 한 일을 구하시오.

5.3 2차원 평면에서 힘 $\mathrm{F}(x,y) = 2x^2y^2\hat{\mathrm{e}}_x + xy^2\hat{\mathrm{e}}_y$가 물체에 작용하여 원점으로부터 (1, 1)까지 움직였을 때 물체에 한 일이 경로에 의존함을 보이시오.

5.4 2차원 평면에서 물체에 작용하는 힘이 $\mathrm{F}(x,y) = 2x^2y^2\hat{\mathrm{e}}_x + xy^2\hat{\mathrm{e}}_y$로 주어졌다. 편미분을 이용하여 이 힘이 보존력인지 아닌지를 판단하시오.

5.5 2차원 평면에서 $\mathrm{F}(x,y) = -y^3\hat{\mathrm{e}}_x - 3xy^2\hat{\mathrm{e}}_y$가 물체에 작용하여 원점으로부터 (1, 1)까지 움직였을 때 물체에 한 일이 경로에 의존하지 않음을 보이시오.

Chapter 06

곡선좌표계

Curvilinear Coordinate System

6.1 직교 곡선좌표계(Orthogonal curvilinear coordinate system)

지금까지 많은 문제에서 데카르트 좌표계를 구성하는 직각 좌표 변수 x, y, z를 사용하여 벡터를 다루었다. 제6장에서는 3차원 공간에서 좌표 변수가 **일반화 좌표**(generalized coordinates)인 q_1, q_2, q_3으로 구성된 **일반화된 곡선좌표계**(generalized curvilinear coordinate system)의 성질을 알아보고 이러한 곡선좌표계에서의 벡터 미분 연산자의 표현에 대하여 학습하고자 한다. 또한 일반화된 곡선좌표계를 이용하여 대표적인 좌표계들인 데카르트 좌표계, 원통좌표계(cylindrical coordinate system), 그리고 구면좌표계(spherical coordinate system)를 구성하는 방법을 알아보고자 한다.

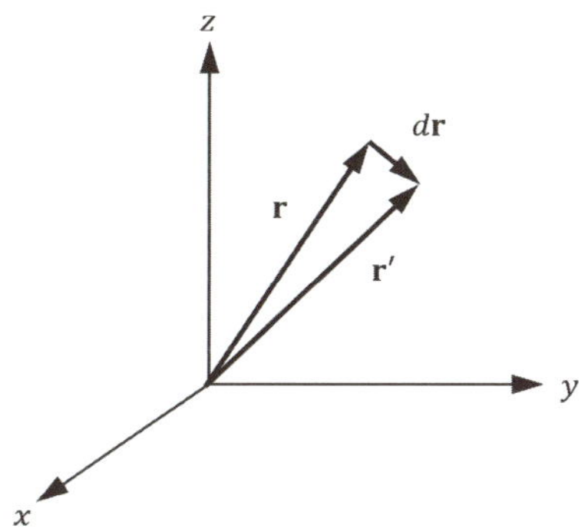

그림 6.1 3차원 데카르트 좌표계에서 위치벡터의 변위

그림 6.1처럼 3차원 데카르트 좌표계에서 원점으로부터 임의의 한 점 (x, y, z)를 가리키는 위치벡터를 $\mathbf{r} = x\hat{\mathbf{e}}_x + y\hat{\mathbf{e}}_y + z\hat{\mathbf{e}}_z$라고 하자. 그리고 그 이웃한 점 $(x', y', z') =$

$(x+dx, y+dy, z+dz)$에 대한 위치벡터를 $\mathbf{r}' = x'\hat{\mathbf{e}}_x + y'\hat{\mathbf{e}}_y + z'\hat{\mathbf{e}}_z$라고 하면, 두 점 사이의 **변위벡터**(displacement vector)는 $d\mathbf{r} = \mathbf{r}' - \mathbf{r} = dx\hat{\mathbf{e}}_x + dy\hat{\mathbf{e}}_y + dz\hat{\mathbf{e}}_z$로 정의할 수 있다. 이때 그 두 점 사이의 거리를 ds라고 하면 거리의 제곱은 $(ds)^2 = d\mathbf{r} \cdot d\mathbf{r} = (dx)^2 + (dy)^2 + (dz)^2$이 된다. 거리의 제곱 $(ds)^2$을 일반화된 곡선좌표계의 변수들로 나타내 보자. 먼저 데카르트 좌표계의 좌표 변수 x, y, z를 일반화된 곡선좌표계의 좌표 변수들인 q_1, q_2, q_3의 함수라고 하고 $x = x(q_1, q_2, q_3)$, $y = y(q_1, q_2, q_3)$, $z = z(q_1, q_2, q_3)$라고 하자. 데카르트 좌표계의 x, y, z축이 서로 직교하는 것처럼 일반화된 곡선좌표계의 q_1, q_2, q_3축도 서로 직교하여야 한다. 즉, 일반화된 곡선좌표계는 **직교 곡선좌표계**(orthogonal curvilinear coordinate system)이다. q_1, q_2, q_3의 함수인 dx, dy, dz는 각각

$$dx(q_1, q_2, q_3) = \frac{\partial x}{\partial q_1}dq_1 + \frac{\partial x}{\partial q_2}dq_2 + \frac{\partial x}{\partial q_3}dq_3 \tag{6.1.1}$$

$$dy(q_1, q_2, q_3) = \frac{\partial y}{\partial q_1}dq_1 + \frac{\partial y}{\partial q_2}dq_2 + \frac{\partial y}{\partial q_3}dq_3 \tag{6.1.2}$$

$$dz(q_1, q_2, q_3) = \frac{\partial z}{\partial q_1}dq_1 + \frac{\partial z}{\partial q_2}dq_2 + \frac{\partial z}{\partial q_3}dq_3 \tag{6.1.3}$$

로 전개될 수 있다. 그러므로 $(dx)^2$은 아래와 같이 된다.

$$\begin{aligned}(dx)^2 &= \left(\frac{\partial x}{\partial q_1}dq_1 + \frac{\partial x}{\partial q_2}dq_2 + \frac{\partial x}{\partial q_3}dq_3\right)^2 \\ &= \left(\frac{\partial x}{\partial q_1}\right)^2(dq_1)^2 + \left(\frac{\partial x}{\partial q_2}\right)^2(dq_2)^2 + \left(\frac{\partial x}{\partial q_3}\right)^2(dq_3)^2 \\ &\quad + 2\left(\frac{\partial x}{\partial q_1}\right)\left(\frac{\partial x}{\partial q_2}\right)dq_1\,dq_2 + 2\left(\frac{\partial x}{\partial q_2}\right)\left(\frac{\partial x}{\partial q_3}\right)dq_2\,dq_3 + 2\left(\frac{\partial x}{\partial q_3}\right)\left(\frac{\partial x}{\partial q_1}\right)dq_3\,dq_1\end{aligned} \tag{6.1.4}$$

마찬가지로 $(dy)^2$와 $(dz)^2$는 각각 다음과 같다.

$$(dy)^2 = \left(\frac{\partial y}{\partial q_1}dq_1 + \frac{\partial y}{\partial q_2}dq_2 + \frac{\partial y}{\partial q_3}dq_3\right)^2 \tag{6.1.5}$$

$$= \left(\frac{\partial y}{\partial q_1}\right)^2(dq_1)^2 + \left(\frac{\partial y}{\partial q_2}\right)^2(dq_2)^2 + \left(\frac{\partial y}{\partial q_3}\right)^2(dq_3)^2$$

$$+ 2\left(\frac{\partial y}{\partial q_1}\right)\left(\frac{\partial y}{\partial q_2}\right)dq_1\,dq_2 + 2\left(\frac{\partial y}{\partial q_2}\right)\left(\frac{\partial y}{\partial q_3}\right)dq_2\,dq_3 + 2\left(\frac{\partial y}{\partial q_3}\right)\left(\frac{\partial y}{\partial q_1}\right)dq_3\,dq_1$$

$$(dz)^2 = \left(\frac{\partial z}{\partial q_1}dq_1 + \frac{\partial z}{\partial q_2}dq_2 + \frac{\partial z}{\partial q_3}dq_3\right)^2 \tag{6.1.6}$$

$$= \left(\frac{\partial z}{\partial q_1}\right)^2(dq_1)^2 + \left(\frac{\partial z}{\partial q_2}\right)^2(dq_2)^2 + \left(\frac{\partial z}{\partial q_3}\right)^2(dq_3)^2$$

$$+ 2\left(\frac{\partial z}{\partial q_1}\right)\left(\frac{\partial z}{\partial q_2}\right)dq_1\,dq_2 + 2\left(\frac{\partial z}{\partial q_2}\right)\left(\frac{\partial z}{\partial q_3}\right)dq_2\,dq_3 + 2\left(\frac{\partial z}{\partial q_3}\right)\left(\frac{\partial z}{\partial q_1}\right)dq_3\,dq_1$$

위의 식들을 이용하여 $(ds)^2$을 일반화된 곡선좌표계의 변수들로 나타내면

$$(ds)^2 = \sum_{i=1}^{3}\sum_{j=1}^{3}\left(\frac{\partial x}{\partial q_i}\frac{\partial x}{\partial q_j} + \frac{\partial y}{\partial q_i}\frac{\partial y}{\partial q_j} + \frac{\partial z}{\partial q_i}\frac{\partial z}{\partial q_j}\right)dq_i\,dq_j \tag{6.1.7}$$

$$= \sum_{i=1}^{3}\sum_{j=1}^{3} g_{ij}\,dq_i\,dq_j$$

와 같이 쓸 수 있으며, 여기서 g_{ij}는

$$g_{ij} = \frac{\partial x}{\partial q_i}\frac{\partial x}{\partial q_j} + \frac{\partial y}{\partial q_i}\frac{\partial y}{\partial q_j} + \frac{\partial z}{\partial q_i}\frac{\partial z}{\partial q_j} \tag{6.1.8}$$

와 같이 정의되었다. 식(6.1.7)에 의해 두 점 사이의 거리가 측정되는 공간을 메트릭(metric, 계량) 또는 리만 메트릭(Riemannian metric, 리만 계량)이라고 한다. 식(6.1.8)은 dq_i 방향의 벡터와 dq_j 방향의 벡터를 스칼라곱을 한 것이라고도 볼 수 있으므로, 직교좌표계에서 $i \neq j$이면 $g_{ij} = 0$이 된다. 그러므로 $g_{ij} = g_{ii}\delta_{ij}$로 쓸 수 있고 g_{ii}는 다음과 같다.

$$g_{ii} = \left(\frac{\partial x}{\partial q_i}\right)^2 + \left(\frac{\partial y}{\partial q_i}\right)^2 + \left(\frac{\partial z}{\partial q_i}\right)^2 \tag{6.1.9}$$

그러므로 직교 곡선좌표계에서 식(6.1.7)은

$$(ds)^2 = \sum_{i=1}^{3}\sum_{j=1}^{3} g_{ii}\delta_{ij}dq_i dq_j = \sum_{i=1}^{3} g_{ii}(dq_i)^2 \tag{6.1.10}$$

가 되고 여기서 **척도 인자**(scale factor) h_i를 도입하여

$$g_{ii} = h_i^2 \tag{6.1.11}$$

으로 놓으면

$$(ds)^2 = \sum_{i=1}^{3} h_i^2 (dq_i)^2 \tag{6.1.12}$$

로 쓸 수 있다. 그림 6.2처럼 변위벡터 $d\mathbf{r}$을 q_i축에 사영하여 얻은 q_i축 방향의 길이요소 ds_i는 다음과 같이 된다.

$$ds_i = h_i dq_i \tag{6.1.13}$$

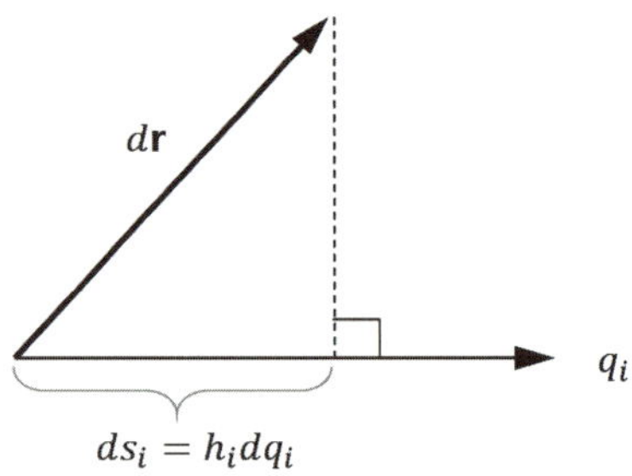

그림 6.2 q_i축 방향의 길이요소 ds_i의 정의

그러므로 일반화된 곡선좌표계에서 q_i축 방향의 단위벡터를 $\hat{\mathbf{e}}_{q_i}$라고 하면 변위벡터 $d\mathbf{r}$은 다음과 같이 된다.

$$d\mathbf{r} = \sum_{i=1}^{3} ds_i \hat{\mathbf{e}}_{q_i} = \sum_{i=1}^{3} h_i dq_i \hat{\mathbf{e}}_{q_i} \tag{6.1.14}$$

여기서 ds_1, ds_2, ds_3를 변위벡터 $d\mathbf{r}$의 물리적 성분이라 하고, dq_1, dq_2, dq_3를 변위벡터 $d\mathbf{r}$의 좌표 성분이라고 한다.

일반화된 곡선좌표계에서 면적요소 벡터를 정의해보자. $q_i q_j$곡면상의 면적요소를 $d\sigma_{ij}$라고 하면 이것은 q_i축 방향의 길이요소 ds_i와 q_j축 성분의 길이요소 ds_j를 곱하여 얻을 수 있다. 그러므로 식(6.1.13)을 이용하면 면적요소는

$$d\sigma_{ij} = ds_i ds_j = h_i h_j dq_i dq_j \quad (i \neq j) \tag{6.1.15}$$

가 된다. 이 면적요소는 q_k축 방향을 향해 있으므로 그림 6.3에서 볼 수 있듯이 면적요소 벡터 $d\boldsymbol{\sigma}_{ij}$는

$$d\boldsymbol{\sigma}_{ij} = d\sigma_{ij} \hat{\mathbf{e}}_{q_k} \tag{6.1.16}$$

로 정의할 수 있다.

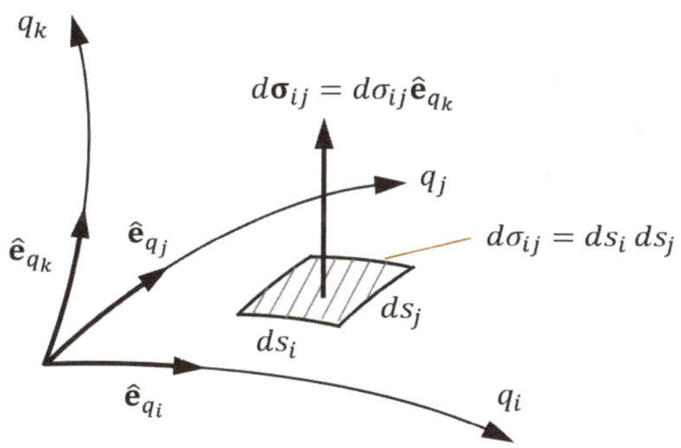

그림 6.3 q_k축 방향의 면적요소 벡터 $d\boldsymbol{\sigma}_{ij}$의 정의

일반화된 곡선좌표계에서 부피요소 dV는 그림 6.4와 같이

$$dV = ds_1 ds_2 ds_3 = h_1 h_2 h_3 dq_1 dq_2 dq_3 \tag{6.1.17}$$

로 표현할 수 있다.

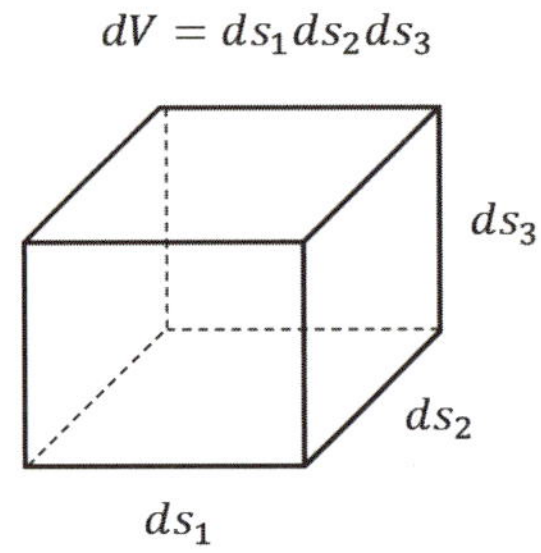

그림 6.4 부피요소 dV의 정의

이제 일반화된 곡선좌표계에서 서로 직교하는 단위벡터 $\hat{\mathrm{e}}_{q_i}$에 대하여 알아보자. 3차원 위치벡터 $\mathrm{r} = x\hat{\mathrm{e}}_x + y\hat{\mathrm{e}}_y + z\hat{\mathrm{e}}_z$을 q_i축 방향으로 편미분을 한 $\partial \mathrm{r}/\partial q_i$의 방향은 $\hat{\mathrm{e}}_{q_i}$의 방향과 평행하므로 $\hat{\mathrm{e}}_{q_i}$는 $\partial \mathrm{r}/\partial q_i$에 그 크기를 나누어

$$\hat{\mathrm{e}}_{q_i} = \frac{\dfrac{\partial \mathrm{r}}{\partial q_i}}{\left|\dfrac{\partial \mathrm{r}}{\partial q_i}\right|} \tag{6.1.18}$$

로 구할 수 있다. 여기서

$$\frac{\partial \mathrm{r}}{\partial q_i} = \frac{\partial x}{\partial q_i}\hat{\mathrm{e}}_x + \frac{\partial y}{\partial q_i}\hat{\mathrm{e}}_y + \frac{\partial z}{\partial q_i}\hat{\mathrm{e}}_z \tag{6.1.19}$$

이므로 $\partial \mathrm{r}/\partial q_i$의 크기는

$$\left|\frac{\partial \mathrm{r}}{\partial q_i}\right| = \sqrt{\left(\frac{\partial x}{\partial q_i}\right)^2 + \left(\frac{\partial y}{\partial q_i}\right)^2 + \left(\frac{\partial z}{\partial q_i}\right)^2} = h_i \tag{6.1.20}$$

가 되어서 척도 인자와 같음을 알 수 있다. 식(6.1.19)를 이용하면 식(6.1.8)은 $g_{ij}\left(=\frac{\partial x}{\partial q_i}\frac{\partial x}{\partial q_j}+\frac{\partial y}{\partial q_i}\frac{\partial y}{\partial q_j}+\frac{\partial z}{\partial q_i}\frac{\partial z}{\partial q_j}\right)=\frac{\partial \mathrm{r}}{\partial q_i}\cdot\frac{\partial \mathrm{r}}{\partial q_j}=g_{ii}\delta_{ij}$로 되는 것을 바로 알 수 있다. 그러므로 일반화된 곡선좌표계에서 직교하는 단위벡터 $\hat{\mathrm{e}}_{q_i}$는 다음과 같이 정의된다.

$$\hat{\mathrm{e}}_{q_i} = \frac{1}{h_i}\frac{\partial \mathrm{r}}{\partial q_i} \tag{6.1.21}$$

예제 6.1.1 일반화된 곡선좌표계의 단위벡터에 대하여 다음을 증명하시오.

(a) $\dfrac{\partial \hat{\mathrm{e}}_{q_i}}{\partial q_j}\cdot\hat{\mathrm{e}}_{q_i}=0$ (b) $\dfrac{\partial \hat{\mathrm{e}}_{q_i}}{\partial q_k}\cdot\hat{\mathrm{e}}_{q_j}=-\hat{\mathrm{e}}_{q_i}\cdot\dfrac{\partial \hat{\mathrm{e}}_{q_j}}{\partial q_k}$

풀이 (a) 식(6.1.21)에서 $\hat{\mathrm{e}}_{q_i}=\frac{1}{h_i}\frac{\partial \mathrm{r}}{\partial q_i}$이므로

$$\hat{\mathrm{e}}_{q_i}\cdot\hat{\mathrm{e}}_{q_i} = \frac{1}{h_i^2}\frac{\partial \mathrm{r}}{\partial q_i}\cdot\frac{\partial \mathrm{r}}{\partial q_i} = \frac{1}{h_i^2}\left[\left(\frac{\partial x}{\partial q_i}\right)^2+\left(\frac{\partial y}{\partial q_i}\right)^2+\left(\frac{\partial z}{\partial q_i}\right)^2\right]=1 \tag{6.1.22}$$

가 된다. 식(6.1.22)를 q_j로 미분을 하면

$$\frac{\partial}{\partial q_j}\left(\hat{\mathrm{e}}_{q_i}\cdot\hat{\mathrm{e}}_{q_i}\right)=\frac{\partial \hat{\mathrm{e}}_{q_i}}{\partial q_j}\cdot\hat{\mathrm{e}}_{q_i}+\hat{\mathrm{e}}_{q_i}\cdot\frac{\partial \hat{\mathrm{e}}_{q_i}}{\partial q_j}=2\frac{\partial \hat{\mathrm{e}}_{q_i}}{\partial q_j}\cdot\hat{\mathrm{e}}_{q_i}=0 \tag{6.1.23}$$

이 되므로

$$\frac{\partial \hat{\mathrm{e}}_{q_i}}{\partial q_j}\cdot\hat{\mathrm{e}}_{q_i}=0 \tag{6.1.24}$$

이다. 따라서 $\frac{\partial \hat{\mathrm{e}}_{q_i}}{\partial q_j}$와 $\hat{\mathrm{e}}_{q_i}$는 서로 직교함을 알 수 있다. 이것은 $\frac{\partial \hat{\mathrm{e}}_{q_i}}{\partial q_j}$가 $\hat{\mathrm{e}}_{q_j}$의 방향이

되기 때문이다.

(b) 단위벡터의 직교성에 의하여

$$\hat{\mathbf{e}}_{q_i} \cdot \hat{\mathbf{e}}_{q_j} = \delta_{ij} \tag{6.1.25}$$

가 성립한다. 식(6.1.25)를 q_k로 미분을 하면

$$\frac{\partial}{\partial q_k}\left(\hat{\mathbf{e}}_{q_i} \cdot \hat{\mathbf{e}}_{q_j}\right) = \frac{\partial \hat{\mathbf{e}}_{q_i}}{\partial q_k} \cdot \hat{\mathbf{e}}_{q_j} + \hat{\mathbf{e}}_{q_i} \cdot \frac{\partial \hat{\mathbf{e}}_{q_j}}{\partial q_k} = 0 \tag{6.1.26}$$

이 되므로 문제에서 주어진

$$\frac{\partial \hat{\mathbf{e}}_{q_i}}{\partial q_k} \cdot \hat{\mathbf{e}}_{q_j} = -\hat{\mathbf{e}}_{q_i} \cdot \frac{\partial \hat{\mathbf{e}}_{q_j}}{\partial q_k} \tag{6.1.27}$$

가 증명되었다.

예제 6.1.2 일반화된 곡선좌표계의 단위벡터에 대하여 다음을 증명하시오.

$$\frac{\partial \hat{\mathbf{e}}_{q_j}}{\partial q_i} = \frac{1}{h_j}\frac{\partial h_i}{\partial q_j}\hat{\mathbf{e}}_{q_i}$$

풀이 식(6.1.17)으로부터 $\dfrac{\partial \mathbf{r}}{\partial q_i} = h_i \hat{\mathbf{e}}_{q_i}$ 이므로

$$\frac{\partial}{\partial q_j}\left(\frac{\partial \mathbf{r}}{\partial q_i}\right) = \frac{\partial}{\partial q_j}\left(h_i \hat{\mathbf{e}}_{q_i}\right) = \frac{\partial h_i}{\partial q_j}\hat{\mathbf{e}}_{q_i} + h_i \frac{\partial \hat{\mathbf{e}}_{q_i}}{\partial q_j} \tag{6.1.28}$$

$$\frac{\partial}{\partial q_i}\left(\frac{\partial \mathbf{r}}{\partial q_j}\right) = \frac{\partial}{\partial q_i}\left(h_j \hat{\mathbf{e}}_{q_j}\right) = \frac{\partial h_j}{\partial q_i}\hat{\mathbf{e}}_{q_j} + h_j \frac{\partial \hat{\mathbf{e}}_{q_j}}{\partial q_i} \tag{6.1.29}$$

가 된다. 편미분은 순서에 무관하므로 $\dfrac{\partial}{\partial q_j}\left(\dfrac{\partial \mathbf{r}}{\partial q_i}\right) = \dfrac{\partial}{\partial q_i}\left(\dfrac{\partial \mathbf{r}}{\partial q_j}\right)$이 성립하여

$$\frac{\partial h_i}{\partial q_j}\hat{\mathbf{e}}_{q_i} + h_i \frac{\partial \hat{\mathbf{e}}_{q_i}}{\partial q_j} = \frac{\partial h_j}{\partial q_i}\hat{\mathbf{e}}_{q_j} + h_j \frac{\partial \hat{\mathbf{e}}_{q_j}}{\partial q_i} \tag{6.1.30}$$

가 됨을 알 수 있다. 식(6.1.30)의 양변에 $\hat{e}_{q_i}$를 스칼라곱을 해주면 $\hat{e}_{q_i} \cdot \hat{e}_{q_j} = \delta_{ij}$로부터

$$\frac{1}{h_j}\frac{\partial h_i}{\partial q_j} = \frac{\partial \hat{e}_{q_j}}{\partial q_i} \cdot \hat{e}_{q_i} \tag{6.1.31}$$

가 되어 다음의 관계가 성립한다.

$$\frac{\partial \hat{e}_{q_j}}{\partial q_i} = \frac{1}{h_j}\frac{\partial h_i}{\partial q_j}\hat{e}_{q_i} \tag{6.1.32}$$

마찬가지로

$$\frac{\partial \hat{e}_{q_i}}{\partial q_j} = \frac{1}{h_i}\frac{\partial h_j}{\partial q_i}\hat{e}_{q_j} \tag{6.1.33}$$

도 성립함을 알 수 있다.

6.1 직교 곡선좌표계에서의 미분연산자(Differential operators in the orthogonal curvilinear coordinate system)

6.2.1 그래디언트(Gradient)

일반화된 곡선좌표계에서 스칼라 함수가 $\psi = \psi(q_1, q_2, q_3)$로 주어졌을 때 이 스칼라 함수에 그래디언트 연산자를 작용하면 아래와 같다.

$$\begin{aligned}\nabla\psi(q_1, q_2, q_3) &= \hat{e}_{q_1}\frac{\partial\psi}{\partial q_1} + \hat{e}_{q_2}\frac{\partial\psi}{\partial q_2} + \hat{e}_{q_3}\frac{\partial\psi}{\partial q_3} \\ &= \hat{e}_{q_1}\frac{1}{h_1}\frac{\partial\psi}{\partial q_1} + \hat{e}_{q_2}\frac{1}{h_2}\frac{\partial\psi}{\partial q_2} + \hat{e}_{q_3}\frac{1}{h_3}\frac{\partial\psi}{\partial q_3}\end{aligned} \tag{6.2.1}$$

스칼라 함수 $\psi = \psi(q_1, q_2, q_3)$의 전미분(total derivative) $d\psi$를 다음과 고려해보자.

$$d\psi(q_1, q_2, q_3) = \frac{\partial \psi}{\partial q_1} dq_1 + \frac{\partial \psi}{\partial q_2} dq_2 + \frac{\partial \psi}{\partial q_3} dq_3 \tag{6.2.2}$$

전미분 $d\psi$는 ψ의 그래디언트를 사용하여

$$d\psi(q_1, q_2, q_3) = \nabla \psi \cdot d\mathrm{r} = \nabla \psi \cdot \sum_{i=1}^{3} h_i dq_i \hat{\mathrm{e}}_{q_i} \tag{6.2.3}$$

와 같이 나타낼 수 있다. 이는 곧 다음과 같이 계산될 수 있기 때문이다.

$$\begin{aligned} \frac{\partial \psi}{\partial q_1} dq_1 + \frac{\partial \psi}{\partial q_2} dq_2 + \frac{\partial \psi}{\partial q_3} dq_3 &= \frac{1}{h_1}\frac{\partial \psi}{\partial q_1} h_1 dq_1 + \frac{1}{h_2}\frac{\partial \psi}{\partial q_2} h_2 dq_2 + \frac{1}{h_3}\frac{\partial \psi}{\partial q_3} h_3 dq_3 \\ &= \frac{1}{h_1}\frac{\partial \psi}{\partial q_1}\hat{\mathrm{e}}_{q_1} \cdot \hat{\mathrm{e}}_{q_1} h_1 dq_1 + \frac{1}{h_2}\frac{\partial \psi}{\partial q_2}\hat{\mathrm{e}}_{q_2} \cdot \hat{\mathrm{e}}_{q_2} h_2 dq_2 + \frac{1}{h_3}\frac{\partial \psi}{\partial q_3}\hat{\mathrm{e}}_{q_3} \cdot \hat{\mathrm{e}}_{q_3} h_3 dq_3 \\ &= \nabla \psi \cdot d\mathrm{r} \end{aligned} \tag{6.2.4}$$

그러므로 $\nabla \psi(q_1, q_2, q_3)$의 표현인 식(6.2.1)은 전미분 $d\psi$를 통하여 얻을 수 있음을 알 수 있다.

6.2.2 다이버전스(Divergence)

일반화된 좌표계에서 벡터함수가 $\mathrm{V} = \mathrm{V}(q_1, q_2, q_3)$로 주어졌다고 하자. 이때 이 벡터함수에 다이버전스 연산자를 작용한 표현은 제4장에서 배운 가우스 정리를 이용하면 다음과 같이 쓸 수 있다.

$$\nabla \cdot \mathrm{V} = \lim_{dV \to 0} \frac{1}{dV} \oint \mathrm{V} \cdot d\sigma \tag{6.2.5}$$

여기서 dV는 부피요소이고 $d\sigma$는 적분 면에 수직한 방향의 면적요소 벡터이다. 가우스

정리는 발산 정리라고도 부른다. 다이버전스의 물리적 의미에 대해서는 제4장에서 충분히 설명하였다. 앞서 식(6.1.17) 및 그림 6.4에 나타낸 것처럼 부피요소의 각 변의 길이가 ds_1, ds_2, ds_3라고 하면 부피요소는

$$dV = ds_1 ds_2 ds_3 = h_1 h_2 h_3 dq_1 dq_2 dq_3 \tag{6.2.6}$$

이다. 그림 6.5와 같이 부피요소의 중심의 좌표를 $(q_1 + dq_1/2, q_2 + dq_2/2, q_3 + dq_3/2)$로 놓자. 즉 q_1축을 향해 있는 면은 좌표 q_1과 $q_1 + dq_1$ 위치에서 q_1축과 수직한 두 개의 면이 되는데, 이것을 편의상 q_1면 및 $q_1 + dq_1$면이라고 부르자. q_2축과 q_3축 방향에 대해서도 마찬가지로 정의할 수 있다. 부피요소의 각 면에서의 면적요소 벡터를 $d\boldsymbol{\sigma}_{ij}$라고 하자. 지표 ij는 $q_i q_j$면을 의미한다. 그러면 q_1면과 $q_1 + dq_1$면에서의 면적요소 벡터는 $d\boldsymbol{\sigma}_{23}$이지만 이 두 면에서의 $d\boldsymbol{\sigma}_{23}$의 방향은 서로 반대이다. 벡터 V의 q_1방향의 성분을 V_1이라고 하고 q_1면에서 $d\boldsymbol{\sigma}_{23}$에 대해 면적분을 수행하면 아래의 결과를 얻을 수 있다.

$$\int_{\text{at } q_1} \mathrm{V} \cdot d\boldsymbol{\sigma}_{23} = -V_1 h_2 h_3 dq_2 dq_3. \tag{6.2.7}$$

위의 식에서 우변의 부호는 임의로 정할 수 있으며 여기서는 마이너스 부호를 썼다. 이제 $q_1 + dq_1$면에서의 면적분은 dq_1만큼의 변화에 대해 테일러 전개(Taylor expansion)를 적용하면 다음과 같이 된다.

$$\int_{\text{at } q_1 + dq_1} \mathrm{V} \cdot d\boldsymbol{\sigma}_{23} = V_1 h_2 h_3 dq_2 dq_3 + \frac{\partial}{\partial q_1}(V_1 h_2 h_3) dq_1 dq_2 dq_3 \tag{6.2.8}$$

위의 두 적분을 계산할 때 q_1면과 $q_1 + dq_1$면에서의 면적요소 벡터 $d\boldsymbol{\sigma}_{23}$의 방향이 서로 반대이므로 두 식의 결과에서 $V_1 h_2 h_3 dq_2 dq_3$항의 부호가 서로 반대인 것이다. 이제 q_1방향의 알짜 흐름을 알려면 두 적분의 결과들을 더해주면 된다. 따라서 q_1축 방향에 대한 알짜 적분 값은 다음과 같다.

$$\int \mathrm{V} \cdot d\sigma_{23} = \frac{\partial}{\partial q_1}(V_1 h_2 h_3) dq_1 dq_2 dq_3 \tag{6.2.9}$$

마찬가지 방법으로 벡터 V의 q_2방향 및 q_3방향의 성분을 각각 V_2와 V_3라고 하고 이 방향들에 대한 알짜 면적분 값을 계산하면

$$\int \mathrm{V} \cdot d\sigma_{31} = \frac{\partial}{\partial q_2}(V_2 h_3 h_1) dq_2 dq_3 dq_1 \tag{6.2.10}$$

$$\int \mathrm{V} \cdot d\sigma_{12} = \frac{\partial}{\partial q_3}(V_3 h_1 h_2) dq_3 dq_1 dq_2 \tag{6.2.11}$$

를 얻는다.

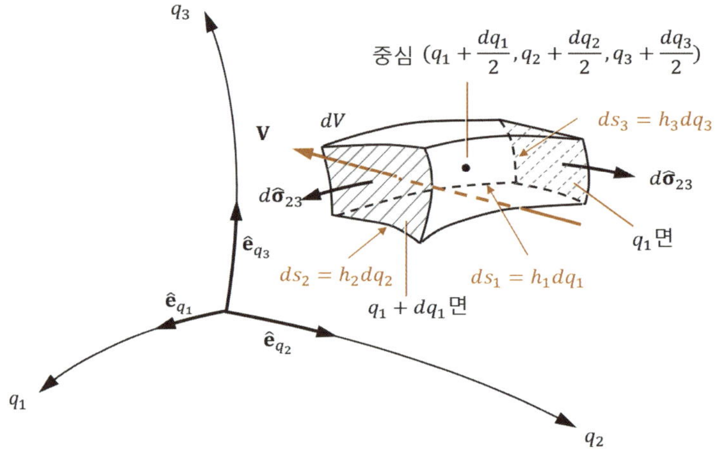

그림 6.5 일반화된 곡선좌표계에서의 부피요소

부피요소의 모든 면에 대한 알짜 흐름은 식(6.2.9), 식(6.2.10), 식(6.2.11)을 더하면 되므로

$$\oint \mathrm{V} \cdot d\sigma = \left[\frac{\partial}{\partial q_1}(V_1 h_2 h_3) + \frac{\partial}{\partial q_2}(V_2 h_3 h_1) + \frac{\partial}{\partial q_3}(V_3 h_1 h_2)\right] dq_1 dq_2 dq_3 \tag{6.2.12}$$

와 같이 된다. 그러므로 $dV \to 0$인 극한에서 식(6.2.12)의 양변을 부피요소로 나누어주면 벡터 V의 다이버전스를 다음과 같이 구할 수 있다.

$$\nabla \cdot \mathrm{V} = \frac{1}{dV}\left[\frac{\partial}{\partial q_1}(V_1 h_2 h_3) + \frac{\partial}{\partial q_2}(V_2 h_3 h_1) + \frac{\partial}{\partial q_3}(V_3 h_1 h_2)\right] dq_1 dq_2 dq_3 \tag{6.2.13}$$

여기서 부피요소는 $dV = h_1 h_2 h_3 dq_1 dq_2 dq_3$로 주어지므로 일반화된 곡선좌표계에서 벡터 $\mathrm{V}(q_1, q_2, q_3)$의 다이버전스는 일반적으로 다음과 같이 표현한다.

$$\nabla \cdot \mathrm{V} = \frac{1}{h_1 h_2 h_3}\left[\frac{\partial}{\partial q_1}(V_1 h_2 h_3) + \frac{\partial}{\partial q_2}(V_2 h_3 h_1) + \frac{\partial}{\partial q_3}(V_3 h_1 h_2)\right] \tag{6.2.14}$$

6.2.3 라플라시안(Laplacian)

스칼라 함수 $\psi = \psi(q_1, q_2, q_3)$의 그래디언트에 다이버전스를 적용하면 라플라시안이 된다. 일반화된 곡선좌표계에서의 라플라시안은 식(6.2.1)과 식(6.2.14)를 이용하면 손쉽게 표현할 수 있다. 스칼라 함수의 그래디언트는 벡터함수가 되므로 이를 $\mathrm{V}(q_1, q_2, q_3) = \nabla\psi$로 놓자. 식(6.2.1)을 이용하면

$$\begin{aligned} \mathrm{V}(q_1, q_2, q_3) &= V_1 \hat{\mathrm{e}}_{q_1} + V_2 \hat{\mathrm{e}}_{q_2} + V_3 \hat{\mathrm{e}}_{q_3} = \nabla\psi \\ &= \frac{1}{h_1}\frac{\partial\psi}{\partial q_1}\hat{\mathrm{e}}_{q_1} + \frac{1}{h_2}\frac{\partial\psi}{\partial q_2}\hat{\mathrm{e}}_{q_2} + \frac{1}{h_3}\frac{\partial\psi}{\partial q_3}\hat{\mathrm{e}}_{q_3} \end{aligned} \tag{6.2.15}$$

가 되므로 벡터 V의 각 성분은 $V_i = \dfrac{1}{h_i}\dfrac{\partial\psi}{\partial q_i}$로 쓸 수 있게 된다. 이를 식(6.2.14)에 대입을 하면 ψ의 라플라시안은

$$\nabla^2\psi(q_1, q_2, q_3) = \frac{1}{h_1 h_2 h_3}\left[\frac{\partial}{\partial q_1}\left(\frac{h_2 h_3}{h_1}\frac{\partial\psi}{\partial q_1}\right) + \frac{\partial}{\partial q_2}\left(\frac{h_3 h_1}{h_2}\frac{\partial\psi}{\partial q_2}\right) + \frac{\partial}{\partial q_3}\left(\frac{h_1 h_2}{h_3}\frac{\partial\psi}{\partial q_3}\right)\right] \tag{6.2.16}$$

로 주어지게 된다.

6.2.4 컬(Curl)

벡터함수가 $\mathrm{V} = \mathrm{V}(q_1, q_2, q_3)$가 주어졌을 때 일반화된 곡선좌표계에서의 컬은 스토크스 정리를 이용하여 살펴볼 수 있다. 열린 면에서 작은 면적 dA가 극한으로 가는 경우에 스토크스 법칙을 다음과 같이 쓸 수 있다.

$$\hat{\mathrm{e}}_n \cdot (\nabla \times \mathrm{V}) = \lim_{dA \to 0} \frac{1}{dA} \oint \mathrm{V} \cdot d\mathrm{r} \tag{6.2.17}$$

여기서 $d\mathrm{r}$은 길이요소 벡터이고, $\hat{\mathrm{e}}_n$은 면에 수직한 단위벡터(normal unit vector)이다. 먼저 그림 6.6에서처럼 $q_1 q_2$곡면상에 있는 면적요소를

$$dA = ds_1\, ds_2 = h_1 h_2\, dq_1\, dq_2 \tag{6.2.18}$$

로 나타내고 면적요소 벡터 $d\mathrm{A}$를 다음과 같이 정의하자.

$$d\mathrm{A} = dA\,\hat{\mathrm{e}}_n = h_1 h_2\, dq_1\, dq_2 \hat{\mathrm{e}}_{q_3} \tag{6.2.19}$$

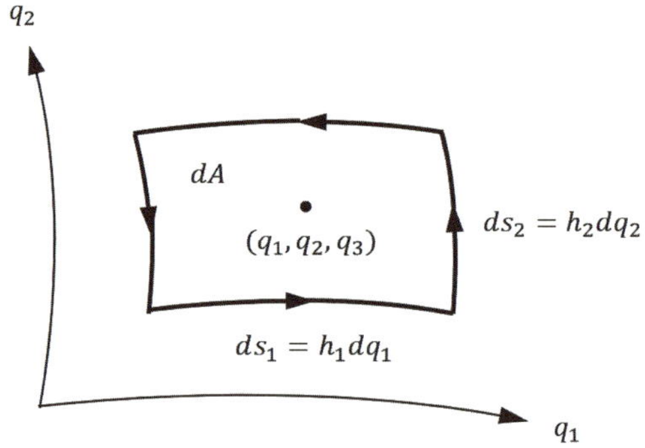

그림 6.6 일반화된 곡선좌표계에서 면적요소 dA 주위의 순환

그러면 이 면적요소에서 수직방향으로 나오는 방향이 $\hat{e}_n\left(=\hat{e}_{q_3}\right)$이다. 닫힌 경로를 따라 반시계방향(counterclockwise)으로 선적분을 해보자. 면적요소의 중심의 위치를 (q_1, q_2, q_3)로 놓고 오른쪽 모서리(right-side) $(q_1+dq_1/2, q_2, q_3)$에서의 선적분은 테일러 전개를 적용하면

$$\int_{\text{at } q_1+q_1/2} \mathrm{V} \cdot d\mathrm{r} = V_2 h_2 dq_2 + \frac{1}{2}\frac{\partial}{\partial q_1}(V_2 h_2) dq_1 dq_2 \tag{6.2.20}$$

가 되고 왼쪽 모서리(left-side) $(q_1-dq_1/2, q_2, q_3)$에서의 선적분도 역시 테일러 전개를 적용하여

$$\int_{\text{at } q_1-q_1/2} \mathrm{V} \cdot d\mathrm{r} = -V_2 h_2 dq_2 + \frac{1}{2}\frac{\partial}{\partial q_1}(V_2 h_2) dq_1 dq_2 \tag{6.2.21}$$

가 된다. 그러므로 오른쪽 모서리와 왼쪽 모서리의 선적분의 합은 다음과 같이 된다.

$$\int_{\text{at } q_1+q_1/2} \mathrm{V} \cdot d\mathrm{r} + \int_{\text{at } q_1-q_1/2} \mathrm{V} \cdot d\mathrm{r} = \frac{\partial}{\partial q_1}(V_2 h_2) dq_1 dq_2 \tag{6.2.22}$$

마찬가지 방법으로 위쪽 모서리(top-side)와 아래쪽 모서리(bottom-side)에 대한 선적분의 합은

$$\int_{\text{at } q_2+q_2/2} \mathrm{V} \cdot d\mathrm{r} + \int_{\text{at } q_2-q_2/2} \mathrm{V} \cdot d\mathrm{r} = -\frac{\partial}{\partial q_2}(V_1 h_1) dq_1 dq_2 \tag{6.2.23}$$

가 된다. 그러므로 면적요소의 주위를 회전하는 닫힌 경로에 대한 선적분의 결과는 다음과 같다.

$$\oint \mathrm{V} \cdot d\mathrm{r} = \left[\frac{\partial}{\partial q_1}(V_2 h_2) - \frac{\partial}{\partial q_2}(V_1 h_1)\right] dq_1 dq_2 \tag{6.2.24}$$

그러므로 식(6.2.17)과 식 (6.2.24)로 부터, 면적요소의 방향이 $\hat{e}_n = \hat{e}_{q_3}$라 할 때,

$$\hat{e}_{q_3} \cdot (\nabla \times V) = \frac{1}{dA}\oint V \cdot dr \tag{6.2.25}$$

$$= \frac{1}{h_1 h_2 dq_1 dq_2}\left[\frac{\partial}{\partial q_1}(V_2 h_2) - \frac{\partial}{\partial q_2}(V_1 h_1)\right] dq_1 dq_2$$

$$= \frac{1}{h_1 h_2}\left[\frac{\partial}{\partial q_1}(V_2 h_2) - \frac{\partial}{\partial q_2}(V_1 h_1)\right]$$

을 얻을 수 있다.

이제 $q_2 q_3$곡면 상에 있는 면적요소 $dA = ds_2 ds_3 = h_2 h_3 dq_2 dq_3$에 대해서도 같은 계산을 해보자. 면적요소의 방향은 $\hat{e}_n = \hat{e}_{q_1}$이 되고 반시계방향의 닫힌 경로로 선적분을 수행하면

$$\hat{e}_{q_1} \cdot (\nabla \times V) = \frac{1}{A}\oint V \cdot dr \tag{6.2.26}$$

$$= \frac{1}{h_2 h_3 dq_2 dq_3}\left[\frac{\partial}{\partial q_2}(V_3 h_3) - \frac{\partial}{\partial q_3}(V_2 h_2)\right] dq_2 dq_3$$

$$= \frac{1}{h_2 h_3}\left[\frac{\partial}{\partial q_2}(V_3 h_3) - \frac{\partial}{\partial q_3}(V_2 h_2)\right]$$

가 된다. 마찬가지 방법으로 $q_3 q_1$곡면 상에 있는 면적요소 $dA = ds_3 ds_1 = h_3 h_1 dq_3 dq_1$에 대해서도 면적요소의 방향을 $\hat{e}_n = \hat{e}_{q_2}$로 하고 반시계방향의 닫힌 경로로 선적분을 수행하면

$$\hat{e}_{q_2} \cdot (\nabla \times V) = \frac{1}{A}\oint V \cdot dr \tag{6.2.27}$$

$$= \frac{1}{h_3 h_1 dq_3 dq_1}\left[\frac{\partial}{\partial q_3}(V_1 h_1) - \frac{\partial}{\partial q_1}(V_3 h_3)\right] dq_3 dq_1$$

$$= \frac{1}{h_3 h_1}\left[\frac{\partial}{\partial q_3}(V_1 h_1) - \frac{\partial}{\partial q_1}(V_3 h_3)\right]$$

를 얻는다. 식(6.2.25)-(6.2.27)는 $\nabla \times \mathrm{V}$ 의 세 성분을 의미하므로 일반화된 곡선좌표계에서 $\nabla \times \mathrm{V}$ 은 다음과 같이 간단하게 행렬식으로 표현할 수 있다.

$$\nabla \times \mathrm{V} = \frac{1}{h_1 h_2 h_3} \begin{vmatrix} h_1 \hat{\mathrm{e}}_{q_1} & h_2 \hat{\mathrm{e}}_{q_2} & h_3 \hat{\mathrm{e}}_{q_3} \\ \dfrac{\partial}{\partial q_1} & \dfrac{\partial}{\partial q_2} & \dfrac{\partial}{\partial q_3} \\ h_1 V_1 & h_2 V_2 & h_3 V_3 \end{vmatrix} \tag{6.2.28}$$

6.3 원통좌표계(Cylindrical coordinate system)

6.3.1 원통좌표계에서의 척도 인자(Scale factors in the cylindrical coordinate system)

일반화된 곡선좌표계의 좌표변수 (q_1, q_2, q_3)는 원통좌표계의 좌표변수 (ρ, ϕ, z)에 대응이 된다. 그림 6.7에 원통좌표계의 좌표변수를 데카르트 좌표계에서 표현하였다. 3차원 벡터 r을 xy평면상에 사영하였을 때의 길이를 ρ라고 하면, 그 범위는 $0 \le \rho < \infty$이다. 원통좌표계에서 ρ는 반지름이다. ϕ는 양의 x축으로부터 ρ까지 측정된 각도인 방위각이고 범위는 $0 \le \phi < 2\pi$이다. 그리고 변수 z는 벡터 r을 z축에 사영하였을 때의 값이고 범위는 $-\infty < z < \infty$가 된다. ρ와 z방향의 단위벡터를 각각 $\hat{\mathrm{e}}_\rho$와 $\hat{\mathrm{e}}_z$라고 하면 벡터 r은 $\mathrm{r} = \rho \hat{\mathrm{e}}_\rho + z \hat{\mathrm{e}}_z$로 나타내 수 있다.

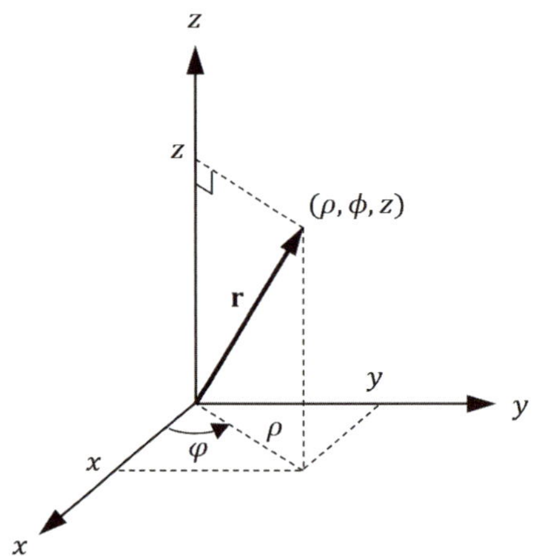

그림 6.7 원통좌표계의 좌표변수로 표현된 벡터 r

원통좌표계의 좌표변수 ρ, ϕ, z와 데카르트 좌표계의 좌표변수 x, y, z는 다음의 관계가 있음을 쉽게 알 수 있다.

$$x = \rho\cos\phi, \quad y = \rho\sin\phi, \quad z = z \tag{6.3.1}$$

$$\rho = \sqrt{x^2 + y^2}, \quad \phi = \tan^{-1}\left(\frac{y}{x}\right), \quad z = z \tag{6.3.2}$$

이제 일반화된 곡선좌표계에서 좌표변수를 표현하기 위해 쓰였던 척도 인자 h_i를 원통좌표계에서 구해보자. 제6장 1절의 식(6.1.11)에서 정의된 척도 인자는 $h_i = \sqrt{\left(\frac{\partial x}{\partial q_i}\right)^2 + \left(\frac{\partial y}{\partial q_i}\right)^2 + \left(\frac{\partial z}{\partial q_i}\right)^2}$이다. 일반화된 좌표 표현을 원통좌표로 나타내기 위하여 $q_1 \to \rho$, $q_2 \to \phi$, $q_3 \to z$로 대응시켜보자. 그러면 ρ에 대한 척도 인자를 h_ρ라고 할 때 이것은 척도 인자의 정의식에서 q_1 대신에 ρ를 대입하여 다음과 같이 계산하면 된다.

$$h_1 = h_\rho = \sqrt{\left(\frac{\partial x}{\partial q_1}\right)^2 + \left(\frac{\partial y}{\partial q_1}\right)^2 + \left(\frac{\partial z}{\partial q_1}\right)^2} = \sqrt{\left(\frac{\partial x}{\partial \rho}\right)^2 + \left(\frac{\partial y}{\partial \rho}\right)^2 + \left(\frac{\partial z}{\partial \rho}\right)^2} \tag{6.3.3}$$
$$= \sqrt{(\cos\phi)^2 + (\sin\phi)^2} = 1$$

마찬가지로 ϕ와 z의 척도 인자를 각각 h_ϕ와 h_z라고 하면 다음과 같이 된다.

$$h_2 = h_\phi = \sqrt{\left(\frac{\partial x}{\partial q_2}\right)^2 + \left(\frac{\partial y}{\partial q_2}\right)^2 + \left(\frac{\partial z}{\partial q_2}\right)^2} = \sqrt{\left(\frac{\partial x}{\partial \phi}\right)^2 + \left(\frac{\partial y}{\partial \phi}\right)^2 + \left(\frac{\partial z}{\partial \phi}\right)^2} \quad (6.3.4)$$

$$= \sqrt{(-\rho\sin\phi)^2 + (\rho\cos\phi)^2} = \rho$$

$$h_3 = h_z = \sqrt{\left(\frac{\partial x}{\partial q_3}\right)^2 + \left(\frac{\partial y}{\partial q_3}\right)^2 + \left(\frac{\partial z}{\partial q_3}\right)^2} = \sqrt{\left(\frac{\partial x}{\partial z}\right)^2 + \left(\frac{\partial y}{\partial z}\right)^2 + \left(\frac{\partial z}{\partial z}\right)^2} \quad (6.3.5)$$

$$= 1$$

그러므로 원통좌표계에서 길이 $(ds)^2 = \sum_{i=1}^{3} h_i^2 (dq_i)^2$은

$$(ds)^2 = (d\rho)^2 + \rho^2(d\phi)^2 + (dz)^2 \quad (6.3.6)$$

로 주어진다.

예제 6.3.1 원통좌표계에서 속력(speed)의 제곱 v^2을 구하시오.

풀이 $ds_i = h_i dq_i$이므로 속도는 $\mathrm{v} = \frac{d\mathrm{r}}{dt} = \sum_i \frac{ds_i}{dt}\hat{\mathrm{e}}_i = \sum_i \frac{h_i dq_i}{dt}\hat{\mathrm{e}}_i$가 된다.

그러므로 속력의 제곱은 $v^2 = \mathrm{v}\cdot\mathrm{v} = h_\rho^2\left(\frac{d\rho}{dt}\right)^2 + h_\phi^2\left(\frac{d\phi}{dt}\right)^2 + h_z^2\left(\frac{dz}{dt}\right)^2$이다. 원통좌표계에서 $h_\rho = 1$, $h_\phi = \rho$, $h_z = 1$이므로

$$v^2 = \left(\frac{d\rho}{dt}\right)^2 + \rho^2\left(\frac{d\phi}{dt}\right)^2 + \left(\frac{dz}{dt}\right)^2 \quad (6.3.7a)$$

이 된다. 시간에 대한 미분을 점 부호를 써서 종종 다음과 같이 표현하기도 한다.

$$v^2 = \dot{\rho}^2 + \rho^2\dot{\phi}^2 + \dot{z}^2 \quad (6.3.7b)$$

예제 6.3.2 원통좌표계에서 부피요소를 표현하시오.

풀이 식(6.1.17)에 나타난 부피요소 $dV = h_1 h_2 h_3 dq_1 dq_2 dq_3$가 원통좌표계에서는 $dV = h_\rho h_\phi h_z d\rho d\phi dz$가 되는데 $h_\rho = 1,\ h_\phi = \rho,\ h_z = 1$를 적용하면

$$dV = \rho d\rho d\phi dz \tag{6.3.8}$$

가 된다.

예제 6.3.3 원통 좌표계에서 직교하는 단위벡터 $\hat{\mathbf{e}}_{q_i}$를 구하시오.

풀이 위치벡터 $\mathbf{r} = x\hat{\mathbf{e}}_x + y\hat{\mathbf{e}}_y + z\hat{\mathbf{e}}_z$는 원통좌표계에서 $x = \rho\cos\phi,\ y = \rho\sin\phi,\ z = z$가 되므로 $\mathbf{r} = \rho\cos\phi\hat{\mathbf{e}}_x + \rho\sin\phi\hat{\mathbf{e}}_y + z\hat{\mathbf{e}}_z$가 된다. 따라서 원통좌표계에서 직교하는 단위벡터 $\hat{\mathbf{e}}_{q_i}$를 다음과 같이 구할 수 있다.

$$\hat{\mathbf{e}}_\rho = \frac{1}{h_\rho}\frac{\partial \mathbf{r}}{\partial \rho} = \cos\phi\hat{\mathbf{e}}_x + \sin\phi\hat{\mathbf{e}}_y \tag{6.3.9}$$

$$\hat{\mathbf{e}}_\phi = \frac{1}{h_\phi}\frac{\partial \mathbf{r}}{\partial \phi} = -\sin\phi\hat{\mathbf{e}}_x + \cos\phi\hat{\mathbf{e}}_y \tag{6.3.10}$$

$$\hat{\mathbf{e}}_z = \frac{1}{h_z}\frac{\partial \mathbf{r}}{\partial z} = \hat{\mathbf{e}}_z \tag{6.3.11}$$

식(6.3.9)-(6.3.11)에 주어진 세 단위벡터들은 $\hat{\mathbf{e}}_i \cdot \hat{\mathbf{e}}_j = 0\ (i \neq j)$을 만족하므로 서로 직교한다는 것을 알 수 있다. 단위벡터 $\hat{\mathbf{e}}_\rho$와 $\hat{\mathbf{e}}_\phi$는 다음의 식을 만족한다.

$$\frac{d\hat{\mathbf{e}}_\rho}{d\phi} = -\sin\phi\hat{\mathbf{e}}_x + \cos\phi\hat{\mathbf{e}}_y = \hat{\mathbf{e}}_\phi \tag{6.3.12}$$

$$\frac{d\hat{\mathbf{e}}_\phi}{d\phi} = -\cos\phi\hat{\mathbf{e}}_x - \sin\phi\hat{\mathbf{e}}_y = -\hat{\mathbf{e}}_\rho \tag{6.3.13}$$

또한 $\rho\hat{\mathbf{e}}_\rho = \rho\cos\phi\hat{\mathbf{e}}_x + \rho\sin\phi\hat{\mathbf{e}}_y$이므로 원통좌표계에서의 위치벡터는

$$\mathbf{r} = \rho\hat{\mathbf{e}}_\rho + z\hat{\mathbf{e}}_z \tag{6.3.14}$$

가 된다.

예제 6.3.4 xy평면상에서 일정한 반지름 ρ로 원운동을 하는 입자의 속도가 $\mathbf{v} = v\hat{\mathbf{e}}_\phi$로 표현됨을 보이시오. 여기서 v는 속력이다.

풀이 xy평면상에서 반지름이 ρ인 원운동을 하는 입자의 위치벡터는 $\mathbf{r} = x(t)\hat{\mathbf{e}}_x + y(t)\hat{\mathbf{e}}_y = \rho\hat{\mathbf{e}}_\rho$로 주어진다. 이때 원주상의 거리를 s라 하면 시간 dt 동안 미소변위는 $ds = \sqrt{(dx)^2 + (dy)^2}$이다. 입자의 위치 $\mathbf{r} = \rho\hat{\mathbf{e}}_\rho$를 시간에 대하여 미분하면

$$\frac{d\mathbf{r}}{dt} = \frac{d}{dt}(\rho\hat{\mathbf{e}}_\rho) = \frac{d\rho}{dt}\hat{\mathbf{e}}_\rho + \rho\frac{d\hat{\mathbf{e}}_\rho}{dt} \tag{6.3.15}$$

가 되는데, 반지름이 일정하므로 $d\rho/dt = 0$이다. [예제 6.3.3]으로부터 $d\hat{\mathbf{e}}_\rho = \hat{\mathbf{e}}_\phi d\phi$ 이고 호의 미소변위는 $ds = \rho d\phi$ 이므로 식(6.3.15)에서 $d\hat{\mathbf{e}}_\rho/dt$는

$$\frac{d\hat{\mathbf{e}}_\rho}{dt} = \hat{\mathbf{e}}_\phi\frac{d\phi}{dt} = \frac{1}{\rho}\frac{ds}{dt}\hat{\mathbf{e}}_\phi = \frac{v}{\rho}\hat{\mathbf{e}}_\phi \tag{6.3.16}$$

가 된다. 그러므로 식 (6.3.15)과 식 (6.3.16)로부터 속도 $\mathbf{v}$는

$$\mathbf{v} = \frac{d\mathbf{r}}{dt} = \rho\frac{d\hat{\mathbf{e}}_\rho}{dt} = v\hat{\mathbf{e}}_\phi \tag{6.3.17}$$

가 된다. 여기서 $\hat{\mathbf{e}}_\phi$ 는 반지름 방향인 $\hat{\mathbf{e}}_\rho$와 직교하는 단위벡터이다. 그리고 $\mathbf{r} = x(t)\hat{\mathbf{e}}_x + y(t)\hat{\mathbf{e}}_y$를 시간에 대하여 미분하면

$$\begin{aligned}\frac{d\mathbf{r}}{dt} &= \frac{dx}{dt}\hat{\mathbf{e}}_x + \frac{dy}{dt}\hat{\mathbf{e}}_y = \left(\frac{dx}{ds}\frac{ds}{dt}\hat{\mathbf{e}}_x + \frac{dy}{ds}\frac{ds}{dt}\hat{\mathbf{e}}_y\right) \\ &= \frac{ds}{dt}\left(\frac{dx}{ds}\hat{\mathbf{e}}_x + \frac{dy}{ds}\hat{\mathbf{e}}_y\right) = v\left(\frac{dx}{ds}\hat{\mathbf{e}}_x + \frac{dy}{ds}\hat{\mathbf{e}}_y\right)\end{aligned} \tag{6.3.18}$$

가 되므로 단위벡터 $\hat{\mathbf{e}}_\phi$ 는

$$\hat{\mathbf{e}}_\phi = \frac{dx}{ds}\hat{\mathbf{e}}_x + \frac{dy}{ds}\hat{\mathbf{e}}_y \tag{6.3.19}$$

로 주어진다는 것도 알 수 있다.

예제 6.3.5 xy평면상에서 일정한 반지름 ρ로 원운동을 하는 입자의 가속도를 원통좌표계에서 구하시오.

풀이 [예제 6.3.4]에서 구한 속도 $\mathbf{v} = v\hat{\mathbf{e}}_\phi$를 시간에 대하여 미분하면 가속도 $\mathbf{a}$는

$$\mathbf{a} = \frac{d\mathbf{v}}{dt} = \frac{d}{dt}\left(v\hat{\mathbf{e}}_\phi\right) = \frac{dv}{dt}\hat{\mathbf{e}}_\phi + v\frac{d\hat{\mathbf{e}}_\phi}{dt} \tag{6.3.20}$$

가 된다. 식(6.3.19)으로부터

$$\frac{d\hat{\mathbf{e}}_\phi}{ds} = \frac{d^2x}{ds^2}\hat{\mathbf{e}}_x + \frac{d^2y}{ds^2}\hat{\mathbf{e}}_y \tag{6.3.21}$$

$$\frac{d\hat{\mathbf{e}}_\phi}{dt} = \left(\frac{d^2x}{ds^2}\hat{\mathbf{e}}_x + \frac{d^2y}{ds^2}\hat{\mathbf{e}}_y\right)\frac{ds}{dt} = v\frac{d\hat{\mathbf{e}}_\phi}{ds} \tag{6.3.22}$$

가 되므로 가속도 $\mathbf{a}$는

$$\mathbf{a} = \frac{dv}{dt}\hat{\mathbf{e}}_\phi + v^2\frac{d\hat{\mathbf{e}}_\phi}{ds} \tag{6.3.23}$$

가 되는 것을 알 수 있다. [예제 6.3.3]으로부터 $d\hat{\mathbf{e}}_\phi = -\hat{\mathbf{e}}_\rho d\phi$이고 $ds = \rho d\phi$이므로

$$\frac{d\hat{\mathbf{e}}_\phi}{ds} = -\frac{1}{\rho}\hat{\mathbf{e}}_\rho \tag{6.3.24}$$

이다. 그러므로 가속도는 다음과 같이 된다.

$$\mathbf{a} = \frac{dv}{dt}\hat{\mathbf{e}}_\phi - \frac{v^2}{\rho}\hat{\mathbf{e}}_\rho = \mathbf{a}_t + \mathbf{a}_c \tag{6.3.25}$$

위의 식에서 우변의 첫째 항은

$$\mathbf{a}_t = \frac{dv}{dt}\hat{\mathbf{e}}_\phi \tag{6.3.26}$$

인데, 이것은 원운동을 하는 입자의 속도의 크기, 즉 속력의 변화에 의한 가속도이며 접선 가속도(tangential acceleration)라고 한다. 그리고 식(6.3.25)에서 우변의 둘째 항은

$$\mathbf{a}_c = -\frac{v^2}{\rho}\hat{\mathbf{e}}_\rho \tag{6.3.27}$$

인데, 원의 중심 방향$\left(-\hat{\mathbf{e}}_\rho\right)$으로 향하면서 속도 방향 변화에 의한 가속도이며 이것을 구심 가속도(centripetal acceleration)라고 한다.

6.3.2 원통좌표계에서의 미분연산자(Differential operators in the cylindrical coordinate system)

일반화된 좌표변수들이 원통좌표계에서 $(q_1, q_2, q_3) = (\rho, \phi, z)$가 되고, 척도 인자들이 $h_\rho = 1$, $h_\phi = \rho$, $h_z = 1$로 주어지므로, 임의의 스칼라 함수 $\psi = \psi(\rho, \phi, z)$에 대하여 식(6.2.1)로부터 스칼라함수의 그래디언트는 다음과 같이 쓸 수 있다.

$$\nabla\psi(\rho, \phi, z) = \hat{\mathrm{e}}_\rho \frac{\partial\psi}{\partial\rho} + \hat{\mathrm{e}}_\phi \frac{1}{\rho}\frac{\partial\psi}{\partial\phi} + \hat{\mathrm{e}}_z \frac{\partial\psi}{\partial z} \tag{6.3.28}$$

임의의 벡터함수 $\mathrm{V} = \mathrm{V}(\rho, \phi, z)$의 다이버전스는 식(6.2.14)로부터 다음과 같이 된다.

$$\begin{aligned}\nabla \cdot \mathrm{V}(\rho, \phi, z) &= \frac{1}{\rho}\left[\frac{\partial}{\partial\rho}(V_\rho \rho) + \frac{\partial}{\partial\phi}(V_\phi) + \frac{\partial}{\partial z}(V_z \rho)\right] \\ &= \frac{1}{\rho}\frac{\partial}{\partial\rho}(\rho V_\rho) + \frac{1}{\rho}\frac{\partial}{\partial\phi}V_\phi + \frac{\partial}{\partial z}V_z\end{aligned} \tag{6.3.29}$$

임의의 스칼라 함수 $\psi = \psi(\rho, \phi, z)$에 라플라스 연산자를 작용하면 식(6.2.16)으로부터 ψ의 라플라시안을

$$\begin{aligned}\nabla^2\psi(\rho, \phi, z) &= \frac{1}{\rho}\left[\frac{\partial}{\partial\rho}\left(\rho\frac{\partial\psi}{\partial\rho}\right) + \frac{\partial}{\partial\phi}\left(\frac{1}{\rho}\frac{\partial\psi}{\partial\phi}\right) + \frac{\partial}{\partial z}\left(\rho\frac{\partial\psi}{\partial z}\right)\right] \\ &= \frac{1}{\rho}\frac{\partial}{\partial\rho}\left(\rho\frac{\partial\psi}{\partial\rho}\right) + \frac{1}{\rho^2}\frac{\partial^2\psi}{\partial\phi^2} + \frac{\partial^2\psi}{\partial z^2}\end{aligned} \tag{6.3.30}$$

와 같이 구할 수 있다. 또한 임의의 벡터함수 $\mathrm{V} = \mathrm{V}(\rho, \phi, z)$의 컬 $\nabla\times\mathrm{V}$는 다음과 같이 된다.

$$\nabla\times\mathrm{V}(\rho, \phi, z) = \frac{1}{\rho}\begin{vmatrix} \hat{\mathrm{e}}_\rho & \rho\hat{\mathrm{e}}_\phi & \hat{\mathrm{e}}_z \\ \dfrac{\partial}{\partial\rho} & \dfrac{\partial}{\partial\phi} & \dfrac{\partial}{\partial z} \\ V_\rho & \rho V_\phi & V_z \end{vmatrix} \tag{6.3.31}$$

예제 6.3.6 원통좌표계에서 위치벡터 r에 대하여 ∇ • r을 계산하시오.

풀이 원통좌표계에서 ∇ • r을 구해보면 $\mathbf{r} = \rho\hat{\mathbf{e}}_\rho + z\hat{\mathbf{e}}_z$ 이므로 식(6.3.29)을 이용하여

$$\nabla \cdot \mathbf{r} = \frac{1}{\rho}\frac{\partial}{\partial \rho}(\rho^2) + \frac{\partial z}{\partial z} = 2 + 1 = 3 \qquad (6.3.32)$$

이 된다.

예제 6.3.7 원통좌표계에서 위치벡터 r에 대하여 ∇×r을 계산하시오.

풀이 원통좌표계에서 $\mathbf{r} = \rho\hat{\mathbf{e}}_\rho + z\hat{\mathbf{e}}_z$ 이므로

$$\nabla\times\mathbf{r} = \frac{1}{\rho}\begin{vmatrix} \hat{\mathbf{e}}_\rho & \rho\hat{\mathbf{e}}_\phi & \hat{\mathbf{e}}_z \\ \frac{\partial}{\partial\rho} & \frac{\partial}{\partial\phi} & \frac{\partial}{\partial z} \\ \rho & 0 & z \end{vmatrix} = \frac{1}{\rho}\left(\hat{\mathbf{e}}_\rho\frac{\partial z}{\partial\phi} + \rho\hat{\mathbf{e}}_\phi\frac{\partial\rho}{\partial z} - \hat{\mathbf{e}}_z\frac{\partial\rho}{\partial\phi} - \rho\hat{\mathbf{e}}_\phi\frac{\partial z}{\partial\rho}\right) = 0 \qquad (6.3.33)$$

이 된다.

이제 데카르트 좌표계의 xy평면상에서의 적분을 원통좌표계의 좌표변수 (ρ, ϕ)를 이용하여 적분하는 방법에 대하여 살펴보고자 한다. xy평면상에서 함수 $f(x, y)$를 이중적분을 하는 경우에 적분은 아래와 같이 주어진다.

$$\iint_{(x,\,y)} f(x, y)\,dx\,dy \qquad (6.3.34)$$

벡터 $\boldsymbol{\rho}$가 xy평면상에 놓여있으면 데카르트 좌표계의 단위벡터를 써서

$$\boldsymbol{\rho} = x\hat{\mathbf{e}}_x + y\hat{\mathbf{e}}_y \qquad (6.3.35)$$

로 쓸 수가 있는데 x, y와 ρ, ϕ의 관계식은

$$x(\rho, \phi) = \rho\cos\phi, \quad y(\rho, \phi) = \rho\sin\phi \tag{6.3.36}$$

이다. 즉 x, y가 ρ와 ϕ의 함수이므로 식(6.3.35)의 벡터 $\boldsymbol{\rho}$는 ρ, ϕ의 함수가 되는 것을 알 수 있다. 그러므로

$$\frac{\partial \boldsymbol{\rho}}{\partial \rho} = \frac{\partial x}{\partial \rho}\hat{\mathrm{e}}_x + \frac{\partial y}{\partial \rho}\hat{\mathrm{e}}_y \tag{6.3.37}$$

$$\frac{\partial \boldsymbol{\rho}}{\partial \phi} = \frac{\partial x}{\partial \phi}\hat{\mathrm{e}}_x + \frac{\partial y}{\partial \phi}\hat{\mathrm{e}}_y \tag{6.3.38}$$

가 된다. 미분의 정의에 의해서 $\partial\boldsymbol{\rho}/\partial\rho$는

$$\frac{\partial \boldsymbol{\rho}}{\partial \rho} = \lim_{\Delta\rho \to 0}\frac{\boldsymbol{\rho}(\rho+\Delta\rho, \phi) - \boldsymbol{\rho}(\rho, \phi)}{\Delta\rho} = \frac{|d\boldsymbol{\rho}_\phi|}{d\rho}\hat{\mathrm{e}}_\rho \tag{6.3.39}$$

로 주어진다. 여기서 아래첨자로 쓰인 ϕ는 $\rho \to \rho + \Delta\rho$의 변화 동안에 ϕ가 일정하다는 의미이다. 그리고 $\partial\boldsymbol{\rho}/\partial\phi$는

$$\frac{\partial \boldsymbol{\rho}}{\partial \phi} = \lim_{\Delta\phi \to 0}\frac{\boldsymbol{\rho}(\rho, \phi + \Delta\phi) - \boldsymbol{\rho}(\rho, \phi)}{\Delta\phi} = \frac{|d\boldsymbol{\rho}_\rho|}{d\phi}\hat{\mathrm{e}}_\phi \tag{6.3.40}$$

로 주어지며, 역시 아래첨자로 쓰인 ρ는 $\phi \to \phi + \Delta\phi$의 변화 동안에 반지름 ρ가 일정하다는 것을 뜻한다. 식(6.3.39)와 식(6.3.40)을 이용하여 $\partial\boldsymbol{\rho}/\partial\rho$와 $\partial\boldsymbol{\rho}/\partial\phi$의 벡터곱 $\frac{\partial \boldsymbol{\rho}}{\partial \rho} \times \frac{\partial \boldsymbol{\rho}}{\partial \phi}$를 계산하면

$$\frac{\partial \boldsymbol{\rho}}{\partial \rho} \times \frac{\partial \boldsymbol{\rho}}{\partial \phi} = \frac{|d\boldsymbol{\rho}_\phi|}{d\rho}\hat{\mathrm{e}}_\rho \times \frac{|d\boldsymbol{\rho}_\rho|}{d\phi}\hat{\mathrm{e}}_\phi = \frac{|d\boldsymbol{\rho}_\phi|}{d\rho}\frac{|d\boldsymbol{\rho}_\rho|}{d\phi}\hat{\mathrm{e}}_\rho \times \hat{\mathrm{e}}_\phi = \frac{|d\boldsymbol{\rho}_\phi|}{d\rho}\frac{|d\boldsymbol{\rho}_\rho|}{d\phi}\hat{\mathrm{e}}_z \tag{6.3.41}$$

여기서 $\hat{\mathrm{e}}_z = \hat{\mathrm{e}}_\rho \times \hat{\mathrm{e}}_\phi$는 z축 방향의 단위벡터이다. xy평면상에서의 면적요소 $d\sigma_{xy}$를 x,

y 변수를 이용하여 나타내면

$$d\sigma_{xy} = dx\,dy \tag{6.3.42}$$

가 되고 ρ, ϕ 변수를 이용하면 $d\sigma_{\rho\phi}$는 식(6.3.41)을 이용하여 다음과 같이 주어진다.

$$d\sigma_{\rho\phi} = |d\boldsymbol{\rho}_\phi||\mathrm{d}\boldsymbol{\rho}_\rho| = \left(\frac{\partial\boldsymbol{\rho}}{\partial\rho}\times\frac{\partial\boldsymbol{\rho}}{\partial\phi}\right)\cdot\hat{\mathrm{e}}_z\,d\rho d\phi \tag{6.3.43}$$

벡터곱 $\frac{\partial\boldsymbol{\rho}}{\partial\rho}\times\frac{\partial\boldsymbol{\rho}}{\partial\phi}$를 식(6.3.37)과 식(6.3.38)을 이용하여 계산해보면

$$\frac{\partial\boldsymbol{\rho}}{\partial\rho}\times\frac{\partial\boldsymbol{\rho}}{\partial\phi} = \begin{vmatrix} \hat{\mathrm{e}}_x & \hat{\mathrm{e}}_y & \hat{\mathrm{e}}_z \\ \frac{\partial x}{\partial\rho} & \frac{\partial y}{\partial\rho} & 0 \\ \frac{\partial x}{\partial\phi} & \frac{\partial y}{\partial\phi} & 0 \end{vmatrix} = \hat{\mathrm{e}}_z \begin{vmatrix} \frac{\partial x}{\partial\rho} & \frac{\partial y}{\partial\rho} \\ \frac{\partial x}{\partial\phi} & \frac{\partial y}{\partial\phi} \end{vmatrix} \tag{6.3.44}$$

가 된다. 그러므로 식(6.3.43)과 식(6.3.44)로부터 면적요소 $d\sigma_{\rho\phi}$는

$$d\sigma_{\rho\phi} = \begin{vmatrix} \frac{\partial x}{\partial\rho} & \frac{\partial y}{\partial\rho} \\ \frac{\partial x}{\partial\phi} & \frac{\partial y}{\partial\phi} \end{vmatrix} d\rho d\phi = J(\rho,\phi)d\rho d\phi \tag{6.3.45}$$

와 같이 쓸 수 있다. 여기서 $J(\rho,\phi)$를 야코비안(Jacobian)이라 부르며 다중적분을 할 때 좌표계의 변환을 위해 쓰인다. 야코비안은 행렬식으로 정의되지만 간단히 표기하기 위해 다음 식의 우변처럼 표기하기도 한다.

$$J(\rho,\phi) = \begin{vmatrix} \frac{\partial x}{\partial\rho} & \frac{\partial y}{\partial\rho} \\ \frac{\partial x}{\partial\phi} & \frac{\partial y}{\partial\phi} \end{vmatrix} = \left|\frac{\partial(x,y)}{\partial(\rho,\phi)}\right| \tag{6.3.46}$$

식(6.3.36)에서 $x = \rho\cos\phi$ 이고 $y = \rho\sin\phi$ 이므로 원통좌표계에서의 야코비안 $J(\rho,\phi)$는

$$J(\rho,\phi) = \begin{vmatrix} \cos\phi & \sin\phi \\ -\rho\sin\phi & \rho\cos\phi \end{vmatrix} = \rho(\cos^2\phi + \sin^2\phi) = \rho \tag{6.3.47}$$

가 된다. 그러므로 ρ, ϕ 변수를 이용한 면적요소 $d\sigma_{\rho\phi}$는

$$d\sigma_{\rho\phi} = J(\rho,\phi)d\rho d\phi = \rho\, d\rho d\phi \tag{6.3.48}$$

로 주어진다. 그러므로 x, y 변수를 이용한 함수 $f(x,y)$의 이중적분과 ρ, ϕ 변수를 이용한 함수 $f(\rho,\phi)$의 이중적분의 관계식은 다음과 같이 쓸 수 있다.

$$\iint_{(x,\,y)} f(x,y)\,dxdy = \iint_{(\rho,\,\phi)} f(\rho,\phi)\,J(\rho,\phi)\,d\rho d\rho = \iint_{(\rho,\,\phi)} f(\rho,\phi)\,\rho\, d\rho d\rho \tag{6.3.49}$$

예제 6.3.8 정적분 $\int_{-\infty}^{\infty} e^{-x^2}dx$의 값을 야코비안을 이용하여 구하시오.

풀이 문제에서 주어진 적분을 A라고 하자.

$$A = \int_{-\infty}^{\infty} e^{-x^2}dx \tag{6.3.50}$$

적분의 모든 구간에서 피적분 함수는 양이므로 A는 양수임을 알 수 있다. A의 제곱은

$$A^2 = \left(\int_{-\infty}^{\infty} e^{-x^2}dx\right)\left(\int_{-\infty}^{\infty} e^{-x^2}dx\right) \tag{6.3.51}$$

인데, 우변의 두 적분은 서로 독립이므로 두 번째 적분의 변수를 y로 바꾸어도 아무런 문제가 없다. 즉

$$A^2 = \left(\int_{-\infty}^{\infty} e^{-x^2}dx\right)\left(\int_{-\infty}^{\infty} e^{-y^2}dy\right) = \int_{-\infty}^{\infty}\int_{-\infty}^{\infty} e^{-(x^2+y^2)}dxdy \tag{6.3.52}$$

와 같이 써도 된다. 여기서 $x = \rho\cos\phi$과 $y = \rho\sin\phi$를 이용하고 식(6.3.48)의 야코비안을 포함한 면적요소를 적용하면 식(6.3.52)는 다음과 같이 된다.

$$A^2 = \int_{-\infty}^{\infty}\int_{-\infty}^{\infty} e^{-(x^2+y^2)}dxdy = \int_0^{\infty}\int_0^{2\pi} e^{-\rho^2}\rho\, d\rho d\phi \tag{6.3.53}$$

여기서 유의할 것은 적분의 범위인데 x와 y의 범위가 모두 $(-\infty, \infty)$인 전체 공간이므로 ρ의 범위는 $[0, \infty)$이고 ϕ의 범위는 $[0, 2\pi]$가 되는 것을 알 수 있다. 그러므로 식(6.3.53)의 우변은 아래와 같이 적분이 된다.

$$A^2 = \int_0^\infty \int_0^{2\pi} e^{-\rho^2} \rho\, d\rho d\phi = 2\pi \int_0^\infty e^{-\rho^2} \rho\, d\rho = 2\pi \left[-\frac{1}{2} e^{-\rho^2} \right]_0^\infty = \pi \tag{6.3.54}$$

A는 양수이므로

$$A = \int_{-\infty}^{\infty} e^{-x^2} dx = \sqrt{\pi} \tag{6.3.55}$$

이다.

예제 6.3.9 식(6.3.55)의 결과를 이용하여 정적분 $\int_{-\infty}^{\infty} x^{2n} e^{-x^2} dx$의 값을 구하시오. 단, n은 양의 정수이다.

풀이 식(6.3.55)에서 $x = \sqrt{\alpha}\, t$로 놓으면

$$\sqrt{\alpha} \int_{-\infty}^{\infty} e^{-\alpha t^2} dt = \sqrt{\pi} \tag{6.3.56}$$

가 된다. 위의 식에서 $I(\alpha) \equiv \int_{-\infty}^{\infty} e^{-\alpha t^2} dt = \sqrt{\frac{\pi}{\alpha}}$ 라고 놓고 $I(\alpha)$를 α로 미분을 하면 다음이 성립한다.

$$\int_{-\infty}^{\infty} t^2 e^{-\alpha t^2} dt = -\frac{\partial}{\partial \alpha} I(\alpha) = -\frac{\partial}{\partial \alpha} \sqrt{\frac{\pi}{\alpha}} \tag{6.3.57}$$

$$\int_{-\infty}^{\infty} t^{2n} e^{-\alpha t^2} dt = \left(-\frac{\partial}{\partial \alpha} \right)^n I(\alpha) = \left(-\frac{\partial}{\partial \alpha} \right)^n \sqrt{\frac{\pi}{\alpha}} \tag{6.3.58}$$

이를 이용하여 문제에서 주어진 적분은 $\alpha \to 1$인 극한에서 다음과 같이 구할 수 있다.

$$\int_{-\infty}^{\infty} x^{2n} e^{-x^2} dx = \lim_{\alpha \to 1} \int_{-\infty}^{\infty} t^{2n} e^{-\alpha t^2} dt = \lim_{\alpha \to 1} \left(-\frac{\partial}{\partial \alpha} \right)^n \sqrt{\frac{\pi}{\alpha}} \tag{6.3.59}$$

예를 들어 $n = 1$인 경우 정적분 값은

$$\int_{-\infty}^{\infty} x^2 e^{-x^2} dx = \lim_{\alpha \to 1} \int_{-\infty}^{\infty} t^2 e^{-\alpha t^2} dt = \lim_{\alpha \to 1} \left(-\frac{\partial}{\partial \alpha}\right) \sqrt{\frac{\pi}{\alpha}} \tag{6.3.60}$$

$$= \lim_{\alpha \to 1} \frac{\sqrt{\pi}}{2} \frac{1}{\alpha^{3/2}} = \frac{\sqrt{\pi}}{2}$$

가 되고, $n = 2$인 경우에는

$$\int_{-\infty}^{\infty} x^4 e^{-x^2} dx = \lim_{\alpha \to 1} \int_{-\infty}^{\infty} t^4 e^{-\alpha t^2} dt = \lim_{\alpha \to 1} \left(-\frac{\partial}{\partial \alpha}\right)^2 \sqrt{\frac{\pi}{\alpha}} \tag{6.3.61}$$

$$= \lim_{\alpha \to 1} \left(-\frac{\partial}{\partial \alpha}\right) \left(\frac{\sqrt{\pi}}{2} \frac{1}{\alpha^{3/2}}\right) = \frac{3\sqrt{\pi}}{4}$$

이다.

6.4 구면좌표계(Spherical coordinate system)

6.4.1 구면좌표계에서의 척도 인자(Scale factors in the spherical coordinate system)

일반화된 좌표변수들이 구면좌표계를 나타낸다면 q_1, q_2, q_3를 척도 인자를 써서 구면좌표변수 r, θ, ϕ로 바꾸어주면 된다. 그림 9.6에 데카르트 좌표계에서 벡터 $\mathbf{r}$을 표현하였는데 r은 벡터 $\mathbf{r}$의 길이이고 범위는 $0 \le r < \infty$이다. θ는 양의 z축에서 $\mathbf{r}$까지 측정된 각도로서 극각(polar angle)이라고 하며 범위는 $0 \le \theta \le \pi$이다. ϕ는 $\mathbf{r}$을 xy평면상에 사영하였을 때 양의 x축으로부터 측정된 각도로서 방위각이라고 하고 범위는 $0 \le \phi < 2\pi$이다. 구면좌표계의 방위각은 원통좌표계의 방위각과 동일하다. 구면좌표계에서 r방향의 단위벡터 $\hat{\mathbf{e}}_r$이 정의되면 θ나 ϕ방향의 단위벡터와 상관없이 벡터 $\mathbf{r}$은 $\mathbf{r} = r\hat{\mathbf{e}}_r$로 주어진다.

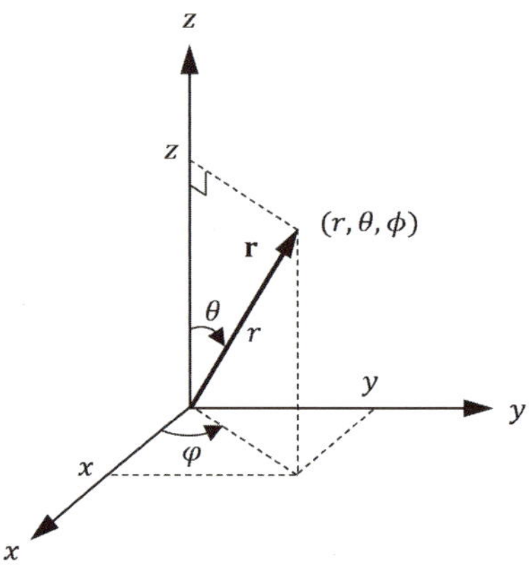

그림 6.8 구면좌표계의 좌표변수로 표현된 벡터 r

그림 6.8에서 알 수 있듯이 구면좌표계와 데카르트 좌표계의 좌표변수들의 관계는 다음과 같다.

$$x = r\sin\theta\cos\phi, \quad y = r\sin\theta\sin\phi, \quad z = r\cos\theta \tag{6.4.1}$$

$$r = \sqrt{x^2 + y^2 + z^2}, \quad \theta = \cos^{-1}\left(\frac{z}{r}\right), \quad \phi = \tan^{-1}\left(\frac{y}{x}\right) \tag{6.4.2}$$

이를 이용하여 구면좌표계에서 척도 인자를 구해보자. q_1을 r에 대응시킬 때 첫 번째 척도 인자를 h_r이라고 하면

$$h_1 = h_r = \sqrt{\left(\frac{\partial x}{\partial q_1}\right)^2 + \left(\frac{\partial y}{\partial q_1}\right)^2 + \left(\frac{\partial z}{\partial q_1}\right)^2} = \sqrt{\left(\frac{\partial x}{\partial r}\right)^2 + \left(\frac{\partial y}{\partial r}\right)^2 + \left(\frac{\partial z}{\partial r}\right)^2} \tag{6.4.3}$$
$$= \sqrt{(\sin\theta\cos\phi)^2 + (\sin\theta\sin\phi)^2 + (\cos\theta)^2} = 1$$

와 같이 된다. 이와 같이 q_2를 θ에 대응시킬 때 척도 인자를 h_θ라고 하면

$$h_2 = h_\theta = \sqrt{\left(\frac{\partial x}{\partial q_2}\right)^2 + \left(\frac{\partial y}{\partial q_2}\right)^2 + \left(\frac{\partial z}{\partial q_2}\right)^2} = \sqrt{\left(\frac{\partial x}{\partial \theta}\right)^2 + \left(\frac{\partial y}{\partial \theta}\right)^2 + \left(\frac{\partial z}{\partial \theta}\right)^2} \tag{6.4.4}$$
$$= \sqrt{(r\cos\theta\cos\phi)^2 + (r\cos\theta\sin\phi)^2 + (-r\sin\theta)^2} = r$$

가 된다. 끝으로 $q_3 \to \phi$에 대한 척도 인자 h_ϕ는 다음과 같이 계산된다.

$$h_3 = h_\phi = \sqrt{\left(\frac{\partial x}{\partial q_3}\right)^2 + \left(\frac{\partial y}{\partial q_3}\right)^2 + \left(\frac{\partial z}{\partial q_3}\right)^2} = \sqrt{\left(\frac{\partial x}{\partial \phi}\right)^2 + \left(\frac{\partial y}{\partial \phi}\right)^2 + \left(\frac{\partial z}{\partial \phi}\right)^2} \quad (6.4.5)$$

$$= \sqrt{(-r\sin\theta\sin\phi)^2 + (r\sin\theta\cos\phi)^2} = r\sin\theta$$

그러므로 구면좌표계에서 $(ds)^2 = \sum_{i=1}^{3} h_i^2 (dq_i)^2$은

$$(ds)^2 = (dr)^2 + r^2(d\theta)^2 + r^2\sin^2\theta(d\phi)^2 \quad (6.4.6)$$

과 같이 된다.

본문에서 데카르트 좌표계에 대하여는 별도로 계산하지 않았지만 q_1, q_2, q_3가 x, y, z를 나타낼 때는 척도 인자가 $h_x = h_y = h_z = 1$가 되는 것을 쉽게 확인할 수 있다. 표 6.1에 세 좌표계에 대한 척도 인자를 정리하였다.

표 6.1 여러 좌표계에서의 척도 인자

	h_1	h_2	h_3
데카르트 좌표계	1	1	1
원통좌표계	1	ρ	1
구면좌표계	1	r	$r\sin\theta$

예제 6.4.1 구면좌표계에서 속력의 제곱을 구하시오.

풀이 속력을 v라고 하자. 구면좌표계의 척도 인자를 이용하여 속력의 제곱은

$$v^2 = \left(\frac{ds}{dt}\right)^2 = \left(\frac{dr}{dt}\right)^2 + r^2\left(\frac{d\theta}{dt}\right)^2 + r^2\sin^2\theta\left(\frac{d\phi}{dt}\right)^2 \quad (6.4.7a)$$

가 되는 것을 알 수 있다. 시간 미분을 점부호로 표기하면

$$v^2 = \dot{r}^2 + r^2\dot{\theta}^2 + r^2\sin^2\theta\,\dot{\phi}^2 \tag{6.4.7b}$$

와 같이 간단히 쓸 수 있다.

예제 6.4.2 구면좌표계에서 부피요소를 구하시오.

풀이 부피요소를 dV라고 하면, 구면좌표계의 척도 인자를 이용하면

$$dV = h_r h_\theta h_\phi\, dr\, d\theta\, d\phi = r^2 dr \sin\theta\, d\theta\, d\phi = r^2 dr\, d\Omega \tag{6.4.8}$$

와 같이 쓸 수 있다. 여기서 $d\Omega = d\sigma_{\theta\phi}/r^2 = \sin\theta\, d\theta\, d\phi$를 입체각(solid angle)이라고 한다. $d\sigma_{\theta\phi} = h_\theta h_\phi d\theta d\phi = r^2\sin\theta\, d\theta\, d\phi$는 $\hat{\mathbf{r}}$에 수직한 면적요소이다.

예제 6.4.3 구면좌표계에서 직교하는 단위벡터 $\hat{\mathbf{e}}_{q_i}$를 구하시오.

풀이 구면좌표계에서 위치벡터는 $\mathbf{r} = r\sin\theta\cos\phi\hat{\mathbf{e}}_x + r\sin\theta\sin\phi\hat{\mathbf{e}}_y + r\cos\theta\hat{\mathbf{e}}_z = r\hat{\mathbf{e}}_r$로 표현이 된다. 그러므로 구면좌표계에서 단위벡터 $\hat{\mathbf{e}}_{q_i}$는 다음과 같이 된다.

$$\hat{\mathbf{e}}_r = \frac{1}{h_r}\frac{\partial \mathbf{r}}{\partial r} = \sin\theta\cos\phi\hat{\mathbf{e}}_x + \sin\theta\sin\phi\hat{\mathbf{e}}_y + \cos\theta\hat{\mathbf{e}}_z \tag{6.4.9}$$

$$\hat{\mathbf{e}}_\theta = \frac{1}{h_\theta}\frac{\partial \mathbf{r}}{\partial \theta} = \cos\theta\cos\phi\hat{\mathbf{e}}_x + \cos\theta\sin\phi\hat{\mathbf{e}}_y - \sin\theta\hat{\mathbf{e}}_z \tag{6.4.10}$$

$$\hat{\mathbf{e}}_\phi = \frac{1}{h_\phi}\frac{\partial \mathbf{r}}{\partial \phi} = -\sin\phi\hat{\mathbf{e}}_x + \cos\phi\hat{\mathbf{e}}_y \tag{6.4.11}$$

6.4.2 구면좌표계에서의 미분연산자(Differential operators in the cylindrical coordinate system)

구면좌표계에서 일반화된 좌표변수 (q_1, q_2, q_3)가 (r, θ, ϕ)로 표현이 되고, 척도 인자들이 $h_r = 1$, $h_\theta = r$, $h_\phi = r\sin\theta$로 주어지므로, 임의의 스칼라 함수 $\psi = \psi(r, \theta, \phi)$가 주어졌을 때 ψ에 그래디언트 연산자를 작용하면 식(6.2.1)에 의해 아래와 같이 된다.

$$\nabla\psi(r,\theta,\phi) = \hat{\mathrm{e}}_r\frac{\partial\psi}{\partial r} + \hat{\mathrm{e}}_\theta\frac{1}{r}\frac{\partial\psi}{\partial\theta} + \hat{\mathrm{e}}_\phi\frac{1}{r\sin\theta}\frac{\partial\psi}{\partial z} \tag{6.4.12}$$

임의의 벡터함수 $\mathrm{V} = \mathrm{V}(r, \theta, \phi)$의 다이버전스는 식(6.2.14)로부터 아래와 같이 쓸 수 있다.

$$\begin{aligned}\nabla\cdot\mathrm{V}(r,\theta,\phi) &= \frac{1}{r^2\sin\theta}\left[\frac{\partial}{\partial r}\left(V_r r^2\sin\theta\right) + \frac{\partial}{\partial\theta}\left(V_\theta r\sin\theta\right) + \frac{\partial}{\partial\phi}\left(V_\phi r\right)\right] \\ &= \frac{1}{r^2}\frac{\partial}{\partial r}\left(r^2 V_r\right) + \frac{1}{r\sin\theta}\frac{\partial}{\partial\theta}\left(\sin\theta\, V_\theta\right) + \frac{1}{r\sin\theta}\frac{\partial}{\partial\phi}V_\phi\end{aligned} \tag{6.4.13}$$

임의의 스칼라함수 $\psi = \psi(r, \theta, \phi)$의 라플라시안은 식(6.2.16)에 의해 다음과 같이 전개할 수 있다.

$$\begin{aligned}\nabla^2\psi(r,\theta,\phi) &= \frac{1}{r^2\sin\theta}\left[\frac{\partial}{\partial r}\left(r^2\sin\theta\frac{\partial\psi}{\partial r}\right) + \frac{\partial}{\partial\theta}\left(\sin\theta\frac{\partial\psi}{\partial\theta}\right) + \frac{\partial}{\partial\phi}\left(\frac{1}{\sin\theta}\frac{\partial\psi}{\partial\phi}\right)\right] \\ &= \frac{1}{r^2}\frac{\partial}{\partial r}\left(r^2\frac{\partial\psi}{\partial r}\right) + \frac{1}{r^2\sin\theta}\frac{\partial}{\partial\theta}\left(\sin\theta\frac{\partial\psi}{\partial\theta}\right) + \frac{1}{r^2\sin^2\theta}\frac{\partial^2\psi}{\partial\phi^2} \\ &= \frac{1}{r^2}\frac{\partial}{\partial r}\left(r^2\frac{\partial\psi}{\partial r}\right) + \frac{1}{r^2}(\mathrm{r}\times\nabla)^2\psi\end{aligned} \tag{6.4.14}$$

여기서 $\mathrm{L} = -i\mathrm{r}\times\nabla$로 정의하면 ψ의 라플라시안은

$$\nabla^2\psi(r,\theta,\phi) = \frac{1}{r^2}\frac{\partial}{\partial r}\left(r^2\frac{\partial\psi}{\partial r}\right) - \frac{L^2}{r^2}\psi \tag{6.4.15}$$

와 같이 쓸 수 있다. 벡터 $\mathbf{L}(=-i\mathbf{r}\times\nabla)$은 양자역학에서 중요하게 다루는 각운동량 연산자(angular momentum operator) $L_{op}=\hbar\mathbf{L}(=-i\hbar\mathbf{r}\times\nabla)$과 관련이 있으니 잘 알아두는 것이 좋다. 양자역학에 자주 나오는 L^2은

$$L^2=-\frac{1}{r^2\sin\theta}\frac{\partial}{\partial\theta}\left(\sin\theta\frac{\partial}{\partial\theta}\right)-\frac{1}{r^2\sin^2\theta}\frac{\partial^2}{\partial\phi^2} \tag{6.4.15}$$

과 같이 계산되는 것을 확인할 수 있다. 한편, 임의의 벡터함수 $\mathbf{V}=\mathbf{V}(r,\theta,\phi)$의 컬은 다음과 같이 된다.

$$\nabla\times\mathbf{V}(r,\theta,\phi)=\frac{1}{r^2\sin\theta}\begin{vmatrix}\hat{\mathbf{e}}_r & r\hat{\mathbf{e}}_\theta & r\sin\theta\hat{\mathbf{e}}_\phi \\ \dfrac{\partial}{\partial r} & \dfrac{\partial}{\partial\theta} & \dfrac{\partial}{\partial\phi} \\ V_r & rV_\theta & r\sin\theta\, V_\phi\end{vmatrix} \tag{6.4.16}$$

예제 6.4.4 구면좌표계에서 $\nabla\cdot\mathbf{r}$을 계산하시오. $\mathbf{r}$은 위치벡터이다.

풀이 구면좌표계에서 위치벡터는 $\mathbf{r}=r\hat{\mathbf{e}}_r$이므로 식(6.4.13)을 이용하면

$$\nabla\cdot\mathbf{r}=\frac{1}{r^2}\frac{\partial}{\partial r}(r^3)=3 \tag{6.4.17}$$

이 된다.

예제 6.4.5 구면좌표계에서 $\nabla\times\mathbf{r}$을 구해보시오. $\mathbf{r}$은 위치벡터이다.

풀이 구면좌표계에서 $\mathbf{r} = r\hat{\mathbf{e}}_r$ 이므로 식(6.4.16)에 $\mathbf{r}$을 대입하면

$$\nabla\times\mathbf{r} = \frac{1}{r^2\sin\theta}\begin{vmatrix} \hat{\mathbf{e}}_r & r\hat{\mathbf{e}}_\theta & r\sin\theta\hat{\mathbf{e}}_\phi \\ \dfrac{\partial}{\partial r} & \dfrac{\partial}{\partial\theta} & \dfrac{\partial}{\partial\phi} \\ r & 0 & 0 \end{vmatrix} \tag{6.4.18}$$

$$= \frac{1}{r^2\sin\theta}\left(r\hat{\mathbf{e}}_\theta\frac{\partial r}{\partial\phi} - r\sin\theta\hat{\mathbf{e}}_\phi\frac{\partial r}{\partial\theta}\right) = 0$$

이 된다.

연습문제

6.1 원통좌표계에서 임의의 벡터함수 $\mathbf{V} = \mathbf{V}(\rho, \phi, z)$에 대하여 $\nabla^2\mathbf{V}$를 구하시오.

6.2 원통좌표계에서 움직이는 입자의 속도 $\mathbf{v}$를 구하시오.

6.3 원통좌표계에서 움직이는 입자의 가속도 $\mathbf{a}$를 구하시오.

6.4 구면좌표계에서 임의의 스칼라함수 $f = f(r)$에 대하여
$\nabla \cdot (\hat{\mathbf{e}}_r f(r)) = \nabla \cdot (\mathbf{r} f(r)/r)$임을 이용하여 $\nabla \cdot (\hat{\mathbf{e}}_r f(r))$을 구하시오.

6.5 구면좌표계에서 임의의 스칼라함수 $f = f(r)$에 대하여 $\nabla \times (\hat{\mathbf{e}}_r f(r))$을 구하시오.

6.6 구면좌표계에서 ∇r^m을 구하시오. 단, m은 양의 정수이다.

6.7 구면좌표계에서 $\nabla^2 r^m$을 구하시오. 단, m은 양의 정수이다.

6.8 구면좌표계에서 $r \neq 0$ 일 때 $\nabla^2(1/r)$을 구하시오.

Chapter 07

텐서에 대한 간략한 소개

Brief Introduction to Tensors

7.1 텐서의 기본적인 정의(Basic definition of a tensor)

7.1.1 좌표계의 회전(Rotation of coordinates)

제2장에서 소개한 좌표계의 회전을 이용하여 간단한 **텐서**(tensor)의 성질을 알아보고자 한다. 텐서는 수학에서 선형대수나 미분기하학에서 중요한 역할을 하지만 물리학에서도 좌표변환과 관련하여 유용하게 쓰인다. 특히 일반 상대성이론, 전기역학, 유체역학 등에서 중요하게 쓰이며 공학에서는 응력이나 압전효과 등의 에너지 변환을 다룰 때 텐서가 쓰인다. 텐서의 어원은 라틴어 tensus에서 나왔으며 잡아당긴다는 뜻을 가지고 있다. 즉 무엇인가를 잡아당기면 복잡한 변형이 일어나는데 이를 기술하기 위하여 텐서라고 하는 것이 창안된 것이다. 텐서를 이해하기 위하여 좌표계의 회전을 다시 살펴보자. 그림 7.1에서처럼 2차원의 데카르트 좌표계 (x, y)가 반시계방향으로 θ의 각도만큼 회전을 하였을 때 새로운 좌표계 (x', y')과의 관계는

$$x' = x\cos\theta + y\sin\theta \tag{7.1.1}$$

$$y' = -x\sin\theta + y\cos\theta \tag{7.1.2}$$

로 주어진다.

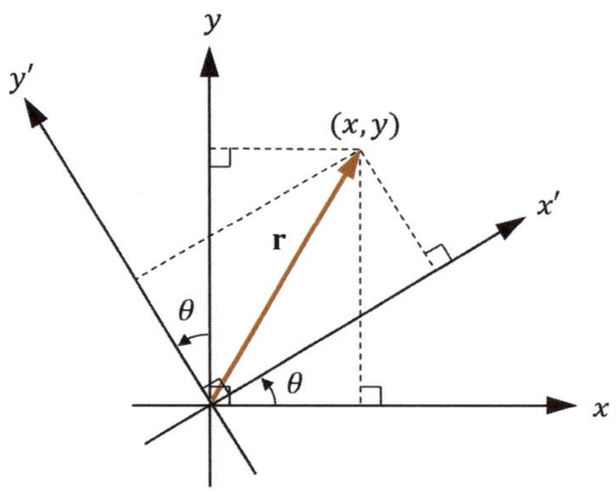

그림 7.1 2차원 좌표계의 회전

이때 좌표 (x, y)와 (x', y')를 각각 (x_1, x_2)와 $(x_1{}', x_2{}')$로 놓으면 식(7.1.1)과 식(7.1.2)는

$$x_i{}' = a_{ij} x_j \tag{7.1.3}$$

와 같이 되며, 계수 a_{ij}는 회전과 관련된 변환행렬의 원소이며 단위벡터 $\hat{\mathrm{e}}_{x_i{}'}$와 $\hat{\mathrm{e}}_{x_j}$의 스칼라곱으로 표현된다. 즉 $a_{ij} = \hat{\mathrm{e}}_{x_i{}'} \cdot \hat{\mathrm{e}}_{x_j}$이다. 제1장에서 이미 여러 차례 설명한 바가 있지만 식(7.1.3)에서 반복된 지표는 합을 의미한다. $(x_1{}', x_2{}')$ 좌표가 역변환, 즉 $-\theta$의 각도로 반시계방향 회전을 하여 다시 (x_1, x_2)좌표로 돌아왔다면

$$x_i = a_{ji} x_j{}' \tag{7.1.4}$$

로 되는 것을 알 수가 있다. 그러므로 식(7.1.3)과 식(7.1.4)를 이용하여

$$a_{ij} = \frac{\partial x_i{}'}{\partial x_j} \tag{7.1.5}$$

$$a_{ji} = \frac{\partial x_i}{\partial x_j{}'} \tag{7.1.6}$$

와 같은 성질이 있음을 알 수 있다. 연쇄법칙(chain rule)을 적용하면

$$a_{ik}a_{kj} = \delta_{ij} \tag{7.1.7}$$

인 직교성을 보일 수가 있다.

7.1.2 텐서의 순위(Rank of a tensor)

텐서는 **순위**(rank)에 의해 종류가 나뉜다. 앞 절의 식(7.1.5)의 예처럼 $a_{ij}(=\partial x_i'/\partial x_j)$는 두 개의 자유지표를 가지는 원소로서 이것으로 구성된 변환행렬을 순위 2 텐서(tensor of rank 2)라고 부른다. 순위 2 텐서는 **다이애드**(dyad)라고 부르기도 한다. 반면 x_i와 같이 한 개의 자유지표를 갖는 경우는 순위 1 텐서(tensor of rank 1)라고 하는데 이것을 곧 벡터라고 한다. 벡터는 성분의 수가 좌표계의 차원과 같고, 좌표계의 회전에 대하여 성분이 변환한다. 자유지표가 없는 경우에는 스칼라가 되는데, 이를 0개의 자유지표를 가지고 있다고 하여 순위 0 텐서(tensor of rank 0)라고 한다. 스칼라는 좌표계의 회전에 대하여 불변의 양을 갖는다. 일반적으로 n개의 자유지표를 가지고 있으면 순위 n 텐서(tensor of rank n)라고 하고, 그 텐서가 가지는 성분의 수는 좌표계의 차원을 d라고 할 때 d^n개가 된다. 즉 3차원 좌표계에서 순위 0인 스칼라는 $3^0 = 1$이므로 한 개의 성분만 있고, 순위 1인 벡터는 $3^1 = 3$으로 세 개의 성분이 있으며, 순위 2의 텐서는 $3^2 = 9$이므로 아홉 개의 성분을 가지고 있다. 관습적으로 순위 2 이상부터 텐서라고 부르고 순위 0과 순위 1의 텐서는 각각 스칼라와 벡터로 부르는 것이 일반적이다.

순위 1인 벡터의 경우에는 보통 볼드체를 써서 $\mathbf{A}$로 표시하거나 오른쪽 방향의 화살표 기호를 써서 $\vec{\mathrm{A}}$와 같이 표시하는 것이 일반적이지만, 텐서를 다룰 때에는 지표가 중요하므로 하나의 지표를 써서 A_i로 표시하도록 하겠다. 순위 2의 텐서의 경우에 볼드 고딕체 **A**로 쓰거나 $\overleftrightarrow{\mathrm{A}}$와 같이 양쪽 방향의 화살표로 표시를 하며 문헌에 따라서는 $\overline{\overline{\mathrm{A}}}$처럼 이중직선으로 표시를 하지만 종종 두 개의 자유지표를 써서 A_{ij}와 같이 많이 쓰기도 한다. 순위 3의 텐서라면 A_{ijk}와 같이 세 개의 자유지표를 쓸 수 있다. 이 책에서는 필요에 따라 **A**, $\overleftrightarrow{\mathrm{A}}$, A_{ij}등의 표기를 적절하게 선택하여 텐서를 표시할 것이다.

두 개의 자유지표를 가지는 순위 2 텐서 B_{ij}는 식(7.1.4)의 규칙에 따라 다음과 같이 나타낼 수가 있다.

$$\overleftrightarrow{\mathrm{B}}' = B_{ij}{}' = a_{ik}a_{jm}B_{km} \tag{7.1.8}$$

이번에는 두 벡터 P와 Q를 생각해보자. 이 두 벡터가 좌표의 회전에 의해서 각각 P′과 Q′이 되었을 때 이들을 $P_i{}' = a_{ik}P_k$와 $Q_j{}' = a_{jm}Q_m$로 나타낼 수 있다. 그러면 하나의 자유지표를 가지는 $P_i{}'$과 $Q_j{}'$를 이용하여 두 개의 자유지표를 가지는 $(P_i{}'Q_j{}') = a_{ik}a_{jm}(P_kQ_m)$를 구성할 수 있다. (P_kQ_m)도 두 개의 자유지표를 가지는 순위 2 텐서이다. $P_i{}'Q_j{}'$와 P_kQ_m는 볼드체를 써서 각각 P′Q′와 PQ로 써도 된다. 뒤에 다시 나오겠지만, 두 벡터가 결합하여 곱의 형태인 PQ로 연산하는 것을 **다이애드곱**(dyad product)이라 하고 이러한 결합(곱)을 dyadic이라고 한다. 정리하자면 3차원 공간에서 스칼라곱은 한 개의 성분만 있고 벡터곱은 세 개의 성분을 가지고 있으며 다이애드곱은 아홉 개의 성분을 가진다.

이제 임의의 벡터 F에 대해서 $\partial F_i/\partial x_j$를 고려해보도록 하자. 그러면 F가 벡터이므로 회전 변환에 의해서 $F_i{}' = a_{im}F_m$ 가됨을 알 수 있다. 이 식의 양변을 $x_j{}'$으로 편미분을 하면 $\dfrac{\partial F_i'}{\partial x_j{}'} = a_{im}\dfrac{\partial F_m}{\partial x_j{}'} = a_{im}\dfrac{\partial F_m}{\partial x_k}\dfrac{\partial x_k}{\partial x_j{}'} = a_{im}a_{jk}\dfrac{\partial F_m}{\partial x_k}$가 되는 것을 보일 수가 있다. 이는 식(7.1.8)과 같은 형태이므로 $\dfrac{\partial F_i}{\partial x_j}$는 두 개의 자유지표를 가지는 순위 2 텐서가 된다.

예제 7.1.1 크로네커 델타는 좌표의 회전에 대하여 불변임을 보이시오.

풀이 크로네커 델타는 두 개의 자유지표를 가지는 순위 2 텐서이다. 식(7.1.8)과 a_{ij}의 직교성을 이용하여 크로네커 델타는 $\delta_{ij}{}' = a_{ik}a_{jm}\delta_{km} = a_{ik}a_{jk} = \delta_{ij}$이 된다. 그러므로 크로네커 델타는 좌표의 회전에 의해서 불변이다. 또한 $\delta_{ij} = \delta_{ji}$이므로 대칭텐서(symmetric tensor)인 것을 알 수 있다.

예제 7.1.2 임의의 텐서 D_{ij}에 대하여 $F_{ij} = D_{ij} + D_{ji}$와 $G_{ij} = D_{ij} - D_{ji}$의 성질에 대해 살펴보시오.

풀이 텐서 F_{ij}의 지표를 교환하면, $F_{ji} = D_{ji} + D_{ij} = D_{ij} + D_{ji} = F_{ij}$ 가 되어 F_{ij}는 대칭텐서(symmetric tensor)인 것을 알 수 있다. 그리고 텐서 G_{ij}의 지표를 교환하면, $G_{ji} = D_{ji} - D_{ij} = -(D_{ij} - D_{ji}) = -G_{ij}$ 가 되어 G_{ij}는 반대칭텐서(anti-symmetric tensor)인 것을 알 수 있다.

예제 7.1.3 변환행렬 a_{ij}가 좌표의 변환에 대하여 불변임을 보이시오.

풀이 식(7.2.1)과 직교성을 이용하여 $a_{ij}' = a_{ik}a_{jm}a_{km} = a_{ik}\delta_{jk} = a_{ij}$이 되는 것을 보일 수 있다. 그러므로 변환행렬 a_{ij}도 좌표의 회전에 의해서 불변이다.

7.2 텐서의 몇 가지 예(Examples of tensors)

텐서의 성질을 물리적으로 이해하기 위하여 전자기학에서 전류밀도 $\mathrm{J} = J_x\hat{\mathrm{e}}_x + J_y\hat{\mathrm{e}}_y + J_z\hat{\mathrm{e}}_z$와 전기장 $\mathrm{E} = E_x\hat{\mathrm{e}}_x + E_y\hat{\mathrm{e}}_y + E_z\hat{\mathrm{e}}_z$의 관계를 나타내는 옴의 법칙(Ohm's law)을 생각해보자.

$$\mathrm{J} = \overleftrightarrow{\sigma} \cdot \mathrm{E} \tag{7.2.1}$$

여기서 $\overleftrightarrow{\sigma}$는 전기전도도(electric conductivity)이고 9개의 성분을 가지고 있는 순위 2 텐서이다. 식(7.2.1)로부터 텐서와 벡터의 스칼라곱 $\overleftrightarrow{\sigma} \cdot \mathrm{E}$는 벡터가 됨을 알 수가 있다. 식(7.2.1)을 아인슈타인의 합 규약으로 나타내면 다음과 같이 표현된다.

$$J_i = \sigma_{ij} E_j \tag{7.2.2}$$

식(7.2.2)를 아래와 같이 행렬 형태로 나타내면 텐서에 대해 좀 더 쉽게 이해를 할 수가 있다.

$$\begin{pmatrix} J_x \\ J_y \\ J_z \end{pmatrix} = \begin{pmatrix} \sigma_{xx} & \sigma_{xy} & \sigma_{xz} \\ \sigma_{yx} & \sigma_{yy} & \sigma_{yz} \\ \sigma_{zx} & \sigma_{zy} & \sigma_{zz} \end{pmatrix} \begin{pmatrix} E_x \\ E_y \\ E_z \end{pmatrix} \tag{7.2.3}$$

행렬 표현을 통하여 전류밀도의 x성분이 $J_x = \sigma_{xx}E_x + \sigma_{xy}E_y + \sigma_{xz}E_z$이 되는 것을 알 수 있으므로 전기장의 E_x 성분만이 전류밀도의 J_x 성분을 생성하는 것이 아니라 전기장의 E_y, E_z 성분들도 전류밀도의 J_x 성분을 생성한다는 것을 알 수가 있다.

다른 예로 강체(rigid body)의 회전을 생각해보자. 강체를 N개의 질점(mass point)들의 합으로 고려해보자. 위치 r_α에 있는 질량이 m_α인 질점이 회전축을 중심으로 속도 v_α로 회전을 하고 있다. 이때 각속도를 $\boldsymbol{\omega} = \omega_x\hat{\mathrm{e}}_x + \omega_y\hat{\mathrm{e}}_y + \omega_z\hat{\mathrm{e}}_z$라고 하면 속도와 각속도와의 관계는 $\mathrm{v}_\alpha = \boldsymbol{\omega} \times \mathrm{r}_\alpha$가 된다. 그러므로 물체의 각운동량(angular momentum) $\mathrm{L} = L_x\hat{\mathrm{e}}_x + L_y\hat{\mathrm{e}}_y + L_z\hat{\mathrm{e}}_z$은

$$\mathrm{L} = \sum_{\alpha=1}^{N} \mathrm{r}_\alpha \times \mathrm{p}_\alpha = \sum_{\alpha=1}^{N} m_\alpha \mathrm{r}_\alpha \times \mathrm{v}_\alpha = \sum_{\alpha=1}^{N} m_\alpha \mathrm{r}_\alpha \times (\boldsymbol{\omega} \times \mathrm{r}_\alpha) \tag{7.2.4}$$

이 된다. 여기서 $\mathrm{p}_\alpha = m_\alpha \mathrm{v}_\alpha$는 질점 m_α의 선운동량(linear momentum)이다. 삼중 벡터곱 (triple vector product) $\mathrm{A} \times (\mathrm{B} \times \mathrm{C}) = \mathrm{B}(\mathrm{A} \cdot \mathrm{C}) - \mathrm{C}(\mathrm{A} \cdot \mathrm{B})$로 전개되는 것을 이용하면 $\mathrm{r}_\alpha \times (\boldsymbol{\omega} \times \mathrm{r}_\alpha) = \boldsymbol{\omega}(\mathrm{r}_\alpha \cdot \mathrm{r}_\alpha) - \mathrm{r}_\alpha(\mathrm{r}_\alpha \cdot \boldsymbol{\omega})$이 되므로 식(7.2.4)의 각운동량 L을 아인슈타인의 합 규약을 써서 표현하면

$$L_i = \sum_{\alpha=1}^{N} m_\alpha \left(\omega_i r_\alpha^2 - x_{\alpha i} x_{\alpha j} \omega_j\right) = \sum_{\alpha=1}^{N} m_\alpha \left(r_\alpha^2 \delta_{ij} \omega_j - x_{\alpha i} x_{\alpha j} \omega_j\right) \tag{7.2.5}$$

$$= \sum_{\alpha=1}^{N} m_\alpha \left(r_\alpha^2 \delta_{ij} - x_{\alpha i} x_{\alpha j}\right) \omega_j$$

와 같이 된다. 식(7.2.5)의 우변에서 두 개의 자유지표를 가지는 텐서를 정의할 수 있다.

이를 I_{ij} 라고 하면

$$I_{ij} = \sum_{\alpha=1}^{N} m_\alpha \left(r_\alpha^2 \delta_{ij} - x_{\alpha i} x_{\alpha j} \right) \tag{7.2.6}$$

이다. 그러면 식(7.2.6)은 $L_i = \sum_{\alpha=1}^{N} I_{ij} \omega_j$와 같이 되는데, 이것은

$$\mathrm{L} = \mathrm{I} \cdot \omega \tag{7.2.7}$$

와 같이도 표현할 수 있다. 여기서 I(= $\overleftrightarrow{\mathrm{I}}$)는 회전관성(moment of inertia)이라고 하는 물리량이며 다음과 같이 9개의 성분을 가진 순위 2 텐서가 된다.

$$\overleftrightarrow{\mathrm{I}} = \begin{pmatrix} \sum_{\alpha=1}^{N} m_\alpha \left(y_\alpha^2 + z_\alpha^2 \right) & -\sum_{\alpha=1}^{N} m_\alpha x_\alpha y_\alpha & -\sum_{\alpha=1}^{N} m_\alpha x_\alpha z_\alpha \\ -\sum_{\alpha=1}^{N} m_\alpha y_\alpha x_\alpha & \sum_{\alpha=1}^{N} m_\alpha \left(x_\alpha^2 + z_\alpha^2 \right) & -\sum_{\alpha=1}^{N} m_\alpha y_\alpha z_\alpha \\ -\sum_{\alpha=1}^{N} m_\alpha z_\alpha x_\alpha & -\sum_{\alpha=1}^{N} m_\alpha z_\alpha y_\alpha & \sum_{\alpha=1}^{N} m_\alpha \left(x_\alpha^2 + y_\alpha^2 \right) \end{pmatrix} \tag{7.2.8}$$

만약 강체의 밀도가 $\rho(r)$인 연속 질량분포를 하고 있다면 식(7.2.8)에 나와 있는 성분 안의 합의 기호는 아래와 같은 적분 형태로 바뀐다.

$$I_{ij} = \int_V \rho(r) \left(r^2 \delta_{ij} - x_i x_j \right) dV \tag{7.2.9}$$

여기서 dV는 부피요소이고 V는 질량이 분포된 체적을 나타낸다. 식(7.2.7)은 다음과 같이 행렬 형태로 나타낼 수 있다.

$$\begin{pmatrix} L_x \\ L_y \\ L_z \end{pmatrix} = \begin{pmatrix} I_{xx} & I_{xy} & I_{xz} \\ I_{yx} & I_{yy} & I_{yz} \\ I_{zx} & I_{zy} & I_{zz} \end{pmatrix} \begin{pmatrix} \omega_x \\ \omega_y \\ \omega_z \end{pmatrix} \tag{7.2.10}$$

그러므로 각운동량의 z성분 L_z는 식(7.2.7) 또는 식(7.2.10)을 통해서 $L_z = I_{zx}\omega_x + I_{zy}\omega_y + I_{zz}\omega_z$로 주어지므로 각속도의 세 성분 ω_x, ω_y, ω_z 모두가 각운동량의 L_z 성분을 생성하는 것을 알 수가 있다. 이는 회전관성 $I_{ij}\,(=\overleftrightarrow{\mathrm{I}})$가 텐서이기 때문이다. 한편, 회전하는 강체의 운동에너지 K는

$$K = \frac{1}{2}\sum_{\alpha=1}^{N} m_\alpha \mathrm{v}_\alpha \cdot \mathrm{v}_\alpha = \frac{1}{2}\sum_{\alpha=1}^{N} m_\alpha \mathrm{v}_\alpha \cdot (\boldsymbol{\omega} \times \mathrm{r}_\alpha) \tag{7.2.11}$$

$$= \frac{1}{2}\sum_{\alpha=1}^{N} m_\alpha \boldsymbol{\omega} \cdot (\mathrm{r}_\alpha \times \mathrm{v}_\alpha) = \frac{1}{2}\boldsymbol{\omega} \cdot \sum_{\alpha=1}^{N} m_\alpha (\mathrm{r}_\alpha \times \mathrm{v}_\alpha)$$

$$= \frac{1}{2}\boldsymbol{\omega} \cdot \sum_{\alpha=1}^{N} \mathrm{r}_\alpha \times \mathrm{p}_\alpha = \frac{1}{2}\boldsymbol{\omega} \cdot \mathrm{L}$$

로 주어진다. 식(7.2.11)에서 두 번째 줄이 세 번째 줄로 갈 수 있는 이유는 둘째 줄의 삼중 스칼라곱이 $\mathrm{v}_\alpha \cdot (\boldsymbol{\omega} \times \mathrm{r}_\alpha) = \boldsymbol{\omega} \cdot (\mathrm{r}_\alpha \times \mathrm{v}_\alpha)$로 되기 때문이다.

델 연산자 $\nabla = \frac{\partial}{\partial x}\hat{\mathrm{e}}_x + \frac{\partial}{\partial y}\hat{\mathrm{e}}_y + \frac{\partial}{\partial z}\hat{\mathrm{e}}_z$와 속도 벡터 $\mathrm{v} = v_x\hat{\mathrm{e}}_x + v_y\hat{\mathrm{e}}_y + v_z\hat{\mathrm{e}}_z$를 결합하면 9개의 성분을 갖는 속도 그래디언트 텐서(velocity gradient tensor) $\nabla\mathrm{v}$를 얻을 수 있다. 데카르트 좌표계에서 표현하면 $\nabla\mathrm{v}$는 아래와 같이 주어진다.

$$\nabla\mathrm{v} = \frac{\partial v_x}{\partial x}\hat{\mathrm{e}}_x\hat{\mathrm{e}}_x + \frac{\partial v_x}{\partial y}\hat{\mathrm{e}}_x\hat{\mathrm{e}}_y + \frac{\partial v_x}{\partial z}\hat{\mathrm{e}}_x\hat{\mathrm{e}}_z \tag{7.2.12}$$

$$+ \frac{\partial v_y}{\partial x}\hat{\mathrm{e}}_y\hat{\mathrm{e}}_x + \frac{\partial v_y}{\partial y}\hat{\mathrm{e}}_y\hat{\mathrm{e}}_y + \frac{\partial v_y}{\partial z}\hat{\mathrm{e}}_y\hat{\mathrm{e}}_z$$

$$+ \frac{\partial v_z}{\partial x}\hat{\mathrm{e}}_z\hat{\mathrm{e}}_x + \frac{\partial v_z}{\partial y}\hat{\mathrm{e}}_z\hat{\mathrm{e}}_y + \frac{\partial v_z}{\partial z}\hat{\mathrm{e}}_z\hat{\mathrm{e}}_z$$

따라서 $\nabla\mathrm{v}$는 순위 2 텐서이며 벡터 ∇와 벡터 v의 다이애드곱이 된다. 속도 그래디언트 텐서를 간단히 표현하면

$$\nabla\mathrm{v} = \frac{\partial v_j}{\partial x_i}\hat{\mathrm{e}}_{x_i}\hat{\mathrm{e}}_{x_j} \tag{7.2.13}$$

와 같이 쓸 수 있다. 임의의 두 벡터 $\mathrm{A} = A_x\hat{\mathrm{e}}_x + A_y\hat{\mathrm{e}}_y + A_z\hat{\mathrm{e}}_z$와 $\mathrm{B} = B_x\hat{\mathrm{e}}_x + B_y\hat{\mathrm{e}}_y + B_z\hat{\mathrm{e}}_z$의 다이애드곱은 데카르트 좌표계에서의 표현으로 다음과 같이 된다.

$$\begin{aligned} \mathrm{AB} = & A_xB_x\hat{\mathrm{e}}_x\hat{\mathrm{e}}_x + A_xB_y\hat{\mathrm{e}}_x\hat{\mathrm{e}}_y + A_xB_z\hat{\mathrm{e}}_x\hat{\mathrm{e}}_z \\ & + A_yB_x\hat{\mathrm{e}}_y\hat{\mathrm{e}}_x + A_yB_y\hat{\mathrm{e}}_y\hat{\mathrm{e}}_y + A_yB_z\hat{\mathrm{e}}_y\hat{\mathrm{e}}_z \\ & + A_zB_x\hat{\mathrm{e}}_z\hat{\mathrm{e}}_x + A_zB_y\hat{\mathrm{e}}_z\hat{\mathrm{e}}_y + A_zB_z\hat{\mathrm{e}}_z\hat{\mathrm{e}}_z \end{aligned} \tag{7.2.14}$$

다이애드곱 AB를 $\mathrm{A}\otimes\mathrm{B}$로 표기하기도 한다. 예로, 다이애드곱 AB를 다른 벡터 C에 내적을 취해주면 $\mathrm{AB}\cdot\mathrm{C} = \mathrm{A}(\mathrm{B}\cdot\mathrm{C})$가 된다. 이제 압력 텐서(pressure tensor) $\overleftrightarrow{\mathrm{p}}$에 대하여 살펴보자. $\overleftrightarrow{\mathrm{p}}$는 9개의 성분을 갖는 순위 2 텐서로서

$$\begin{aligned} \overleftrightarrow{\mathrm{p}} = & p_{xx}\hat{\mathrm{e}}_x\hat{\mathrm{e}}_x + p_{xy}\hat{\mathrm{e}}_x\hat{\mathrm{e}}_y + p_{xz}\hat{\mathrm{e}}_x\hat{\mathrm{e}}_z \\ & + p_{yx}\hat{\mathrm{e}}_y\hat{\mathrm{e}}_x + p_{yy}\hat{\mathrm{e}}_y\hat{\mathrm{e}}_y + p_{yz}\hat{\mathrm{e}}_y\hat{\mathrm{e}}_z \\ & + p_{zx}\hat{\mathrm{e}}_z\hat{\mathrm{e}}_x + p_{zy}\hat{\mathrm{e}}_z\hat{\mathrm{e}}_y + p_{zz}\hat{\mathrm{e}}_z\hat{\mathrm{e}}_z \end{aligned} \tag{7.2.15}$$

와 같이 쓸 수 있다. 그러면 x방향에 수직인 면적 $dydz$에 작용하는 압력은 압력 텐서를 x방향으로 스칼라곱을 하여 얻을 수 있으므로 $\hat{\mathrm{e}}_x\cdot\overleftrightarrow{\mathrm{p}}$로 부터 구할 수 있다. 즉

$$\hat{\mathrm{e}}_x\cdot\overleftrightarrow{\mathrm{p}} = p_{xx}\hat{\mathrm{e}}_x + p_{xy}\hat{\mathrm{e}}_y + p_{xz}\hat{\mathrm{e}}_z \tag{7.2.16}$$

와 같이 되므로 면 $dydz$에 작용하는 압력은 면 위에서 세 방향으로 작용한다. $dydz$면에서 x방향으로 작용하는 압력(p_{xx})이 일반적 의미의 압력(pressure)이고, y와 z방향의 압력(p_{xy}, p_{xz})은 전단응력(shear stress)과 관련이 있다. 식(7.2.15)에 주어진 압력 텐서를 종종 응력텐서(stress tensor)라고 부르기도 한다. 한편, 면 $dydz$에 작용하는 힘 F는 다음과 같다.

$$\mathrm{F} = \left(\hat{\mathrm{e}}_x\cdot\overleftrightarrow{\mathrm{p}}\right)dydz = \left(p_{xx}\hat{\mathrm{e}}_x + p_{xy}\hat{\mathrm{e}}_y + p_{xz}\hat{\mathrm{e}}_z\right)dydz \tag{7.2.17}$$

마찬가지로 y방향에 수직인 면적 $dz\,dx$에 작용하는 압력 $\hat{\mathrm{e}}_y \cdot \overleftrightarrow{\mathrm{p}}$와 힘 G는 각각 아래와 같이 주어진다.

$$\hat{\mathrm{e}}_y \cdot \overleftrightarrow{\mathrm{p}} = p_{yx}\hat{\mathrm{e}}_x + p_{yy}\hat{\mathrm{e}}_y + p_{yz}\hat{\mathrm{e}}_z \tag{7.2.18}$$

$$\mathrm{G} = \left(\hat{\mathrm{e}}_y \cdot \overleftrightarrow{\mathrm{p}}\right)dz\,dx = \left(p_{yx}\hat{\mathrm{e}}_x + p_{yy}\hat{\mathrm{e}}_y + p_{yz}\hat{\mathrm{e}}_z\right)dz\,dx \tag{7.2.19}$$

마지막으로 z방향에 수직인 면적 $dx\,dy$에 작용하는 압력 $\hat{\mathrm{e}}_z \cdot \overleftrightarrow{\mathrm{p}}$와 힘 H는 각각 다음과 같다.

$$\hat{\mathrm{e}}_z \cdot \overleftrightarrow{\mathrm{p}} = p_{zx}\hat{\mathrm{e}}_x + p_{zy}\hat{\mathrm{e}}_y + p_{zz}\hat{\mathrm{e}}_z \tag{7.2.20}$$

$$\mathrm{H} = \left(\hat{\mathrm{e}}_z \cdot \overleftrightarrow{\mathrm{p}}\right)dx\,dy = \left(p_{zx}\hat{\mathrm{e}}_x + p_{zy}\hat{\mathrm{e}}_y + p_{zz}\hat{\mathrm{e}}_z\right)dx\,dy \tag{7.2.21}$$

이제 다음과 같이 정의된 텐서 $\overleftrightarrow{\mathrm{I}}$ 를 살펴보자.

$$\overleftrightarrow{\mathrm{I}} = \hat{\mathrm{e}}_x\hat{\mathrm{e}}_x + \hat{\mathrm{e}}_y\hat{\mathrm{e}}_y + \hat{\mathrm{e}}_z\hat{\mathrm{e}}_z \tag{7.2.22}$$

이 텐서를 행렬로 나타내면 대각선 방향의 성분은 1이고 그 외는 모두 0이 된다. 그러므로 크로네커 델타의 성질을 이용하여 $\overleftrightarrow{\mathrm{I}} = (\delta_{ij})$와 같이 쓸 수 있으며 (δ_{ij})는 다음 식과 같이 정의된다.

$$(\delta_{ij}) = \begin{pmatrix} 1 & 0 & 0 \\ 0 & 1 & 0 \\ 0 & 0 & 1 \end{pmatrix} \tag{7.2.23}$$

이러한 텐서를 **단위텐서**(unit tensor)라고 부른다. 단위텐서에 임의의 벡터 u를 스칼라곱을 하면

$$\overleftrightarrow{1} \cdot \mathrm{u} = \mathrm{u} = \mathrm{u} \cdot \overleftrightarrow{1} \tag{7.2.24}$$

와 같이 벡터 자신이 결과로 나오므로 단위텐서를 **항등텐서**(identity tensor)라고 부르기도 한다.

예제 7.2.1 단위텐서 $\overleftrightarrow{1}$와 임의의 벡터 u에 대하여 $\overleftrightarrow{1} \cdot \mathrm{u} = \mathrm{u}$를 증명하시오.

풀이 단위텐서 $\overleftrightarrow{1}$을 $\delta_{ij}\hat{\mathrm{e}}_i\hat{\mathrm{e}}_j$로 표현하면 다음과 같이 증명할 수 있다.

$$\delta_{ij}\hat{\mathrm{e}}_i\hat{\mathrm{e}}_j \cdot u_j\hat{\mathrm{e}}_j = \delta_{ij}u_j\hat{\mathrm{e}}_i(\hat{\mathrm{e}}_j \cdot \hat{\mathrm{e}}_j) = \delta_{ij}u_j\hat{\mathrm{e}}_i = u_j\hat{\mathrm{e}}_j \tag{7.2.25}$$

예제 7.2.2 임의의 벡터 A에 대하여 $\overleftrightarrow{1} \cdot \mathrm{A} = \mathrm{A} \cdot \overleftrightarrow{1}$를 증명하시오.

풀이 $\overleftrightarrow{1} \cdot \mathrm{A}$를 계산하면 $\overleftrightarrow{1} \cdot \mathrm{A} = \mathrm{A}$가 되는 것을 [예제 7.2.1]에서 증명하였다. 이를 아인슈타인 합 규약으로 나타내면 간단히 $\delta_{ij}A_j = A_i$가 된다. 이와 마찬가지로 $\mathrm{A} \cdot \overleftrightarrow{1}$를 계산해보면 $A_j\delta_{ji} = A_i$가 된다. 그러므로

$$\overleftrightarrow{1} \cdot \mathrm{A} = \mathrm{A} \cdot \overleftrightarrow{1} = \mathrm{A} \tag{7.2.26}$$

가 성립하는 것을 알 수 있다.

예제 7.2.3 단위텐서 $\overleftrightarrow{1}$에 대하여 $\overleftrightarrow{1} \cdot \overleftrightarrow{1} = \overleftrightarrow{1}$를 증명하시오.

풀이 $\overleftrightarrow{1} \cdot \overleftrightarrow{1}$를 계산해보면

$$\begin{aligned} \overleftrightarrow{1} \cdot \overleftrightarrow{1} &= (\hat{\mathrm{e}}_x\hat{\mathrm{e}}_x + \hat{\mathrm{e}}_y\hat{\mathrm{e}}_y + \hat{\mathrm{e}}_z\hat{\mathrm{e}}_z) \cdot (\hat{\mathrm{e}}_x\hat{\mathrm{e}}_x + \hat{\mathrm{e}}_y\hat{\mathrm{e}}_y + \hat{\mathrm{e}}_z\hat{\mathrm{e}}_z) \\ &= \hat{\mathrm{e}}_x\hat{\mathrm{e}}_x + \hat{\mathrm{e}}_y\hat{\mathrm{e}}_y + \hat{\mathrm{e}}_z\hat{\mathrm{e}}_z = \overleftrightarrow{1} \end{aligned} \tag{7.2.27}$$

이므로 $\overleftrightarrow{1} \cdot \overleftrightarrow{1} = \overleftrightarrow{1}$가 되는 것을 알 수 있다.

순위 2 텐서에 벡터를 스칼라곱을 하면 결과는 벡터이므로 이러한 텐서에 스칼라곱을 두 번 하면 결과는 스칼라가 나온다. 임의의 벡터 A와 B에 대하여 $\mathrm{A} \cdot \overleftrightarrow{\mathrm{I}} \cdot \mathrm{B}$를 계산하여 보면

$$\mathrm{A} \cdot \overleftrightarrow{\mathrm{I}} \cdot \mathrm{B} = \mathrm{A} \cdot \mathrm{B} \tag{7.2.28}$$

가 되므로 결과는 $\mathrm{A} \cdot \mathrm{B} = A_i B_i$인 스칼라이다. 식(7.2.11)에서 잠깐 소개되었던 강체의 운동에너지는 $\mathrm{L} = \overleftrightarrow{\mathrm{I}} \cdot \omega$를 이용하면 $K = \frac{1}{2}\omega \cdot \overleftrightarrow{\mathrm{I}} \cdot \omega$로 표현할 수 있으며 운동에너지는 스칼라임을 확인할 수 있다. 앞서 잠깐 살펴본 압력 텐서에 대해서도 면적에 작용하는 압력을 구할 때 $\mathrm{A} \cdot \overleftrightarrow{\mathrm{I}} \cdot \mathrm{B}$의 표현을 활용해 볼 수 있다. 임의의 단위벡터가 $\hat{\mathrm{e}}_n = n_x \hat{\mathrm{e}}_{nx} + n_y \hat{\mathrm{e}}_{ny} + n_z \hat{\mathrm{e}}_{nz}$로 주어졌을 때 $\hat{\mathrm{e}}_n$방향에 수직한 면적에 작용하는 압력은 $\hat{\mathrm{e}}_n \cdot \overleftrightarrow{\mathrm{p}}$로 주어진다고 식(7.2.16)에서 설명하였다. 그러므로 데카르트 좌표계에서 아래와 같은 관계를 얻을 수 있다.

$$p_{xn} \equiv \hat{\mathrm{e}}_x \cdot \overleftrightarrow{\mathrm{p}} \cdot \hat{\mathrm{e}}_n = p_{xx} n_x + p_{xy} n_y + p_{xz} n_z \tag{7.2.29}$$

$$p_{yn} \equiv \hat{\mathrm{e}}_y \cdot \overleftrightarrow{\mathrm{p}} \cdot \hat{\mathrm{e}}_n = p_{yx} n_x + p_{yy} n_y + p_{yz} n_z \tag{7.2.30}$$

$$p_{zn} \equiv \hat{\mathrm{e}}_z \cdot \overleftrightarrow{\mathrm{p}} \cdot \hat{\mathrm{e}}_n = p_{zx} n_x + p_{zy} n_y + p_{zz} n_z \tag{7.2.31}$$

식(7.2.29)-(7.2.31)의 행렬 표현으로는 다음과 같다.

$$\begin{pmatrix} p_{xn} \\ p_{yn} \\ p_{zn} \end{pmatrix} = \begin{pmatrix} p_{xx} & p_{xy} & p_{xz} \\ p_{yx} & p_{yy} & p_{yz} \\ p_{zx} & p_{zy} & p_{zz} \end{pmatrix} \begin{pmatrix} n_x \\ n_y \\ n_z \end{pmatrix} \tag{7.2.32}$$

예제 7.2.4 구면좌표계에서 위치벡터는 $\mathbf{r} = r\hat{\mathbf{e}}_r$이며 반지름 방향의 단위벡터는 $\hat{\mathbf{e}}_r = \sin\theta\cos\phi\hat{\mathbf{e}}_x + \sin\theta\sin\phi\hat{\mathbf{e}}_y + \cos\theta\hat{\mathbf{e}}_z$로 정의된다. 다이애드곱 $\hat{\mathbf{e}}_r\hat{\mathbf{e}}_r$을 구의 표면에서 적분한 면적분 텐서

$$\overleftrightarrow{\mathrm{J}} = \int_\Omega \hat{\mathbf{e}}_r\hat{\mathbf{e}}_r\, d\Omega$$

를 계산하시오.

풀이 다이애드곱은

$$\begin{aligned}\hat{\mathbf{e}}_r\hat{\mathbf{e}}_r &= \sin^2\theta\cos^2\phi\,\hat{\mathbf{e}}_x\hat{\mathbf{e}}_x + \sin^2\theta\sin^2\phi\,\hat{\mathbf{e}}_y\hat{\mathbf{e}}_y + \cos^2\theta\,\hat{\mathbf{e}}_z\hat{\mathbf{e}}_z \\ &+ \sin^2\theta\cos\phi\sin\phi\left(\hat{\mathbf{e}}_x\hat{\mathbf{e}}_y + \hat{\mathbf{e}}_y\hat{\mathbf{e}}_x\right) \\ &+ \sin\theta\cos\theta\sin\phi\left(\hat{\mathbf{e}}_y\hat{\mathbf{e}}_z + \hat{\mathbf{e}}_z\hat{\mathbf{e}}_y\right) \\ &+ \sin\theta\cos\theta\cos\phi\left(\hat{\mathbf{c}}_x\hat{\mathbf{c}}_z + \hat{\mathbf{c}}_z\hat{\mathbf{c}}_x\right)\end{aligned} \tag{7.2.33}$$

와 같이 계산된다. 이때 적분 텐서 $\overleftrightarrow{\mathrm{J}}$의 면적요소로서 입체각 $d\Omega = \sin\theta\, d\theta\, d\phi$을 사용하면

$$\overleftrightarrow{\mathrm{J}} = \int_\Omega \hat{\mathbf{e}}_r\hat{\mathbf{e}}_r\, d\Omega = \int_\Omega \hat{\mathbf{e}}_r\hat{\mathbf{e}}_r \sin\theta\, d\theta\, d\phi = \int_0^{2\pi} d\phi \int_0^\pi \sin\theta\, d\theta\, \hat{\mathbf{e}}_r\hat{\mathbf{e}}_r \tag{7.2.34}$$

이 된다. 극각(θ)과 방위각(ϕ)에 대한 적분은 아래와 같이 되는 것을 이용한다.

$$\int_0^{2\pi} \sin\phi\, d\phi = 0, \quad \int_0^{2\pi} \cos\phi\, d\phi = 0, \quad \int_0^{2\pi} \cos\phi\sin\phi\, d\phi = 0 \tag{7.2.35}$$

$$\int_0^{2\pi} \cos^2\phi\, d\phi \int_0^\pi \sin^3\theta\, d\theta = \frac{4\pi}{3} \tag{7.2.36}$$

$$\int_0^{2\pi} \sin^2\phi\, d\phi \int_0^\pi \sin^3\theta\, d\theta = \frac{4\pi}{3} \tag{7.2.37}$$

$$\int_0^{2\pi} d\phi \int_0^\pi \cos^2\theta\sin\theta\, d\theta = \frac{4\pi}{3} \tag{7.2.38}$$

따라서 적분 텐서는

$$\overleftrightarrow{\mathrm{J}} = \int_\Omega \hat{\mathbf{e}}_r\hat{\mathbf{e}}_r\, d\Omega = \frac{4\pi}{3}\left(\hat{\mathbf{e}}_x\hat{\mathbf{e}}_x + \hat{\mathbf{e}}_y\hat{\mathbf{e}}_y + \hat{\mathbf{e}}_z\hat{\mathbf{e}}_z\right) = \frac{4\pi}{3}\overleftrightarrow{\mathrm{1}} \tag{7.2.39}$$

가 되는 것을 알 수 있다.

세 개의 자유 지표를 가지는 순위 3 텐서에 대해서도 간단히 알아보자. 순위 3 텐서는 **트라이애드**(tryad)라고 한다. 세 개의 자유지표를 가지는 C_{ijk}의 경우에도 식(7.1.3)의 규칙에 따라 좌표변환을 아래와 같이 나타낼 수가 있다.

$$C_{ijk}{}' = a_{ip}\, a_{jq}\, a_{kr}\, C_{pqr} \tag{7.2.40}$$

이를 이용하여 레비-치비타 기호 ε_{ijk}가 좌표의 회전에 대하여 불변임을 증명해보도록 하자. 식(7.2.40)을 이용하면 레비-치비타 기호의 경우

$$\varepsilon_{ijk}{}' = a_{ip}\, a_{jq}\, a_{kr}\, \varepsilon_{pqr} \tag{7.2.41}$$

로 나타낼 수가 있다. 먼저 $i = 1,\ j = 2,\ k = 3$으로 놓고 123을 기준 순서로 정하자. 그러면 식(7.2.41)은 $\varepsilon_{123}{}' = a_{1p}\, a_{2q}\, a_{3r}\, \varepsilon_{pqr}$이 되는데 레비-치비타 기호의 지표가 서로 같지 않을 때에만 값이 존재한다는 성질을 이용하여 다음과 같이 전개할 수 있다.

$$\begin{aligned}
\varepsilon_{123}{}' &= a_{1p}\, a_{2q}\, a_{3r}\, \varepsilon_{pqr} \\
&= a_{11}\, a_{22}\, a_{33}\, \varepsilon_{123} + a_{11}\, a_{23}\, a_{32}\, \varepsilon_{132} + a_{12}\, a_{21}\, a_{33}\, \varepsilon_{213} \\
&\quad + a_{12}\, a_{23}\, a_{31}\, \varepsilon_{231} + a_{13}\, a_{21}\, a_{32}\, \varepsilon_{312} + a_{13}\, a_{22}\, a_{31}\, \varepsilon_{321} \\
&= a_{11}\, a_{22}\, a_{33} - a_{11}\, a_{23}\, a_{32} - a_{12}\, a_{21}\, a_{33} \\
&\quad + a_{12}\, a_{23}\, a_{31} + a_{13}\, a_{21}\, a_{32} - a_{13}\, a_{22}\, a_{31} \\
&= \begin{vmatrix} a_{11} & a_{12} & a_{13} \\ a_{21} & a_{22} & a_{23} \\ a_{31} & a_{32} & a_{33} \end{vmatrix} = 1 = \varepsilon_{123}
\end{aligned} \tag{7.2.42}$$

그러므로 레비-치비타의 지표가 중복되지 않을 때

$$\varepsilon_{123}{}' = \varepsilon_{123} \tag{7.2.43}$$

을 얻게 되므로 ε_{ijk}는 좌표의 회전에 대하여 불변임이 증명되었다.

예제 7.2.5 전기장 E(r), 전기퍼텐셜 ϕ(r), 전기전도도 $\overleftrightarrow{\sigma}$(r)에 대하여 다음 텐서들의 순위는 어떻게 되는지 조사하시오.

$$\nabla\phi, \quad \nabla \cdot \mathrm{E}, \quad \nabla\mathrm{E}, \quad \nabla \cdot \overleftrightarrow{\sigma}, \quad \nabla\overleftrightarrow{\sigma}$$

풀이 순위 0 텐서인 스칼라 퍼텐셜 ϕ(r), 순위 1 텐서인 전기장 E(r), 순위 2 텐서인 전기전도도 σ_{ij}(r)가 모두 위치벡터 r의 함수로 주어졌다고 하자. 그러면 $\nabla\phi = \frac{\partial\phi}{\partial x_i}$는 순위 1 텐서인 벡터가 되고, $\nabla \cdot \mathrm{E} = \frac{\partial E_i}{\partial x_i}$는 순위 0 텐서인 스칼라가 되며, $\nabla\mathrm{E} = \frac{\partial E_j}{\partial x_i}$는 순위 2 텐서가 되며, $\nabla \cdot \overleftrightarrow{\sigma} = \frac{\partial \sigma_{ij}}{\partial x_i}$는 순위 1 텐서인 벡터가 되며, $\nabla\overleftrightarrow{\sigma} = \frac{\partial \sigma_{ij}}{\partial x_k}$는 순위 3 텐서가 된다.

연습문제

7.1 xy평면상의 극좌표계에서 스칼라함수 $\phi(r,\theta)$에 대하여 그래디언트를 작용하여 $\nabla\phi$를 구하고 이것이 벡터가 됨을 보이시오.

7.2 xy평면상의 극좌표계에서 스칼라함수 $\phi(r,\theta)$에 대하여 라플라시안을 작용하여 $\nabla^2\phi$를 구하고 이것이 스칼라가 됨을 보이시오.

7.3 xy평면상의 극좌표계에서 벡터함수 $\mathbf{u}(r,\theta)=u_r\hat{\mathbf{e}}_r+u_\theta\hat{\mathbf{e}}_\theta$에 대하여 컬을 작용하여 $\nabla\times\mathbf{u}$를 구하고 이것이 벡터가 됨을 보이시오.

7.4 xy평면상의 극좌표계에서 벡터함수 $\mathbf{u}(r,\theta)=u_r\hat{\mathbf{e}}_r+u_\theta\hat{\mathbf{e}}_\theta$에 대하여 라플라시안을 작용하여 $\nabla^2\mathbf{u}$를 구하고 이것이 벡터가 됨을 보이시오.

7.5 xy평면상의 극좌표계에서 벡터함수 $\mathbf{u}(r,\theta)=u_r\hat{\mathbf{e}}_r+u_\theta\hat{\mathbf{e}}_\theta$에 대하여 그래디언트를 작용하여 다이애드곱 $\nabla\mathbf{u}$를 구하고 이것이 순위 2 텐서가 됨을 보이시오.

7.6 $r=(x_\ell x_\ell)^{1/2}$ $(\ell=i,j,k)$에 대하여 다음 식을 증명하시오. 단, $r\neq 0$이다.

$$\left(\nabla\frac{1}{r}\right)_i=\frac{\partial}{\partial x_i}\frac{1}{r}=-\frac{x_i}{r^3}$$

7.7 $r=(x_\ell x_\ell)^{1/2}$ $(\ell=i,j,k)$에 대하여 다음 식을 증명하시오. 단, $r\neq 0$이다.

$$\left(\nabla\nabla\frac{1}{r}\right)_{ij}=\frac{\partial}{\partial x_i}\frac{\partial}{\partial x_j}\frac{1}{r}=3\left(\frac{x_ix_j}{r^5}-\frac{\delta_{ij}}{3r^3}\right)$$

7.8 $r=(x_\ell x_\ell)^{1/2}$ $(\ell=i,j,k)$에 대하여 다음 식을 증명하시오. 단, $r\neq 0$이다.

$$\left(\nabla\nabla\nabla\frac{1}{r}\right)_{ijk}=\frac{\partial}{\partial x_i}\frac{\partial}{\partial x_j}\frac{\partial}{\partial x_k}\frac{1}{r}=-15\left(\frac{x_ix_jx_k}{r^7}-\frac{x_i\delta_{jk}+x_j\delta_{ki}+x_k\delta_{ij}}{5r^5}\right)$$

Chapter 08

벡터해석학의 응용

Applications of Vector Analysis

벡터해석에 대한 이해를 돕고자 물리학의 여러 분야에 적용되는 벡터의 응용 사례를 소개하고자 한다. 특히 물리학에 흥미를 가질 수 있도록 전자기학, 유체역학, 양자역학, 플라즈마 물리학, 고전역학, 자기유체역학, 응집물질물리학 등으로 분야를 나누어 다양한 예제를 중심으로 소개하고자 한다.

8.1 전자기학(Electromagnetism)

전자기학의 근간을 이루는 맥스웰 방정식을 MKS(SI) 단위계에서 미분형으로 나타내면 다음과 같이 주어진다.

$$\nabla \cdot \mathrm{E} = \frac{\rho}{\epsilon_0} \qquad \text{Gauss's law} \qquad (8.1.1)$$

$$\nabla \cdot \mathrm{B} = 0 \qquad \text{Gauss's law for magnetism} \qquad (8.1.2)$$

$$\nabla \times \mathrm{E} = -\frac{\partial \mathrm{B}}{\partial t} \qquad \text{Faraday's law} \qquad (8.1.3)$$

$$\nabla \times \mathrm{B} = \mu_0\left(\mathrm{J} + \epsilon_0 \frac{\partial \mathrm{E}}{\partial t}\right) \qquad \text{Ampère's law} \qquad (8.1.4)$$

여기서 E는 전기장, B는 자기장, ρ는 부피 전하밀도, J는 전류밀도, ϵ_0는 진공의 유전율, 그리고 μ_0는 진공의 투자율이다. 식(8.1.4)의 $\epsilon_0 \frac{\partial \mathrm{E}}{\partial t}$는 변위전류이다. 식(8.1.1)은 가우스 법칙, 식(8.1.2)는 자기장에 대한 가우스 법칙이라고 부른다. 식(8.1.3)은 패러데이 법칙이며, 식(8.1.4)는 앙페르 법칙이다. 맥스웰은 오랜 시간 동안에 연구되어 왔던 결과들을 통합하여 전기와 자기가 하나의 상호작용, 즉 전자기력에 의한 것임을 밝혔다. 전자기장이 파동의 형태로 진행한다는 것을 증명하였으며 빛도 전자기파라는 것을 밝혔다. 제5장에서 언급하였던 정전기학과 정자기학에서의 벡터의 응용을 이번 절에서 좀 더 자세히 학습해보자.

8.1.1 정전기학(Electrostatics)

정상상태(steady-state)에서 자기장의 시간변화율은 0이다. 즉, $\partial \mathrm{B}/\partial t = 0$이므로 식(8.1.3)으로부터 전기장 E의 컬은 0이 된다. 제3장에 소개된 벡터 항등식 $\nabla \times \nabla \phi = 0$에 의해서 전기장은

$$\mathrm{E} = -\nabla \phi \tag{8.1.5}$$

와 같이 스칼라 함수 ϕ의 그래디언트로 표시할 수 있으며, 여기서 ϕ를 정전기 퍼텐셜이라고 한다. 식(8.1.1)과 식(8.1.5)를 결합하면

$$\nabla^2 \phi = -\frac{\rho}{\epsilon_0} \tag{8.1.6}$$

와 같은 푸아송 방정식을 얻는다. 즉, 정전기학을 공부하는 데 필요한 기본방정식은 푸아송 방정식이고, 이는 맥스웰의 방정식 중에서 정상상태에서 전기장에 대한 두 식 $\nabla \cdot \mathrm{E} = \frac{\rho}{\epsilon_0}$와 $\nabla \times \mathrm{E} = 0$이 동등하다는 것을 의미한다. 그러므로 정전기학은 식(8.1.6)을 주어진 경계조건하에서 구하는 분야라고 할 수가 있다. 부피 전하밀도 ρ가 존재하지 않는 경우에는

$$\nabla^2 \phi = 0 \tag{8.1.7}$$

가 되는데, 이 식은 라플라스 방정식이다. 이제 몇 가지 예를 통하여 정전기학을 학습해 보자.

예제 8.1.1 N 개의 점전하 $q_i (i = 1, 2, 3, \cdots, N)$가 각각 $\mathbf{r}_i (i = 1, 2, 3, \cdots, N)$의 위치에 분포하고 있다. 위치 $\mathbf{r}$에서의 전기장을 구하시오.

풀이 부피 전하밀도 ρ는 3차원 디랙 델타함수를 이용하여 $\rho = \sum_{i=1}^{N} q_i \delta(\mathbf{r} - \mathbf{r}_i)$로 나타낼 수 있다. 따라서 푸아송 방정식은

$$\nabla^2 \phi(\mathbf{r}) = -\frac{1}{\epsilon_0} \sum_{i=1}^{N} q_i \delta(\mathbf{r} - \mathbf{r}_i) \tag{8.1.8}$$

가 된다. 제5장에서 학습한 바와 같이 $\frac{1}{r}$에 라플라스 연산자 $\nabla^2 (= \nabla \cdot \nabla)$를 적용하면 $\nabla^2 \frac{1}{r} = -4\pi\delta(\mathbf{r})$가 되므로 $\sum_{i=1}^{N} \delta(\mathbf{r} - \mathbf{r}_i) = -\nabla^2 \left(\frac{1}{4\pi} \sum_{i=1}^{N} \frac{1}{|\mathbf{r} - \mathbf{r}_i|} \right)$로 나타낼 수가 있다. 그러므로 N개의 점전하 $q_i (i = 1, 2, 3, \cdots, N)$로 이루어진 계에서 위치 $\mathbf{r}$에서의 정전기 퍼텐셜 ϕ, 즉 식 (8.1.8)의 해는

$$\phi(\mathbf{r}) = \frac{1}{4\pi\epsilon_0} \sum_{i=1}^{N} \frac{q_i}{|\mathbf{r} - \mathbf{r}_i|} \tag{8.1.9}$$

가 된다. 이를 이용하면 N개의 점전하 $q_i (i = 1, 2, 3, \cdots, N)$로 이루어진 계에서 위치 $\mathbf{r}$에서의 전기장을 구할 수 있다. 즉, $\mathbf{E} = -\nabla\phi$로부터 전기장은

$$\mathbf{E}(\mathbf{r}) = \frac{1}{4\pi\epsilon_0} \sum_{i=1}^{N} \frac{q_i (\mathbf{r} - \mathbf{r}_i)}{|\mathbf{r} - \mathbf{r}_i|^3} \tag{8.1.10}$$

가 된다.

예제 8.1.2 부피 V 내에 연속 전하분포를 갖는 전하밀도 $\rho(\mathbf{r}')$가 존재할 때 위치 r에서의 전기장을 구하시오.

풀이 [예제 8.1.1]의 결과를 이용하여 전하를 $q_i \to \Delta V_i \rho(\mathbf{r}_i)$로 놓을 수가 있다. 여기서 ΔV_i는 부피요소이며 $\Delta V_i \to 0$인 극한을 취하면 원점으로부터 위치 r에서의 정전기 퍼텐셜 ϕ는

$$\phi(\mathbf{r}) = \frac{1}{4\pi\epsilon_0}\int_V \frac{\rho(\mathbf{r}')}{|\mathbf{r}-\mathbf{r}'|}d^3r' \tag{8.1.11}$$

와 같이 주어지고, 위치 r에서의 전기장은 $\mathbf{E} = -\nabla\phi$임을 이용하여

$$\mathbf{E}(\mathbf{r}) = \frac{1}{4\pi\epsilon_0}\int_V \frac{\rho(\mathbf{r}')(\mathbf{r}-\mathbf{r}')}{|\mathbf{r}-\mathbf{r}'|^3}d^3r' \tag{8.1.12}$$

와 같이 구할 수 있다. 식(8.1.11)이 연속 전하분포를 갖는 계에서의 푸아송 방정식의 해가 되는지 확인해 보자. 식(8.1.11)에 라플라스 연산자가 작용하면

$$\begin{aligned}\nabla^2\phi(\mathbf{r}) &= \frac{1}{4\pi\epsilon_0}\int_V \nabla^2\frac{\rho(\mathbf{r}')}{|\mathbf{r}-\mathbf{r}'|}d^3r' \\ &= \frac{1}{4\pi\epsilon_0}\int_V \rho(\mathbf{r}')[-4\pi\delta(\mathbf{r}-\mathbf{r}')]d^3r' \\ &= -\frac{\rho(\mathbf{r})}{\epsilon_0}\end{aligned} \tag{8.1.13}$$

가 되어 식(8.1.6)을 얻을 수 있다. 그러므로 식(8.1.11)은 연속 전하분포를 갖는 계에서의 푸아송 방정식의 해가 된다.

8.1.2 정자기학(Magnetostatics)

정상상태에서 전기장은 시간에 의존하지 않는다. 즉, $\partial\mathbf{E}/\partial t = 0$이므로 식(8.1.4)는 $\nabla\times\mathbf{B} = \mu_0\mathbf{J}$가 된다. 벡터 항등식 $\nabla\cdot\nabla\times\mathbf{A} = 0$을 이용하면 식(8.1.2)로부터 자기장 B는

$$\mathbf{B} = \nabla\times\mathbf{A} \tag{8.1.14}$$

와 같이 되는 것을 알 수 있다. 여기서 A는 벡터 퍼텐셜이라고 하는 벡터 함수이다. 식(8.1.14)와 앙페르 법칙 $\nabla\times\mathrm{B} = \mu_0\mathrm{J}$를 결합하면

$$\nabla\times\nabla\times\mathrm{A} = \mu_0\mathrm{J} \tag{8.1.15}$$

가 된다. 식(8.1.15)의 좌변을 레비-치비타 기호 ε_{ijk}를 사용하여 전개해보자. 좌변 $\nabla\times\nabla\times\mathrm{A}$의 i성분은 $[\nabla\times(\nabla\times\mathrm{A})]_i = \varepsilon_{ijk}\frac{\partial}{\partial x_j}(\nabla\times\mathrm{A})_k$이고, $(\nabla\times\mathrm{A})_k = \varepsilon_{klm}\frac{\partial}{\partial x_l}A_m$이므로 다음과 같이 계산할 수 있다.

$$\begin{aligned}[\nabla\times(\nabla\times\mathrm{A})]_i &= \varepsilon_{ijk}\frac{\partial}{\partial x_j}\varepsilon_{klm}\frac{\partial}{\partial x_l}A_m = \frac{\partial}{\partial x_j}\varepsilon_{ijk}\varepsilon_{lmk}\frac{\partial}{\partial x_l}A_m \\ &= \frac{\partial}{\partial x_j}(\delta_{il}\delta_{jm} - \delta_{im}\delta_{jl})\frac{\partial}{\partial x_l}A_m = \frac{\partial}{\partial x_j}\frac{\partial}{\partial x_i}A_j - \frac{\partial}{\partial x_j}\frac{\partial}{\partial x_j}A_i \\ &= [\nabla(\nabla\cdot\mathrm{A})]_i - [(\nabla\cdot\nabla)\mathrm{A}]_i\end{aligned} \tag{8.1.16}$$

그러므로 식(8.1.15)는

$$\nabla^2\mathrm{A} - \nabla(\nabla\cdot\mathrm{A}) = -\mu_0\mathrm{J} \tag{8.1.17}$$

와 같이 전개된다.

식(8.1.17)에서 $\nabla\cdot\mathrm{A} = 0$이 되는 경우를 조사해보자. 이를 위해 벡터 퍼텐셜 A를 $\mathrm{A}' = \mathrm{A} + \nabla\xi$로 치환을 하자. ξ는 임의의 스칼라 함수이다. 그러면 새로운 벡터 퍼텐셜 A′에 대응되는 자기장 B′은 $\mathrm{B}' = \nabla\times\mathrm{A}' = \nabla\times(\mathrm{A} + \nabla\xi) = \mathrm{B} + \nabla\times\nabla\xi$이 되는데 벡터 항등식 $\nabla\times\nabla\xi = 0$에 의해 $\mathrm{B}' = \mathrm{B}$가 된다. 즉 치환하여 생성된 새로운 벡터 퍼텐셜 A′에 대한 자기장과 치환하기 전의 벡터 퍼텐셜 A에 대한 자기장은 동일하다. 그러므로 벡터 퍼텐셜은 새로운 벡터 퍼텐셜 $\mathrm{A}' = \mathrm{A} + \nabla\xi$로 치환을 해도 물리적으로 변화는 전혀 없다는 것을 알 수 있다. 이를 이용하여 식(8.1.17)에서 $\nabla\cdot\mathrm{A} \neq 0$인 경우에도 새로운 벡터 퍼텐셜 A′에 대해서 항상 $\nabla\cdot\mathrm{A}' = 0$이 되게 만들어 줄 수가 있다. 만약 $\nabla\cdot\mathrm{A} \neq 0$ 일 때 $\nabla\cdot\mathrm{A}' = 0$이 되게 하려면 $\nabla\cdot\mathrm{A}' = 0 = \nabla\cdot(\mathrm{A} + \nabla\xi)$에서

$$\nabla^2 \xi = -\nabla \cdot \mathrm{A} = -\alpha\,(\neq 0) \tag{8.1.18}$$

를 만족하는 스칼라 함수 ξ를 구하면 된다. 이러한 것을 전자기학에서 쿨롱 게이지라고 한다. 그러므로 식(8.1.17)에서 항상 $\nabla \cdot \mathrm{A} = 0$이 되도록 쿨롱 게이지를 적용하면 식(8.1.17)은 다음과 같이 간략하게 쓸 수 있다.

$$\nabla^2 \mathrm{A} = -\mu_0 \mathrm{J} \tag{8.1.19}$$

이 식은 벡터 미분방정식이며 데카르트 좌표계에서 각 성분은

$$\nabla^2 A_i = -\mu_0 J_i \quad (i = x, y, z) \tag{8.1.20}$$

가 된다. 이 식으로부터 전류밀도의 i성분 J_i는 벡터 퍼텐셜의 i성분 A_i를 만드는 것을 알 수가 있다. 식(8.1.20)은 식(8.1.6)의 푸아송 방정식과 같은 형태이다. 그러므로 [예제 8.1.2]에서 사용한 방법을 적용하면 연속전류 분포 $\mathrm{J}(\mathrm{r}')$의 경우 식(8.1.19)의 해 $\mathrm{A}(\mathrm{r})$은 다음과 같이 주어진다.

$$\mathrm{A}(\mathrm{r}) = \frac{\mu_0}{4\pi}\int_V \frac{\mathrm{J}(\mathrm{r}')}{|\mathrm{r}-\mathrm{r}'|} d^3r' \tag{8.1.21}$$

그리고 위치 r에서의 자기장은 $\mathrm{B} = \nabla \times \mathrm{A}$를 이용하여 다음과 같은 결과를 얻을 수 있다.

$$\mathrm{B}(\mathrm{r}) = \frac{\mu_0}{4\pi}\int_V \frac{\mathrm{J}(\mathrm{r}') \times (\mathrm{r}-\mathrm{r}')}{|\mathrm{r}-\mathrm{r}'|^3} d^3r' \tag{8.1.22}$$

식(8.1.22)가 전도 전류에 의해 생성되는 자기장은 전류의 방향과 수직이고 전류로부터의 거리에 역제곱에 비례한다는 유명한 비오-사바르 법칙(Biot-Savart's law)이다. 그리고 맥스웰 방정식으로부터 항상 $\nabla \cdot \mathrm{B} = 0$이므로 자기장 B를 $\mathrm{B} = \nabla\alpha \times \nabla\beta$의 형태로 쓸 수 있다. 여기서 α와 β는 스칼라 함수이다. $\nabla \cdot (\nabla\alpha \times \nabla\beta) = 0$의 증명은 제3장의 연습문제 3.10에 의하여 쉽게 보일 수 있다. 또한 자기장 B는 $\nabla\alpha$와 $\nabla\beta$가 이루는 면에 수직하므로 $\mathrm{B} \cdot \nabla\alpha = 0$과 $\mathrm{B} \cdot \nabla\beta = 0$을 만족하는 것도 쉽게 알 수 있다.

8.1.3 전자기파(Electromagnetic waves)

전하와 전류가 없는 진공의 경우에 대해 생각해보자. 이 경우에 맥스웰 방정식은 아래와 같이 주어진다.

$$\nabla \cdot \mathrm{E} = 0 \tag{8.1.23}$$

$$\nabla \cdot \mathrm{B} = 0 \tag{8.1.24}$$

$$\nabla \times \mathrm{E} = -\frac{\partial \mathrm{B}}{\partial t} \tag{8.1.25}$$

$$\nabla \times \mathrm{B} = \mu_0 \epsilon_0 \frac{\partial \mathrm{E}}{\partial t} \tag{8.1.26}$$

먼저 전기장 E와 관련된 파동을 고려하기 위하며 식(8.1.25)에 컬을 작용시키고 식(8.1.26)을 적용하면 아래와 같이 된다.

$$\nabla \times \nabla \times \mathrm{E} = -\nabla \times \frac{\partial \mathrm{B}}{\partial t} = -\frac{\partial}{\partial t} \nabla \times \mathrm{B} = -\epsilon_0 \mu_0 \frac{\partial^2 \mathrm{E}}{\partial t^2} \tag{8.1.27}$$

이 식의 좌변은 $\nabla \times (\nabla \times \mathrm{E}) = \nabla(\nabla \cdot \mathrm{E}) - \nabla^2 \mathrm{E}$ 으로 전개되고 식(8.1.23)의 전기장에 대한 가우스 법칙을 적용하여 정리하면

$$\nabla^2 \mathrm{E} = \epsilon_0 \mu_0 \frac{\partial^2 \mathrm{E}}{\partial t^2} = \frac{1}{c^2} \frac{\partial^2 \mathrm{E}}{\partial t^2} \tag{8.1.28}$$

가 되는 것을 알 수 있다. 이 식을 전기장에 대한 파동방정식이라 한다. 여기서 $c = 1/\sqrt{\epsilon_0 \mu_0}$ 는 진공중의 빛의 속도를 나타낸다. 이제 자기장 B와 관련된 파동을 고려하기 위하며 식(8.1.26)에 컬을 작용하고 식(8.1.25)를 이용하면

$$\nabla\times\nabla\times\mathbf{B} = \epsilon_0\mu_0\nabla\times\frac{\partial\mathbf{E}}{\partial t} = \epsilon_0\mu_0\frac{\partial}{\partial t}\nabla\times\mathbf{E} = -\epsilon_0\mu_0\frac{\partial^2\mathbf{B}}{\partial t^2} \tag{8.1.29}$$

가 된다. 이 식의 좌변은 $\nabla\times(\nabla\times\mathbf{B}) = \nabla(\nabla\cdot\mathbf{B}) - \nabla^2\mathbf{B}$로 전개되고 식(8.1.24)를 적용하여 정리하면

$$\nabla^2\mathbf{B} = \epsilon_0\mu_0\frac{\partial^2\mathbf{B}}{\partial t^2} = \frac{1}{c^2}\frac{\partial^2\mathbf{B}}{\partial t^2} \tag{8.1.30}$$

가 되어 자기장에 대한 파동방정식을 얻게 된다. 식(8.1.28)과 식(8.1.30)으로부터 전기장 E와 자기장 B가 같은 형태의 파동방정식을 만족함을 알 수가 있다. 그러므로

$$\nabla^2\begin{pmatrix}\mathbf{E}\\ \mathbf{B}\end{pmatrix} = \frac{1}{c^2}\frac{\partial^2}{\partial t^2}\begin{pmatrix}\mathbf{E}\\ \mathbf{B}\end{pmatrix} \tag{8.1.31}$$

와 같이 쓸 수 있으며 라플라시안 ∇^2와 시간 미분 연산자 $\frac{1}{c^2}\frac{\partial^2}{\partial t^2}$를 결합한 연산자를

$$\nabla^2 - \frac{1}{c^2}\frac{\partial^2}{\partial t^2} \equiv \Box^2 \tag{8.1.32}$$

으로 정의할 수 있는데 이를 달랑베르 연산자(d'Alembert operator) 또는 달랑베리안(d'Alembertian)이라고 한다.

예제 8.1.3 전자기파의 분산관계식을 유도하고 진공에서 빛(전자기파)의 위상 속력($\omega/k = c$)과 군속력($d\omega/dk = c$)이 모두 일정함을 보이시오.

풀이 식(8.1.31)에서 전기장과 자기장의 진동이 $e^{i(\mathbf{k}\cdot\mathbf{r}-\omega t)}$에 비례하는 경우 $\mathbf{E}(\mathbf{r},t) = \mathbf{a}e^{i(\mathbf{k}\cdot\mathbf{r}-\omega t)}$, $\mathbf{B}(\mathbf{r},t) = \mathbf{b}e^{i(\mathbf{k}\cdot\mathbf{r}-\omega t)}$로 쓸 수 있다. 여기서 k는 파수벡터(wave vector), ω는 각진동수(angular frequency)이고, a와 b는 상수 벡터이다. 전기장과 자기장에 다이버전스($\nabla\cdot$)를 작용시키면

$$\nabla \cdot \mathbf{E}(\mathbf{r},t) = \nabla \cdot \left[\mathbf{a}e^{i(\mathbf{k}\cdot\mathbf{r}-\omega t)}\right] \tag{8.1.33}$$
$$= (\nabla \cdot \mathbf{a})e^{i(\mathbf{k}\cdot\mathbf{r}-\omega t)} + \left[\nabla e^{i(\mathbf{k}\cdot\mathbf{r}-\omega t)}\right]\cdot \mathbf{a}$$
$$= i\mathbf{k}\cdot\mathbf{a}e^{i(\mathbf{k}\cdot\mathbf{r}-\omega t)} = i\mathbf{k}\cdot\mathbf{E}(\mathbf{r},t)$$
$$\nabla \cdot \mathbf{B}(\mathbf{r},t) = \nabla \cdot \left[\mathbf{b}e^{i(\mathbf{k}\cdot\mathbf{r}-\omega t)}\right] \tag{8.1.34}$$
$$= (\nabla \cdot \mathbf{b})e^{i(\mathbf{k}\cdot\mathbf{r}-\omega t)} + \left[\nabla e^{i(\mathbf{k}\cdot\mathbf{r}-\omega t)}\right]\cdot \mathbf{b}$$
$$= i\mathbf{k}\cdot\mathbf{b}e^{i(\mathbf{k}\cdot\mathbf{r}-\omega t)} = i\mathbf{k}\cdot\mathbf{B}(\mathbf{r},t)$$

가 되므로 ∇의 연산 결과가 $i\mathbf{k}$로 되는 것을 알 수 있다. 그러므로 전기장과 자기장에 라플라시안을 걸어주면 다음과 같이 된다.

$$\nabla^2\mathbf{E}(\mathbf{r},t) = \nabla\cdot\nabla\mathbf{E}(\mathbf{r},t) = (i\mathbf{k}\cdot i\mathbf{k})\mathbf{E}(\mathbf{r},t) = -k^2\mathbf{E}(\mathbf{r},t) \tag{8.1.35}$$
$$\nabla^2\mathbf{B}(\mathbf{r},t) = \nabla\cdot\nabla\mathbf{B}(\mathbf{r},t) = (i\mathbf{k}\cdot i\mathbf{k})\mathbf{B}(\mathbf{r},t) = -k^2\mathbf{B}(\mathbf{r},t) \tag{8.1.36}$$

전기장과 자기장에 시간에 대한 편미분 $\partial/\partial t$을 하면

$$\frac{\partial}{\partial t}\mathbf{E}(\mathbf{r},t) = \frac{\partial}{\partial t}\left[\mathbf{a}e^{i(\mathbf{k}\cdot\mathbf{r}-\omega t)}\right] = -i\omega\mathbf{a}e^{i(\mathbf{k}\cdot\mathbf{r}-\omega t)} = -i\omega\mathbf{E}(\mathbf{r},t) \tag{8.1.37}$$
$$\frac{\partial}{\partial t}\mathbf{B}(\mathbf{r},t) = \frac{\partial}{\partial t}\left[\mathbf{b}e^{i(\mathbf{k}\cdot\mathbf{r}-\omega t)}\right] = -i\omega\mathbf{b}e^{i(\mathbf{k}\cdot\mathbf{r}-\omega t)} = -i\omega\mathbf{B}(\mathbf{r},t) \tag{8.1.38}$$

가 되어 $\partial/\partial t \to -i\omega$가 되는 것을 알 수 있다. 그러므로 $\partial^2/\partial t^2$을 하면

$$\frac{\partial^2}{\partial t^2}\mathbf{E}(\mathbf{r},t) = \frac{\partial^2}{\partial t^2}\left[\mathbf{a}e^{i(\mathbf{k}\cdot\mathbf{r}-\omega t)}\right] = (-i\omega)^2\mathbf{a}e^{i(\mathbf{k}\cdot\mathbf{r}-\omega t)} = -\omega^2\mathbf{E}(\mathbf{r},t) \tag{8.1.39}$$
$$\frac{\partial^2}{\partial t^2}\mathbf{B}(\mathbf{r},t) = \frac{\partial^2}{\partial t^2}\left[\mathbf{b}e^{i(\mathbf{k}\cdot\mathbf{r}-\omega t)}\right] = (-i\omega)^2\mathbf{b}e^{i(\mathbf{k}\cdot\mathbf{r}-\omega t)} = -\omega^2\mathbf{B}(\mathbf{r},t) \tag{8.1.40}$$

가 되며 식(8.1.31)은

$$\left(\nabla^2 - \frac{1}{c^2}\frac{\partial^2}{\partial t^2}\right)\begin{pmatrix}\mathbf{E}\\ \mathbf{B}\end{pmatrix} = \left[-k^2 - \frac{1}{c^2}(-\omega^2)\right]\begin{pmatrix}\mathbf{E}\\ \mathbf{B}\end{pmatrix} = 0 \tag{8.1.41}$$

와 같이 되며 이로부터 다음과 같은 중요한 관계식을 얻을 수 있다.

$$\frac{\omega^2}{c^2} = k^2 \tag{8.1.42}$$

이 식이 전자기파의 분산관계식이며 진공에서 빛(전자기파)의 위상속력($\omega/k = c$)과 군속력($d\omega/dk = c$)이 모두 일정함을 보여주고 있다.

예제 8.1.4 전자기파의 자기장 $\mathbf{B}(\mathbf{r}, t)$이 파수벡터 $\mathbf{k}$와 전기장 $\mathbf{E}(\mathbf{r}, t)$에 모두 수직하다는 것을 보이시오.

풀이 전기장과 자기장이 $\mathbf{E}(\mathbf{r}, t) = \mathbf{a}\, e^{i(\mathbf{k} \cdot \mathbf{r} - \omega t)}$, $\mathbf{B}(\mathbf{r}, t) = \mathbf{b}\, e^{i(\mathbf{k} \cdot \mathbf{r} - \omega t)}$로 주어진 [예제 8.1.3]의 전자기파의 경우에 식(8.1.2)의 $\nabla \cdot \mathbf{B} = 0$는

$$i\mathbf{k} \cdot \mathbf{B} = 0 \tag{8.1.43}$$

에 해당이 되므로 파수 벡터 $\mathbf{k}$가 자기장 $\mathbf{B}(\mathbf{r}, t)$에 수직한 것을 알 수 있다. 그리고 패러데이 법칙으로 부터

$$i\mathbf{k} \times \mathbf{E} = -(-i\omega)\mathbf{B} = i\omega \mathbf{B} \tag{8.1.44}$$

가 되므로 자기장은 파수 벡터와 전기장이 만드는 평면에 수직한 것을 알 수 있다. 진공 중의 앙페르 법칙으로 부터

$$i\mathbf{k} \times \mathbf{B} = \mu_0 \epsilon_0 (-i\omega)\mathbf{E} \tag{8.1.45}$$

가 되는 것을 알 수 있다. 그러므로 전기장은 파수벡터와 자기장이 만드는 평면에 수직하다. 따라서 이 결과로부터 진공 중에서는 파수벡터 $\mathbf{k}$는 전기장 $\mathbf{E}(\mathbf{r}, t)$와 자기장 $\mathbf{B}(\mathbf{r}, t)$에 모두 수직이고, 전기장 $\mathbf{E}(\mathbf{r}, t)$은 자기장 $\mathbf{B}(\mathbf{r}, t)$과 파수벡터 $\mathbf{k}$에 모두 수직이며, 또한 자기장 $\mathbf{B}(\mathbf{r}, t)$이 파수벡터 $\mathbf{k}$와 전기장 $\mathbf{E}(\mathbf{r}, t)$에 모두 수직하다는 것을 알 수 있다. 즉, $\mathbf{E}(\mathbf{r}, t)$, $\mathbf{B}(\mathbf{r}, t)$, $\mathbf{k}$는 서로 수직이다.

8.2 유체역학(Fluid dynamics)

가우스 정리를 유체역학 문제에 적용해보자. 어떤 벡터 함수를 임의의 상수 벡터 $\mathbf{a}$와 스칼라 함수 $A(x, y, z)$를 써서 $\mathbf{A}(x, y, z) = \mathbf{a}\, A(x, y, z)$로 나타낼 수 있다고 하자. 함수 $\mathbf{A}(x, y, z)$에 가우스 정리를 적용하면

$$\oint_S \mathbf{A} \cdot d\sigma = \int_V \nabla \cdot \mathbf{A}\, d^3 r \tag{8.2.1}$$

이 된다. 여기서 $d\sigma$는 면적요소 벡터이고 $d^3r(=dV)$은 부피요소이다. 그리고 S는 부피 V를 둘러싸는 전체 면적을 나타낸다. 그러면 $\nabla \cdot \mathrm{A} = \nabla \cdot (\mathrm{a}A) = \mathrm{a} \cdot \nabla A$가 되므로 식(8.2.1)은

$$\mathrm{a} \cdot \oint_S A\, d\sigma = \mathrm{a} \cdot \int_V \nabla A\, d^3r \tag{8.2.2}$$

와 같이 된다. 여기서 a는 임의의 상수 벡터이므로 다음의 식이 성립한다.

$$\oint_S A\, d\sigma = \int_V \nabla A\, d^3r \tag{8.2.3}$$

이제 유체내의 임의의 부피 V를 생각해 보자. 부피 내부의 압력을 p라고 하면 이 부피에 작용하는 힘은 $-\oint_S p\, d\sigma$가 된다. 식(8.2.3)을 적용하면 압력에 대한 면적분을 아래와 같이 부피적분으로 나타낼 수 있다.

$$-\oint_S p\, d\sigma = -\int_V \nabla p\, d^3r \tag{8.2.4}$$

식(8.2.4)로부터 임의의 부피요소 d^3r을 둘러싸는 유체에 작용하는 힘은 $-\nabla p\, d^3r$가 됨을 알 수가 있다. 이를 부피요소 d^3r로 나누면, 유체의 단위체적당 작용하는 힘은 $-\nabla p$가 된다. 유체의 밀도를 ρ, 속도를 v라 하면 단위체적당 작용하는 힘은 뉴턴의 제2법칙(Newton's second law)을 적용하여

$$\rho \frac{d\mathrm{v}}{dt} = -\nabla p \tag{8.2.5}$$

와 같이 된다. 이것은 유체내의 부피요소의 운동방정식(equation of motion)이다.

예제 8.2.1 유체가 xy평면상에서 원점을 중심으로 반지름이 r인 원주 상을 반시계방향으로 속력 v로 흐르고 있다고 하자. 이때 반지름의 변화에 대한 압력의 변화율 $\partial p/\partial r$을 구하시오.

풀이 원점을 중심으로 반지름이 r인 원주 상을 반시계방향으로 흐르는 유체의 속도는 $\mathrm{v} = v\hat{\mathrm{e}}_v$로 주어진다. 여기서 $\hat{\mathrm{e}}_v$는 접선 방향의 속도 단위 벡터로서 제6장에서 소개된 원통좌표계에서의 방위각 방향의 단위벡터 $\hat{\mathrm{e}}_\phi$에 해당된다. 그러므로 식(8.2.5)로부터 운동방정식은

$$\rho\frac{d}{dt}\left(v\hat{\mathrm{e}}_v\right) = \rho\frac{dv}{dt}\hat{\mathrm{e}}_v + \rho v\frac{d\hat{\mathrm{e}}_v}{dt} = -\nabla p \tag{8.2.6}$$

와 같이 쓸 수 있다. [예제 6.3.3]을 참고하면 방위각 방향의 단위벡터 $\hat{\mathrm{e}}_\phi(=\hat{\mathrm{e}}_v)$와 반지름 방향의 단위벡터 $\hat{\mathrm{e}}_r$와의 관계가 $d\hat{\mathrm{e}}_v = -\hat{\mathrm{e}}_r d\phi$이고 호의 길이는 $ds = r d\phi$가 됨을 알 수 있으므로 $\frac{d\hat{\mathrm{e}}_v}{dt}$는

$$\frac{d\hat{\mathrm{e}}_v}{dt} = -\hat{\mathrm{e}}_r\frac{d\phi}{dt} = -\frac{1}{r}\frac{ds}{dt}\hat{\mathrm{e}}_r = -\frac{v}{r}\hat{\mathrm{e}}_r \tag{8.2.7}$$

가 된다. 그러므로 운동방정식은 다음과 같이 된다.

$$\rho\frac{d}{dt}\left(v\hat{\mathrm{e}}_v\right) = \rho\frac{dv}{dt}\hat{\mathrm{e}}_v - \rho\frac{v^2}{r}\hat{\mathrm{e}}_r = -\nabla p \tag{8.2.8}$$

식 (8.2.8)에 $\hat{\mathrm{e}}_v$를 스칼라곱을 하면 $\hat{\mathrm{e}}_v \cdot \hat{\mathrm{e}}_r = 0$이므로 운동방정식은

$$\rho\frac{dv}{dt}\hat{\mathrm{e}}_v \cdot \hat{\mathrm{e}}_v = \rho\frac{\partial v}{\partial s}\frac{ds}{dt} = \rho\mathrm{v}\cdot\frac{\partial \mathrm{v}}{\partial s} = -\nabla p \cdot \hat{\mathrm{e}}_v = -\frac{\partial p}{\partial s} \tag{8.2.9}$$

가 된다. 여기서 $ds/dt = v$이므로

$$\rho v\frac{\partial v}{\partial s} = -\frac{\partial p}{\partial s} \tag{8.2.10}$$

를 얻는다. 식(8.2.8)에 $\hat{\mathrm{e}}_r$을 스칼라곱을 하면

$$-\rho\frac{v^2}{r}\hat{\mathrm{e}}_r \cdot \hat{\mathrm{e}}_r = -\nabla p \cdot \hat{\mathrm{e}}_r = -\frac{\partial p}{\partial r} \tag{8.2.11}$$

이 된다. 그러므로 반지름의 변화에 대한 압력의 변화율을 다음과 같이 구할 수 있다.

$$\frac{\partial p}{\partial r} = \rho\frac{v^2}{r} \tag{8.2.12}$$

유체의 속도는 시간과 공간의 함수가 되므로 $\mathbf{v} = \mathbf{v}(x, y, z, t)$로 쓰고 시간에 대한 전미분(total time derivative) d/dt를 수행하면

$$\frac{d}{dt}\mathbf{v}(x, y, z, t) = \frac{\partial \mathbf{v}}{\partial t} + \frac{\partial \mathbf{v}}{\partial x}\frac{dx}{dt} + \frac{\partial \mathbf{v}}{\partial y}\frac{dy}{dt} + \frac{\partial \mathbf{v}}{\partial z}\frac{dz}{dt} = \frac{\partial \mathbf{v}}{\partial t} + (\mathbf{v} \cdot \nabla)\mathbf{v} \tag{8.2.13}$$

가 되는데 이를 라그랑지안 시간미분(Lagrangian time derivative), 물질 시간미분(material time derivative) 또는 대류 시간미분(convective time derivative)이라 부르며 유체역학에서 매우 중요한 개념이다. 그러므로 속도 $\mathbf{v}$로 움직이는 계에서 시간에 대한 전미분은 다음과 같이 표현된다.

$$\frac{d}{dt} = \frac{\partial}{\partial t} + \mathbf{v} \cdot \nabla \tag{8.2.14}$$

여기서 $\partial/\partial t$를 오일러 시간미분(Eulerian time derivative)이라 하고 고정된 위치에서의 시간 변화율을 나타낸다. $\mathbf{v} \cdot \nabla$는 대류항(convective term)을 구성하는 스칼라 미분연산자인데 대류연산자(convective operator)라고 한다. 대류항은 유체를 따라가면서 생기는 물리량의 변화를 나타낸다. 그러므로 전미분 d/dt는 유체의 흐름을 따라가면서 측정한 시간적 변화를 의미한다. 식(8.2.5)와 식(8.2.14)를 결합하면

$$\frac{\partial \mathbf{v}}{\partial t} + (\mathbf{v} \cdot \nabla)\mathbf{v} = -\frac{1}{\rho}\nabla p \tag{8.2.15}$$

와 같은 식을 얻을 수 있는데 이를 오일러 방정식(Euler's equation)이라 한다. 유체의 밀도 ρ가 균일한 경우, 이를 비압축성 유체(incompressible fluid)라고 한다. 식(8.2.15)에서 비선형 항인 $(\mathbf{v} \cdot \nabla)\mathbf{v}$를 다른 형태로 바꾸어 보기 위하여, 먼저 $\mathbf{v} \times (\nabla \times \mathbf{v})$를 전개하여 보자. 레비-치비타 기호 ε_{ijk}를 사용하여 $[\mathbf{v} \times (\nabla \times \mathbf{v})]_i$를 나타내면

$$[\mathbf{v}\times(\nabla\times\mathbf{v})]_i = \varepsilon_{ijk}v_j(\nabla\times\mathbf{v})_k = \varepsilon_{ijk}v_j\varepsilon_{klm}\frac{\partial}{\partial x_l}v_m \tag{8.2.16}$$

$$= v_j\varepsilon_{ijk}\varepsilon_{lmk}\frac{\partial}{\partial x_l}v_m = v_j(\delta_{il}\delta_{jm} - \delta_{im}\delta_{jl})\frac{\partial}{\partial x_l}v_m$$

$$= v_j\frac{\partial}{\partial x_i}v_j - v_j\frac{\partial}{\partial x_j}v_i = \frac{1}{2}\frac{\partial}{\partial x_i}(v_jv_j) - v_j\frac{\partial}{\partial x_j}v_i$$

$$= \left[\nabla\left(\frac{1}{2}\mathbf{v}\cdot\mathbf{v}\right)\right]_i - [(\mathbf{v}\cdot\nabla)\mathbf{v}]_i$$

로 쓸 수 있다. 그러므로 비선형 항 $(\mathbf{v}\cdot\nabla)\mathbf{v}$는 다음과 같이 주어진다.

$$(\mathbf{v}\cdot\nabla)\mathbf{v} = \nabla\left(\frac{1}{2}\mathbf{v}\cdot\mathbf{v}\right) - \mathbf{v}\times(\nabla\times\mathbf{v}) \tag{8.2.17}$$

식(8.2.15)에 위의 관계식을 적용하고 $\omega = \nabla\times\mathbf{v}$로 놓으면 오일러 방정식은

$$\frac{\partial\mathbf{v}}{\partial t} + \nabla\left(\frac{1}{2}\mathbf{v}\cdot\mathbf{v}\right) - \mathbf{v}\times\omega = -\frac{1}{\rho}\nabla p \tag{8.2.18}$$

와 같이 된다. 여기서 $\omega(=\nabla\times\mathbf{v})$ 는 와도(vorticity, 소용돌이도)라고 정의되는 양이다. 밀도가 일정한 비압축성 유체의 경우에, 식(8.2.18)의 양변에 컬을 적용하면 벡터 항등식에 의해서 $\nabla\times\nabla\left(\frac{1}{2}\mathbf{v}\cdot\mathbf{v}\right) = 0$ 및 $\nabla\times\nabla p = 0$이 되므로, 아래의 식을 얻을 수가 있다.

$$\frac{\partial\omega}{\partial t} - \nabla\times(\mathbf{v}\times\omega) = \frac{\partial}{\partial t}(\nabla\times\mathbf{v}) - \nabla\times[\mathbf{v}\times(\nabla\times\mathbf{v})] = 0 \tag{8.2.19}$$

이 식을 와도 방정식(vorticity equation)이라고 부른다. 이 식은 단지 속도만으로 이루어진 형태를 지니고 있다는 점이 특이하다.

이번에는 질량 보존에 대하여 생각해보자. 어느 부피 내에서 유체의 흐름으로 인하여 시간적으로 질량이 감소한다면 이를 다음과 같은 식으로 쓸 수 있다.

$$\frac{d}{dt}\int_V \rho\, d^3r = -\oint_S \rho \mathrm{v} \cdot d\boldsymbol{\sigma} \tag{8.2.20}$$

여기서 식(8.2.1)의 가우스 정리를 이용하면 식(8.2.20)은 다음과 같이 모두 부피적분으로 표현 할 수 있다.

$$\int_V \frac{\partial \rho}{\partial t} d^3r = -\int_V \nabla \cdot (\rho \mathrm{v})\, d^3r \tag{8.2.21}$$

식(8.2.21)의 우변의 $\rho\mathrm{v}$는 질량선속(mass flux)을 나타낸다. 여기서 V가 임의의 부피이므로 다음과 같이 질량 보존을 나타내는 연속방정식을 얻을 수 있다.

$$\frac{\partial \rho}{\partial t} + \nabla \cdot (\rho \mathrm{v}) = 0 \tag{8.2.22}$$

식(8.2.22)를 전개하면

$$\frac{\partial \rho}{\partial t} + \rho \nabla \cdot \mathrm{v} + (\mathrm{v} \cdot \nabla)\rho = 0 \tag{8.2.23}$$

가 되는데 라그랑지안 시간미분이 $\partial/\partial t + \mathrm{v} \cdot \nabla = d/dt$로 주어지므로 식(8.2.23)은 아래와 같이 나타낼 수 있다.

$$\frac{d\rho}{dt} + \rho \nabla \cdot \mathrm{v} = 0 \tag{8.2.24}$$

그러므로 밀도 ρ가 일정한 경우에 연속 방정식은 다음과 같이 간단한 형태가 된다.

$$\nabla \cdot \mathrm{v} = 0 \tag{8.2.25}$$

이제 식(8.2.19)의 $\nabla \times (\mathrm{v} \times \omega)$를 레비-치비타 기호를 이용하여 전개하여 보자.

$$[\nabla\times(\mathbf{v}\times\boldsymbol{\omega})]_i = \varepsilon_{ijk}\frac{\partial}{\partial x_j}(\mathbf{v}\times\boldsymbol{\omega})_k = \varepsilon_{ijk}\frac{\partial}{\partial x_j}\varepsilon_{klm}v_l\omega_m \tag{8.2.26}$$

$$= \varepsilon_{ijk}\varepsilon_{lmk}\frac{\partial}{\partial x_j}(v_l\omega_m) = (\delta_{il}\delta_{jm} - \delta_{im}\delta_{jl})\left(\frac{\partial v_l}{\partial x_j}\omega_m + v_l\frac{\partial \omega_m}{\partial x_j}\right)$$

$$= \frac{\partial v_i}{\partial x_j}\omega_j + v_i\frac{\partial \omega_j}{\partial x_j} - \frac{\partial v_j}{\partial x_j}\omega_i - v_j\frac{\partial \omega_i}{\partial x_j}$$

$$= [(\boldsymbol{\omega}\cdot\nabla)\mathbf{v}]_i + [\mathbf{v}(\nabla\cdot\boldsymbol{\omega})]_i - [\boldsymbol{\omega}(\nabla\cdot\mathbf{v})]_i - [(\mathbf{v}\cdot\nabla)\boldsymbol{\omega}]_i$$

여기서 $\omega = \nabla\times\mathbf{v}$이므로 $\nabla\cdot\omega = 0$이 되고 밀도가 일정한 경우에는 $\nabla\cdot\mathbf{v} = 0$이므로 식(8.2.19)는 다음과 같은 형태로 쓸 수 있다.

$$\frac{\partial\boldsymbol{\omega}}{\partial t} + (\mathbf{v}\cdot\nabla)\omega = (\omega\cdot\nabla)\mathbf{v} \tag{8.2.27}$$

또한 유체가 비압축성이고 비회전 유동(irrotational flow)인 경우에 $\nabla\times\mathbf{v}(=\omega) = 0$이 되므로 식(8.2.18)은

$$\frac{\partial\mathbf{v}}{\partial t} = -\nabla\left(\frac{1}{2}v^2 + \frac{p}{\rho}\right) \tag{8.2.28}$$

와 같이 된다. 정상상태일 때 $\partial\mathbf{v}/\partial t = 0$이므로, 식(8.2.28)로부터 아래와 같은 조건을 얻게 된다.

$$\frac{1}{2}\rho v^2 + p = \text{constant} \tag{8.2.29}$$

만약 중력에 의한 외력이 존재한다면, 단위체적당 힘 $\mathbf{f}(=\mathbf{F}/V)$은

$$\mathbf{f} = \rho\mathbf{g} = -\nabla(U/V) \tag{8.2.30}$$

가 되며 여기서 V는 체적, $\mathbf{g}$는 중력가속도, $U(=mgz)$는 중력 퍼텐셜 에너지, m은 질량, 그리고 z는 수직 높이를 나타낸다. 그러므로 중력 퍼텐셜이 존재하는 경우에 식

(8.2.29)는 다음과 같이 된다.

$$\frac{1}{2}\rho v^2 + p + \rho g z = \text{constant} \tag{8.2.31}$$

이 식은 잘 알려진 베르누이 방정식(Bernoulli's equation)이다.

유체의 점성(viscosity)이 존재하는 경우에는 식(8.2.15)의 우변에 점성항 $\eta\nabla^2\mathbf{v}$을 추가하여

$$\rho\frac{\partial \mathbf{v}}{\partial t} + \rho(\mathbf{v}\cdot\nabla)\mathbf{v} = -\nabla p + \eta\nabla^2\mathbf{v} \tag{8.2.32}$$

와 같이 쓸 수 있다. 여기서 η를 역학점도(dynamic viscosity)라 하고 역학점도를 밀도로 나눈 양 $\mu(=\eta/\rho)$를 동점도(kinetic viscosity)라고 한다. 식(8.2.32)가 유체역학에서 널리 쓰이는 유명한 나비에-스토크스 방정식(Navier-Stokes equation)이다. 나비에-스토크스 방정식에서 관성항인 $\rho(\mathbf{v}\cdot\nabla)\mathbf{v}$와 점성항인 $\eta\nabla^2\mathbf{v}$의 비를 레이놀즈 수(Reynolds number) Re로 정의하며 다음과 같이 된다.

$$\frac{|\rho(\mathbf{v}\cdot\nabla)\mathbf{v}|}{|\eta\nabla^2\mathbf{v}|} \approx \frac{\rho v^2}{\eta v/L} = \frac{\rho v L}{\eta} = \frac{vL}{\mu} = Re \tag{8.2.33}$$

여기서 L은 시스템의 특성길이(characteristic length)이다. 식(8.2.32)에서 레이놀즈 수가 $Re \gg 1$이 되는 경우는 관성항 $\rho(\mathbf{v}\cdot\nabla)\mathbf{v}$이 가장 중요한 역할을 한다. 만약 유체의 흐름이 정상 흐름이고 관성항인 비선형 파트 $\rho(\mathbf{v}\cdot\nabla)\mathbf{v}$가 점성항 $\eta\nabla^2\mathbf{v}$ 보다 매우 작게 되면 레이놀즈 수가 $Re \ll 1$이 되어 나비에-스토크스 방정식은

$$0 = -\nabla p + \eta\nabla^2\mathbf{v} \tag{8.2.34}$$

와 같이 근사적으로 표현되는데 이 식을 스토크스 방정식(Stokes' equation)이라고 하며 미세유체학(microfluidics) 분야에서 많이 사용하는 방정식이다. 식(8.2.34)의 양변에 컬을 해주면 $\nabla\times\nabla p = 0$이 되므로

$$\nabla^2 \omega = 0 \tag{8.2.35}$$

이 되는데, 이는 ω에 대한 벡터 라플라스 방정식(vector Laplace's equation) 형태가 된다. 반면에 속도가 시간 의존성이 있는 경우에는 나비에-스토크스 방정식은 다음과 같은 시간 종속 스토크스 방정식(time-dependent Stokes' equation)이 된다.

$$\rho \frac{\partial \mathbf{v}}{\partial t} = -\nabla p + \eta \nabla^2 \mathbf{v} \tag{8.2.36}$$

예제 8.2.2 유체의 밀도가 일정한 경우 시간 종속 스토크스 방정식

$$\rho \frac{\partial \mathbf{v}}{\partial t} = -\nabla p + \eta \nabla^2 \mathbf{v}$$

을 라플라스 방정식의 형태로 바꾸시오.

풀이 시간 종속 스토크스 방정식의 양변에 컬을 하면 $\nabla \times \nabla p = 0$이 되므로

$$\frac{\partial \omega}{\partial t} = \mu \nabla^2 \omega \tag{8.2.37}$$

를 얻는다. 이 식은 추후에 우리가 다룰 수리물리학 시리즈 <미분방정식과 응용>에서 확산방정식(diffusion equation), 열전도방정식(heat-conduction equation)과 같은 행태를 가지고 있음이 흥미롭다. 그러므로 m^2/s의 단위를 가지는 동점도 $\mu(=\eta/\rho)$는 점성확산계수(viscous diffusivity)에 해당된다. 그리고 시간 종속 스토크스 방정식의 양변에 다이버전스를 취하면

$$\rho \frac{\partial}{\partial t}(\nabla \cdot \mathbf{v}) = -\nabla \cdot \nabla p + \eta \nabla^2 (\nabla \cdot \mathbf{v}) \tag{8.2.38}$$

와 같이 된다. 밀도가 일정한 경우에는 식(8.2.24)의 연속 방정식으로부터 $\nabla \cdot \mathbf{v} = 0$이 되므로 식(8.2.38)은

$$\nabla^2 p = 0 \tag{8.2.39}$$

이 된다. 그러므로 시간 종속 스토크스 방정식은 p에 대한 라플라스 방정식이다.

예제 8.2.3 위치 벡터 r에 대하여 유체입자(fluid particle)의 속도와 가속도가 각각 v(r)과 a(r)로 주어졌을 때 가속도 a를 속도 v를 사용하여 표현하시오.

풀이 연쇄법칙(chain rule)을 적용하면

$$\mathbf{a} = \frac{\partial \mathbf{v}}{\partial x}\frac{dx}{dt} + \frac{\partial \mathbf{v}}{\partial y}\frac{dy}{dt} + \frac{\partial \mathbf{v}}{\partial z}\frac{dz}{dt} \tag{8.2.40}$$

$$= v_x \frac{\partial \mathbf{v}}{\partial x} + v_y \frac{\partial \mathbf{v}}{\partial y} + v_z \frac{\partial \mathbf{v}}{\partial z}$$

$$= (\mathbf{v} \cdot \nabla)\mathbf{v}$$

와 같이 된다.

8.3 양자역학(Quantum mechanics)

질량이 m인 입자에 대한 시간 종속 슈뢰딩거 방정식(time-dependent Schrödinger's equation)은

$$-\frac{\hbar^2}{2m}\nabla^2\Psi + V(r)\Psi = i\hbar\frac{\partial \Psi}{\partial t} = E\Psi \tag{8.3.1}$$

로 주어진다. 여기서 $\hbar$는 플랑크 상수(Planck's constant)이고, $V(r)$는 퍼텐셜 에너지, E는 총에너지, 그리고 $\Psi = \Psi(\mathbf{r}, t)$는 위치와 시간을 변수로 하는 파동함수이다. 식 (8.3.1)의 첫 번째 항인 $-\frac{\hbar^2}{2m}\nabla^2$는 운동에너지 연산자(kinetic energy operator)이다. 이는 운동량 연산자(momentum operator) $\mathbf{p}_{op}$가

$$\mathbf{p}_{op} = \frac{\hbar}{i}\nabla \tag{8.3.2}$$

로 주어지므로 운동에너지 연산자가 $K_{op} = \frac{p_{op}^2}{2m} = -\frac{\hbar^2}{2m}\nabla^2$로 되기 때문이다. 퍼텐셜 에너지가 없는($V = 0$) 자유입자(free particle)의 경우에는 식(8.3.1)이 다음과 같이 된다.

$$-\frac{\hbar^2}{2m}\nabla^2\Psi = i\hbar\frac{\partial\Psi}{\partial t} \tag{8.3.3}$$

이때 파동함수를 $\Psi(\mathbf{r}, t)$를 위치 변수($\mathbf{r}$)와 시간 변수(t)로 분리를 하면

$$\Psi(\mathbf{r}, t) = \psi(\mathbf{r})e^{-iEt/\hbar} \tag{8.3.4}$$

가 되는데 여기서 E는 에너지로서 $E = \frac{\hbar^2 k^2}{2m}$가 되고 k는 파수이다. 식(8.3.3)에서 $\psi(\mathbf{r})$는 위치에만 의존하는 파동함수이고 $e^{-iEt/\hbar}$는 시간 변화 연산자(time evolution operator)이다. 식(8.3.4)를 식(8.3.3)에 대입하여 정리하면

$$(\nabla^2 + k^2)\psi(\mathbf{r}) = 0 \tag{8.3.5}$$

가 되는데, 이러한 형태는 잘 알려진 헬름홀츠 방정식(Helmholtz's equation)이다.

예제 8.3.1 헬름홀츠 방정식 $(\nabla^2 + k^2)\psi(\mathbf{r}) = 0$의 해가 3차원 평면파(plane wave)가 됨을 보이시오.

풀이 $\nabla e^{i\mathbf{k}\cdot\mathbf{r}}$을 계산하면

$$\nabla e^{i\mathbf{k}\cdot\mathbf{r}} = i\mathbf{k}\,e^{i\mathbf{k}\cdot\mathbf{r}} \tag{8.3.6}$$

가 되므로 $e^{i\mathbf{k}\cdot\mathbf{r}}$의 라플라시안은

$$\nabla\cdot\nabla e^{i\mathbf{k}\cdot\mathbf{r}} = \nabla^2 e^{i\mathbf{k}\cdot\mathbf{r}} = (i\mathbf{k}\cdot i\mathbf{k})\,e^{i\mathbf{k}\cdot\mathbf{r}} = -k^2 e^{i\mathbf{k}\cdot\mathbf{r}} \tag{8.3.7}$$

이다. 그러므로 $e^{i\mathbf{k}\cdot\mathbf{r}}$는 아래와 같이 헬름홀츠 방정식을 만족한다.

$$(\nabla^2 + k^2)e^{i\mathbf{k}\cdot\mathbf{r}} = 0 \tag{8.3.8}$$

마찬가지 방법으로 함수 $e^{-i\mathbf{k}\cdot\mathbf{r}}$도 헬름홀츠 방정식을 만족하는 해가 됨을 알 수가 있다. 그러므로 파동함수 $\psi(\mathbf{r})$가 3차원 평면파인 $e^{i\mathbf{k}\cdot\mathbf{r}}$ 또는 $e^{-i\mathbf{k}\cdot\mathbf{r}}$가 된다는 것을 알 수 있다.

제6장의 식(6.4.14)으로부터 구면좌표계에서 라플라스 연산자 ∇^2가 다음과 되는 것을 알 수 있다.

$$\begin{aligned}\nabla^2 &= \frac{1}{r^2\sin\theta}\left[\frac{\partial}{\partial r}\left(r^2\sin\theta\frac{\partial}{\partial r}\right) + \frac{\partial}{\partial\theta}\left(\sin\theta\frac{\partial}{\partial\theta}\right) + \frac{\partial}{\partial\phi}\left(\frac{1}{\sin\theta}\frac{\partial}{\partial\phi}\right)\right] \\ &= \frac{1}{r^2}\frac{\partial}{\partial r}\left(r^2\frac{\partial\psi}{\partial r}\right) - \frac{1}{\hbar^2 r^2}L_{op}^2\end{aligned} \tag{8.3.9}$$

여기서 $L_{op}^2 = \mathbf{L}_{op}\cdot\mathbf{L}_{op}$ 이며 $\mathbf{L}_{op}$는 각운동량 연산자(angular momentum operator)이며 다음과 같이 정의된다.

$$\mathbf{L}_{op} = \mathbf{r}\times\mathbf{p}_{op} = \frac{\hbar}{i}\mathbf{r}\times\nabla \tag{8.3.10}$$

그러므로 식(8.3.1)의 슈뢰딩거 방정식은 구면좌표계에서

$$-\frac{\hbar^2}{2m}\frac{1}{r^2}\frac{\partial}{\partial r}\left(r^2\frac{\partial\psi}{\partial r}\right) + \frac{1}{2mr^2}L_{op}^2\psi + V(r)\psi = E\psi \tag{8.3.11}$$

와 같이 쓸 수 있다.

예제 8.3.2 식(8.3.10)에서 L_{op}의 성분을 구하시오.

풀이 각운동량 연산자 L_{op}가 $\mathrm{L}_{op} = \mathrm{r} \times \mathrm{p}_{op}$로 주어지므로 이를 행렬식 형태로 쓰면

$$\mathrm{L}_{op} = \frac{\hbar}{i}\mathrm{r} \times \nabla = \frac{\hbar}{i}\begin{vmatrix} \hat{\mathrm{e}}_x & \hat{\mathrm{e}}_y & \hat{\mathrm{e}}_z \\ x & y & z \\ \dfrac{\partial}{\partial x} & \dfrac{\partial}{\partial y} & \dfrac{\partial}{\partial z} \end{vmatrix} \tag{8.3.12}$$

가 되므로 각운동량 연산자 L_{op}의 각 성분은 다음과 같이 주어진다.

$$L_{x,op} = \frac{\hbar}{i}\left(y\frac{\partial}{\partial z} - z\frac{\partial}{\partial y}\right) \tag{8.3.13}$$

$$L_{y,op} = \frac{\hbar}{i}\left(z\frac{\partial}{\partial x} - x\frac{\partial}{\partial z}\right) \tag{8.3.14}$$

$$L_{z,op} = \frac{\hbar}{i}\left(x\frac{\partial}{\partial y} - y\frac{\partial}{\partial x}\right) \tag{8.3.15}$$

8.4 플라즈마 물리학(Plasma physics)

입자의 속도 분포함수(velocity distribution function)를 $f(\mathrm{r}, \mathrm{v}, t)$라 하면 시간 t일 때 부피요소 d^3r 내에서 속도 v와 $\mathrm{v} + d\mathrm{v}$ 사이에 존재하는 입자의 수는 $f(\mathrm{r}, \mathrm{v}, t)\, d^3r\, d^3v$로 표현된다. 여기서 d^3v는 속도공간에서의 부피요소이다. 데카르트 좌표계에서 d^3r과 d^3v는 각각 $d^3r = dx\,dy\,dz$ 및 $d^3v = dv_x\,dv_y\,dv_z$로 놓을 수 있다. 이러한 공간에서 입자의 밀도 $n(\mathrm{r}, t)$는

$$n(\mathrm{r}, t) = \int f(\mathrm{r}, \mathrm{v}, t)\, d^3v \tag{8.4.1}$$

와 같이 정의된다. 총 입자의 수 $N(t)$는 밀도를 배위공간에 대해 적분하면 되므로

$$N(t) = \int n(\mathrm{r}, t)\, d^3 r = \iint f(\mathrm{r}, \mathrm{v}, t)\, d^3 r\, d^3 v \tag{8.4.2}$$

가 된다. 통계역학에서 충돌을 포함하는 3차원 볼츠만 방정식(Boltzmann equation)은 입자의 속도 분포함수 $f(\mathrm{r}, \mathrm{v}, t)$를 이용하여 다음과 같이 쓸 수 있다.

$$\frac{\partial}{\partial t} f(\mathrm{r}, \mathrm{v}, t) + (\mathrm{v} \cdot \nabla_{\mathrm{r}}) f(\mathrm{r}, \mathrm{v}, t) + (\mathrm{a} \cdot \nabla_{\mathrm{v}}) f(\mathrm{r}, \mathrm{v}, t) = \left(\frac{\partial f}{\partial t} \right)_c \tag{8.4.3}$$

여기서 ∇_{r}는 위치벡터 $\mathrm{r} = x\hat{\mathrm{e}}_x + y\hat{\mathrm{e}}_y + z\hat{\mathrm{e}}_z$에 작용하는 델 연산자이고

$$\nabla_{\mathrm{r}} = \frac{\partial}{\partial x}\hat{\mathrm{e}}_x + \frac{\partial}{\partial y}\hat{\mathrm{e}}_y + \frac{\partial}{\partial z}\hat{\mathrm{e}}_z \tag{8.4.4}$$

와 같이 된다. ∇_{v}는 속도 $\mathrm{v} = v_x\hat{\mathrm{e}}_x + v_y\hat{\mathrm{e}}_y + v_z\hat{\mathrm{e}}_z$에 작용하는 델 연산자로서

$$\nabla_{\mathrm{v}} = \frac{\partial}{\partial v_x}\hat{\mathrm{e}}_x + \frac{\partial}{\partial v_y}\hat{\mathrm{e}}_y + \frac{\partial}{\partial v_z}\hat{\mathrm{e}}_z \tag{8.4.5}$$

를 의미한다. ∇_{v} 연산자 앞에 스칼라곱이 되어 있는 a는 입자의 가속도로서 $\mathrm{a} = a_x\hat{\mathrm{e}}_x + a_y\hat{\mathrm{e}}_y + a_z\hat{\mathrm{e}}_z$로 쓸 수 있다. 식(8.4.3)의 우변에 있는 $(\partial f/\partial t)_c$는 충돌에 의해서 얻거나 잃어버리는 입자를 나타내는 충돌 항(collision term)을 나타낸다. 식(8.4.3)의 좌변에서 미분 연산자가 포함된 두 번째 및 세 번째 항들은 각각

$$(\mathrm{v} \cdot \nabla_{\mathrm{r}}) f(\mathrm{r}, \mathrm{v}, t) = v_x \frac{\partial f}{\partial x} + v_y \frac{\partial f}{\partial y} + v_z \frac{\partial f}{\partial z} \tag{8.4.6}$$

$$(\mathrm{a} \cdot \nabla_{\mathrm{v}}) f(\mathrm{r}, \mathrm{v}, t) = a_x \frac{\partial f}{\partial v_x} + a_y \frac{\partial f}{\partial v_y} + a_z \frac{\partial f}{\partial v_z} \tag{8.4.7}$$

와 같이 쓸 수 있다.

예제 8.4.1 충돌이 없는 경우에 3차원 볼츠만 방정식을 구하시오.

풀이 입자의 속도 분포 함수가 $f(\mathrm{r}, \mathrm{v}, t) = f(x, y, z, v_x, v_y, v_y, t)$이므로 이를 시간에 대하여 미분 하면

$$\frac{df}{dt} = \frac{\partial f}{\partial t} + \frac{\partial f}{\partial x}\frac{\partial x}{\partial t} + \frac{\partial f}{\partial y}\frac{\partial y}{\partial t} + \frac{\partial f}{\partial z}\frac{\partial z}{\partial t} + \frac{\partial f}{\partial v_x}\frac{\partial v_x}{\partial t} + \frac{\partial f}{\partial v_y}\frac{\partial v_y}{\partial t} + \frac{\partial f}{\partial v_z}\frac{\partial v_z}{\partial t} \tag{8.4.8}$$

$$= \frac{\partial f}{\partial t} + (\mathrm{v} \cdot \nabla_{\mathrm{r}})f + \left(\frac{d\mathrm{v}}{dt} \cdot \nabla_{\mathrm{v}}\right)f$$

가 되는데 이것은 식(8.4.3)에 주어진 볼츠만 방정식의 좌변과 같다. 그러므로 만약 입자의 충돌이 없거나 충돌이 무시될 수 있는 경우라면 볼츠만 방정식은

$$\frac{\partial}{\partial t}f(\mathrm{r}, \mathrm{v}, t) + (\mathrm{v} \cdot \nabla_{\mathrm{r}})f(\mathrm{r}, \mathrm{v}, t) + (\mathrm{a} \cdot \nabla_{\mathrm{v}})f(\mathrm{r}, \mathrm{v}, t) = 0 \tag{8.4.9}$$

가 되며 이를 간단히 다음과 같이 쓰기도 한다.

$$\frac{df}{dt} = 0 \tag{8.4.10}$$

그러므로 충돌이 없는 경우이거나 충돌을 무시하면 속도 분포 함수 $f(\mathrm{r}, \mathrm{v}, \mathrm{t})$의 시간에 대한 전미분은 항상 0이 된다.

전기장 E와 자기장 B가 존재하는 공간에서 질량 m, 전하 q인 입자가 속도 v로 운동한다면 로렌츠 힘(Lorentz force)

$$\mathrm{F}_L = m\frac{d\mathrm{v}}{dt} = q(\mathrm{E} + \mathrm{v} \times \mathrm{B}) \tag{8.4.11}$$

가 입자에 작용한다. 입자의 충돌을 무시한다면 식(8.4.9)로부터

$$\frac{\partial}{\partial t}f(\mathrm{r}, \mathrm{v}, t) + (\mathrm{v} \cdot \nabla_{\mathrm{r}})f(\mathrm{r}, \mathrm{v}, t) + \frac{q}{m}\left[(\mathrm{E} + \mathrm{v} \times \mathrm{B}) \cdot \nabla_{\mathrm{v}}\right]f(\mathrm{r}, \mathrm{v}, t) = 0 \tag{8.4.12}$$

와 같이 쓸 수 있다. 이 식은 플라즈마 물리학에서 블라소프 방정식(Vlasov equation)

이라고 하며 무충돌 볼츠만 방정식(collisionless Boltzmann equation)으로도 불린다. 로렌츠 힘의 양변에 속도를 스칼라곱을 해주면 일률(power)을 구할 수 있는데 $(\mathrm{v}\times\mathrm{B})\cdot\mathrm{v}=0$이 되므로 일률은

$$\mathrm{F}_L\cdot\mathrm{v}=m\frac{d\mathrm{v}}{dt}\cdot\mathrm{v}=\frac{d}{dt}\left(\frac{1}{2}mv^2\right)$$
$$=q[\mathrm{E}\cdot\mathrm{v}+(\mathrm{v}\times\mathrm{B})\cdot\mathrm{v}]=q\mathrm{E}\cdot\mathrm{v} \tag{8.4.13}$$

가 되는 것을 알 수 있다. 이때 이 식의 양변에 속도 분포 함수 $f(\mathbf{r},\mathrm{v},t)$를 곱하고 속도 공간에서 적분을 해주면 다음과 같이 된다.

$$\int\frac{d}{dt}\left(\frac{1}{2}mv^2\right)f(\mathbf{r},\mathrm{v},t)d^3v=q\mathrm{E}\cdot\int\mathrm{v}f(\mathbf{r},\mathrm{v},t)d^3v \tag{8.4.14}$$

충돌이 없는 경우에는 속도 분포 함수가 $df/dt=0$을 만족하므로 식(8.4.14)는 아래와 같이 된다.

$$\frac{d}{dt}\int\frac{1}{2}mv^2f(\mathbf{r},\mathrm{v},t)d^3v=q\mathrm{E}\cdot\int\mathrm{v}f(\mathbf{r},\mathrm{v},t)d^3v \tag{8.4.15}$$

속도 분포 함수를 이용하여 입자의 평균 속도 $\overline{\mathrm{v}}$를 구해보면

$$\overline{\mathrm{v}}=\frac{\int\mathrm{v}f(\mathbf{r},\mathrm{v},t)d^3v}{\int f(\mathbf{r},\mathrm{v},t)d^3v}=\frac{1}{n}\int\mathrm{v}f(\mathbf{r},\mathrm{v},t)d^3v \tag{8.4.16}$$

와 같이 되는데, 여기서 n은 식(8.4.1)에서 주어진 입자의 밀도이다. 그리고 식(8.2.14)에서 보인 것처럼 시간에 대한 전미분은 $d/dt=\partial/\partial t+\mathrm{v}\cdot\nabla$이므로 식(8.4.15)로 부터

$$qn\mathbf{E} \cdot \bar{\mathbf{v}} = \frac{d}{dt}\int \frac{1}{2}mv^2 f\, d^3v = \int \left[\frac{\partial}{\partial t}\left(\frac{1}{2}mv^2 f\right) + v_i \frac{\partial}{\partial x_i}\left(\frac{1}{2}mv^2 f\right)\right] d^3v \tag{8.4.17}$$

$$= \frac{\partial}{\partial t}\int \frac{1}{2}mv^2 f\, d^3v + \frac{\partial}{\partial x_i}\int v_i\left(\frac{1}{2}mv^2 f\right) d^3v$$

$$= \frac{\partial}{\partial t}(n\overline{K}) + \frac{\partial}{\partial x_i}(n\overline{Q_i})$$

를 얻을 수 있다. 여기서 $\overline{K}$는 단위 부피당 평균 운동에너지이며

$$\overline{K} = \frac{1}{n}\int \frac{1}{2}mv^2 f(\mathbf{r}, \mathbf{v}, t)\, d^3v \tag{8.4.18}$$

로 정의된다. $\overline{Q_i}$는 단위 부피당 평균 열흐름 벡터(average hear flow vector)이며

$$\overline{Q_i} = \frac{1}{n}\int \frac{1}{2}mv^2 v_i f(\mathbf{r}, \mathbf{v}, t)\, d^3v \tag{8.4.19}$$

와 같이 정의되는 양이다.

이번에는 N개의 전자 또는 이온의 플라즈마 입자로 이루어진 미시적인 분포(microscopic distribution)를 고려해보자. 클리몬토비치 분포(Klimontovich distribution) 또는 클리몬토비치 밀도(Klimontovich density)로 알려진 $K_\alpha(\mathbf{r}, \mathbf{v}, t)$ 함수는 위치와 속도에 대한 3차원 디랙 델타함수를 이용하여 다음과 같이 주어진다.

$$K_\alpha(\mathbf{r}, \mathbf{v}, t) = \sum_{i=1}^{N} [\delta(\mathbf{r} - \mathbf{r}_i(t))\delta(\mathbf{v} - \mathbf{v}_i(t))] \tag{8.4.20}$$

여기서 첨자 α는 플라즈마의 종류(전자 또는 이온)를 나타내며 $\mathbf{r}_i(t) = x_i\hat{\mathbf{e}}_x + y_i\hat{\mathbf{e}}_y + z_i\hat{\mathbf{e}}_z$는 i번째 플라즈마 입자의 위치벡터를 나타내고, $\mathbf{v}_i(t) = v_{x,i}\hat{\mathbf{e}}_x + v_{y,i}\hat{\mathbf{e}}_y + v_{z,i}\hat{\mathbf{e}}_z$는 i번째 플라즈마 입자의 속도를 나타낸다. 이때 i번째 α 플라즈마 입자에 작용하는 로렌츠 힘 $\mathbf{F}_\alpha(\mathbf{r}_i, \mathbf{v}_i, t)$는

$$\mathrm{F}_\alpha(\mathrm{r}_i, \mathrm{v}_i, t) = m_\alpha \frac{d\mathrm{v}_i}{dt} = q_\alpha[\mathrm{E}(\mathrm{r}_i, t) + \mathrm{v}_i \times \mathrm{B}(\mathrm{r}_i, t)] \tag{8.4.21}$$

로 주어지는데 여기서 m_α와 q_α는 각각 α 플라즈마 입자의 질량과 전하량이고, $\mathrm{E}(\mathrm{r}_i, t)$는 전기장, $\mathrm{B}(\mathrm{r}_i, t)$는 자기장이다. 위치 $\mathrm{r}_i(t)$와 속도 $\mathrm{v}_i(t)$가 모두 시간의 함수이므로 클리몬토비치 분포 함수 $K_\alpha(\mathrm{r}, \mathrm{v}, t)$를 시간에 대하여 미분을 하면

$$\begin{aligned} \frac{\partial}{\partial t} K_\alpha(\mathrm{r}, \mathrm{v}, t) &= \sum_{i=1}^{N} \left[\frac{\partial K_\alpha}{\partial \mathrm{r}_i} \cdot \frac{\partial \mathrm{r}_i}{\partial t} + \frac{\partial K_\alpha}{\partial \mathrm{v}_i} \cdot \frac{\partial \mathrm{v}_i}{\partial t} \right] \\ &= \sum_{i=1}^{N} \left[\nabla_{\mathrm{r}_i} K_\alpha \cdot \frac{\partial \mathrm{r}_i}{\partial t} + \nabla_{\mathrm{v}_i} K_\alpha \cdot \frac{1}{m_\alpha} \mathrm{F}_\alpha(\mathrm{r}_i, \mathrm{v}_i, t) \right] \end{aligned} \tag{8.4.22}$$

가 된다. 여기서 $\partial/\partial \mathrm{r}_i (= \nabla_{\mathrm{r}_i})$는 i번째 입자의 위치 벡터 $\mathrm{r}_i(t)$에 작용하는 미분 연산자로서

$$\nabla_{\mathrm{r}_i} = \frac{\partial}{\partial x_i} \hat{\mathrm{e}}_x + \frac{\partial}{\partial y_i} \hat{\mathrm{e}}_y + \frac{\partial}{\partial z_i} \hat{\mathrm{e}}_z \tag{8.4.23}$$

로 정의되고, $\partial/\partial \mathrm{v}_i (= \nabla_{\mathrm{v}_i})$는 i번째 입자의 속도 $\mathrm{v}_i(t)$에 작용하는 미분 연산자로서

$$\nabla_{\mathrm{v}_i} = \frac{\partial}{\partial v_{x,i}} \hat{\mathrm{e}}_x + \frac{\partial}{\partial v_{y,i}} \hat{\mathrm{e}}_y + \frac{\partial}{\partial v_{z,i}} \hat{\mathrm{e}}_z \tag{8.4.24}$$

와 같이 정의된다. 식(8.4.22)의 우변처럼 쓸 수 있는 이유는 $\mathrm{r}_i(t)$가 시간의 함수이므로 $\frac{\partial}{\partial t}\delta(\mathrm{r} - \mathrm{r}_i(t))$는

$$\begin{aligned} \frac{\partial}{\partial t}\delta(\mathrm{r} - \mathrm{r}_i(t)) &= \nabla_{\mathrm{r}_i}\delta(\mathrm{r} - \mathrm{r}_i(t)) \cdot \frac{\partial \mathrm{r}_i(t)}{\partial t} = \mathrm{v}_i(t) \cdot \nabla_{\mathrm{r}_i}\delta(\mathrm{r} - \mathrm{r}_i(t)) \\ &= -\mathrm{v}_i(t) \cdot \nabla_{\mathrm{r}}\delta(\mathrm{r} - \mathrm{r}_i(t)) \end{aligned} \tag{8.4.25}$$

와 같이 주어지고, 또한 $\mathrm{v}_i(t)$도 시간의 함수이므로 $\dfrac{\partial}{\partial t}\delta(\mathrm{v}-\mathrm{v}_i(t))$가

$$\frac{\partial}{\partial t}\delta(\mathrm{v}-\mathrm{v}_i(t)) = \nabla_{\mathrm{v}_i}\delta(\mathrm{v}-\mathrm{v}_i(t))\cdot\frac{\partial \mathrm{v}_i(t)}{\partial t} = \mathrm{a}_i(t)\cdot\nabla_{\mathrm{v}_i}\delta(\mathrm{v}-\mathrm{v}_i(t)) \tag{8.4.26}$$
$$= -\,\mathrm{a}_i(t)\cdot\nabla_{\mathrm{v}}\delta(\mathrm{v}-\mathrm{v}_i(t))$$

와 같이 주어지기 때문이다. 그러므로 식(8.4.25)와 식(8.4.26)을 식(8.4.22)에 대입하여 정리하면

$$\begin{aligned}\frac{\partial K_\alpha}{\partial t} &= \sum_{i=1}^{N}\left[\frac{d\mathrm{r}_i}{dt}\cdot\nabla_{\mathrm{r}_i}\delta(\mathrm{r}-\mathrm{r}_i(t))\delta(\mathrm{v}-\mathrm{r}_i(t)) + \frac{d\mathrm{v}_i}{dt}\cdot\nabla_{\mathrm{v}_i}\delta(\mathrm{v}-\mathrm{v}_i(t))\delta(\mathrm{r}-\mathrm{r}_i(t))\right]\\ &= -\sum_{i=1}^{N}\left[\mathrm{v}_i\cdot\nabla_{\mathrm{r}} + \frac{\mathrm{F}_\alpha(\mathrm{r}_i,\mathrm{v}_i,t)}{m_\alpha}\cdot\nabla_{\mathrm{v}}\right]\delta(\mathrm{r}-\mathrm{r}_i(t))\delta(\mathrm{v}-\mathrm{r}_i(t))\\ &= -\left[\mathrm{v}\cdot\nabla_{\mathrm{r}} + \frac{\mathrm{F}_\alpha(\mathrm{r},\mathrm{v},t)}{m_\alpha}\cdot\nabla_{\mathrm{v}}\right]\sum_{i=1}^{N}\delta(\mathrm{r}-\mathrm{r}_i(t))\delta(\mathrm{v}-\mathrm{r}_i(t))\\ &= -\left[\mathrm{v}\cdot\nabla_{\mathrm{r}} + \frac{\mathrm{F}_\alpha(\mathrm{r},\mathrm{v},t)}{m_\alpha}\cdot\nabla_{\mathrm{v}}\right]K_\alpha(\mathrm{r},\mathrm{v},t)\end{aligned} \tag{8.4.27}$$

가 된다. 여기서 미분연산자 $\nabla_{\mathrm{r}}(=\partial/\partial\mathrm{r})$과 $\nabla_{\mathrm{v}}(=\partial/\partial\mathrm{v})$는 식(8.4.4)와 식(8.4.5)에 이미 주어져 있다. 그리고 디랙 델타함수 $\delta(\mathrm{r}-\mathrm{r}_i(t))\delta(\mathrm{v}-\mathrm{v}_i(t))$의 성질에 의하여 v_i와 r_i는 각각 v와 r로 치환이 가능하므로 로렌츠 힘 $\mathrm{F}_\alpha(\mathrm{r}_i,\mathrm{v}_i,t)=q_\alpha[\mathrm{E}(\mathrm{r}_i,t)+\mathrm{v}_i\times\mathrm{B}(\mathrm{r}_i,t)]$는 $\mathrm{F}_\alpha(\mathrm{r},\mathrm{v},\mathrm{t})=q_\alpha[\mathrm{E}(\mathrm{r},\mathrm{t})+\mathrm{v}\times\mathrm{B}(\mathrm{r},t)]$로 변환이 될 수 있다. 또한

$$\sum_{i=1}^{N}\nabla_{\mathrm{r}_i}K_\alpha = -\nabla_{\mathrm{r}}K_\alpha = -\frac{\partial K_\alpha}{\partial\mathrm{r}} \tag{8.4.28}$$

$$\sum_{i=1}^{N}\nabla_{\mathrm{v}_i}\mathrm{K}_\alpha = -\nabla_{\mathrm{v}}K_\alpha = -\frac{\partial K_\alpha}{\partial\mathrm{v}} \tag{8.4.29}$$

로 표현됨을 알 수 있다. 그러므로 식(8.4.27)로부터 클리몬토비치 방정식은 다음과 같이 주어진다.

$$\frac{\partial K_\alpha(\mathbf{r}, \mathbf{v}, t)}{\partial t} + \mathbf{v} \cdot \nabla_{\mathbf{r}} K_\alpha(\mathbf{r}, \mathbf{v}, t) + \frac{\mathbf{F}_\alpha(\mathbf{r}, \mathbf{v}, t)}{m_\alpha} \cdot \nabla_{\mathbf{v}} K_\alpha(\mathbf{r}, \mathbf{v}, t) = 0 \quad (8.4.30)$$

예제 8.4.2 분포함수 $K_\alpha(v)$가 주어졌을 때 $\dfrac{\partial K_\alpha(v)}{\partial v_x}$를 구하시오.

단, $v = \left(v_x^2 + v_y^2 + v_z^2\right)^{1/2}$ 이다.

풀이 연쇄법칙(chain rule)을 적용하면

$$\frac{\partial K_\alpha(v)}{\partial v_x} = \frac{\partial K_\alpha(v)}{\partial v}\frac{\partial v}{\partial v_x} \quad (8.4.31)$$

이 되며, $\partial v/\partial v_x$는

$$\begin{aligned} \frac{\partial v}{\partial v_x} &= \frac{\partial}{\partial v_x}\left(v_x^2 + v_y^2 + v_z^2\right)^{1/2} \quad (8.4.32) \\ &= \frac{1}{2}\left(v_x^2 + v_y^2 + v_z^2\right)^{-1/2}(2v_x) \\ &= \frac{v_x}{v} \end{aligned}$$

이다. 그러므로 $\dfrac{\partial K_\alpha(v)}{\partial v_x}$는

$$\frac{\partial K_\alpha(v)}{\partial v_x} = \frac{v_x}{v}\frac{dK_\alpha(v)}{dv} \quad (8.4.33)$$

가 된다.

8.5 고전역학(Classical mechanics)

질량이 m인 입자의 위치가 r이고 속도가 v일 때 이 입자의 선운동량은 $\mathrm{p} = m\mathrm{v}$이며, 각운동량은

$$\mathrm{L} = \mathrm{r} \times \mathrm{p} \tag{8.5.1}$$

이다. 입자에 작용하는 힘을 F라고 할 때 돌림힘 N은

$$\mathrm{N} = \mathrm{r} \times \mathrm{F} \tag{8.5.2}$$

로 정의된다. 이때 각운동량 L을 시간에 대하며 미분하면

$$\frac{d\mathrm{L}}{dt} = \frac{d}{dt}(\mathrm{r} \times \mathrm{p}) = \frac{d\mathrm{r}}{dt} \times \mathrm{p} + \mathrm{r} \times \frac{d\mathrm{p}}{dt} \tag{8.5.3}$$

이 되는데 우변의 $d\mathrm{r}/dt \times \mathrm{p}$항은

$$\frac{d\mathrm{r}}{dt} \times \mathrm{p} = \mathrm{v} \times m\mathrm{v} = 0 \tag{8.5.4}$$

이므로 0이다. 뉴턴의 제2법칙에 의해서

$$\mathrm{F} = \frac{d\mathrm{p}}{dt} \tag{8.5.5}$$

이므로 각운동량의 시간 미분은

$$\frac{d\mathrm{L}}{dt} = \mathrm{r} \times \mathrm{F} = \mathrm{N} \tag{8.5.6}$$

이 되어서 각운동량의 시간 변화율이 돌림힘이 된다는 것을 알 수 있다. 그러므로 돌림힘 N이 0이 되는 경우는 $d\mathrm{L}/dt$이 0이 되어 각운동량 L이 보존됨을 알 수 있다.

이번에는 N개의 입자로 이루어진 고립계(isolated system)를 고려해보자. α번째 입자의 질량을 m_α, 위치를 $\mathbf{r}_\alpha$, 속도를 $\mathbf{v}_\alpha$라 하면 고립계내의 입자들의 총 각운동량 L_T는

$$\mathrm{L}_T = \sum_{\alpha=1}^{N} \mathbf{r}_\alpha \times \mathbf{p}_\alpha \tag{8.5.7}$$

로 주어진다. 여기서 $\mathbf{p}_\alpha = m_\alpha \mathbf{v}_\alpha$는 α번째 입자의 선운동량이다. 총 각운동량의 시간변화율을 구해보면

$$\frac{d\mathrm{L}_T}{dt} = \sum_{\alpha=1}^{N} \mathbf{r}_\alpha \times \mathrm{F}_\alpha \tag{8.5.8}$$

이다. 여기서 F_α는 α번째 입자에 작용하는 힘이다. 만약에 N개의 입자로 이루어진 고립계에 외력이 없고 중력에 의한 내력만 존재한다고 하면 α번째 입자에 작용하는 힘 F_α는 아래와 같이 주어진다.

$$\mathrm{F}_\alpha = -\sum_{\substack{\beta=1 \\ \beta \neq \alpha}}^{N} G m_\alpha m_\beta \frac{(\mathbf{r}_\alpha - \mathbf{r}_\beta)}{|\mathbf{r}_\alpha - \mathbf{r}_\beta|^3} = \sum_{\substack{\beta=1 \\ \beta \neq \alpha}}^{N} \mathrm{F}_{\alpha\beta} \tag{8.5.9}$$

여기서 G는 중력 상수(gravitational constant)이고, 음의 부호는 인력을 나타내며, $\mathrm{F}_{\alpha\beta}$는 β번째 입자가 α번째 입자에 작용하는 중력을 나타낸다. 즉

$$\mathrm{F}_{\alpha\beta} = -G m_\alpha m_\beta \frac{(\mathbf{r}_\alpha - \mathbf{r}_\beta)}{|\mathbf{r}_\alpha - \mathbf{r}_\beta|^3} \tag{8.5.10}$$

가 된다. 식(8.5.9)를 통해서 뉴턴의 제3법칙(Newton's third law)인 작용-반작용(action and reaction)의 관계가

$$\mathbf{F}_{\alpha\beta} = -\mathbf{F}_{\beta\alpha} \tag{8.5.11}$$

임을 쉽게 알 수 있다. 식(8.5.8)과 식(8.5.9)를 결합하면

$$\frac{d\mathbf{L}_T}{dt} = \sum_{\alpha=1}^{N} \sum_{\substack{\beta=1 \\ \beta \neq \alpha}}^{N} \mathbf{r}_\alpha \times \mathbf{F}_{\alpha\beta} \tag{8.5.12}$$

이 된다.

예제 8.5.1 고립계에서 입자들의 총 각운동량 $\mathbf{L}_T$가 보존됨을 보이시오.

풀이 식(8.5.12)을 반반으로 나누어 더하면

$$\frac{d\mathbf{L}_T}{dt} = \frac{1}{2}\sum_{\alpha=1}^{N} \sum_{\substack{\beta=1 \\ \beta \neq \alpha}}^{N} \mathbf{r}_\alpha \times \mathbf{F}_{\alpha\beta} + \frac{1}{2}\sum_{\alpha=1}^{N} \sum_{\substack{\beta=1 \\ \beta \neq \alpha}}^{N} \mathbf{r}_\alpha \times \mathbf{F}_{\alpha\beta} \tag{8.5.13}$$

가 되는데 이 식의 우변의 둘째 항에서 α와 β에 대하여 두 개의 유한 합이 있으므로 α와 β를 서로 교환하여도 변화가 없다. 그러므로 식(8.5.13)은

$$\frac{d\mathbf{L}_T}{dt} = \frac{1}{2}\sum_{\alpha=1}^{N} \sum_{\substack{\beta=1 \\ \beta \neq \alpha}}^{N} \mathbf{r}_\alpha \times \mathbf{F}_{\alpha\beta} + \frac{1}{2}\sum_{\beta=1}^{N} \sum_{\substack{\alpha=1 \\ \alpha \neq \beta}}^{N} \mathbf{r}_\beta \times \mathbf{F}_{\beta\alpha} \tag{8.5.14}$$

로 바꿀 수 있는데, $\mathbf{F}_{\beta\alpha} = -\mathbf{F}_{\alpha\beta}$인 사실을 적용하면 식(8.5.14)는

$$\frac{d\mathbf{L}_T}{dt} = \frac{1}{2}\sum_{\alpha=1}^{N} \sum_{\substack{\beta=1 \\ \beta \neq \alpha}}^{N} (\mathbf{r}_\alpha - \mathbf{r}_\beta) \times \mathbf{F}_{\alpha\beta} \tag{8.5.15}$$

$$= -\frac{1}{2}\sum_{\alpha=1}^{N} \sum_{\substack{\beta=1 \\ \beta \neq \alpha}}^{N} (\mathbf{r}_\alpha - \mathbf{r}_\beta) \times Gm_\alpha m_\beta \frac{(\mathbf{r}_\alpha - \mathbf{r}_\beta)}{|\mathbf{r}_\alpha - \mathbf{r}_\beta|^3} = 0$$

과 같이 되는 것을 알 수 있다. 즉 입자들의 총 각운동량 $\mathbf{L}_T$는 보존된다. 이것은 중력에 의한 내력이 두 입자를 연결하는 직선상에 놓여 있으므로 $(\mathbf{r}_\alpha - \mathbf{r}_\beta) \times \mathbf{F}_{\alpha\beta} = 0$이 되는 것을 보면 쉽게 이해할 수 있다. 그러므로 고립계에서 내력이 중력과 같이 입자를 연결하는 직선상에 놓여 있으면 총 각운동량은 보존된다.

이번에는 항성역학(stellar dynamics)에서 안정성과 관련하여 많이 사용되는 비리얼 정리(virial theorem)에 대하여 알아보자. 스칼라곱 $\mathbf{r}_\alpha \cdot \mathbf{p}_\alpha$를 시간에 대해 전미분을 해보면

$$\frac{d}{dt}(\mathbf{r}_\alpha \cdot \mathbf{p}_\alpha) = \frac{d}{dt}\mathbf{r}_\alpha \cdot \mathbf{p}_\alpha + \mathbf{r}_\alpha \cdot \frac{d}{dt}\mathbf{p}_\alpha = \mathbf{v}_\alpha \cdot \mathbf{p}_\alpha + \mathbf{r}_\alpha \cdot \mathbf{F}_\alpha \tag{8.5.16}$$

$$= \mathbf{v}_\alpha \cdot m_\alpha \mathbf{v}_\alpha + \mathbf{r}_\alpha \cdot \mathbf{F}_\alpha = 2K_\alpha + \mathbf{r}_\alpha \cdot \mathbf{F}_\alpha$$

여기서 $K_\alpha = m_\alpha v_\alpha^2/2$는 α번째 입자의 운동에너지이다. 식(8.5.16)을 모든 N입자에 대하여 합을 구하면

$$\frac{d}{dt}\sum_{\alpha=1}^{N} \mathbf{r}_\alpha \cdot \mathbf{p}_\alpha = 2\sum_{\alpha=1}^{N} K_\alpha + \sum_{\alpha=1}^{N} \mathbf{r}_\alpha \cdot \mathbf{F}_\alpha \tag{8.5.17}$$

이 된다. 여기서 식(8.5.17)의 좌변에서 유한 합

$$\mu = \sum_{\alpha=1}^{N} \mathbf{r}_\alpha \cdot \mathbf{p}_\alpha \tag{8.5.18}$$

를 비리얼(virial)이라한다. 어떤 양 ξ에 대해 충분히 긴 시간 동안의 시간 평균은 $\lim_{T\to\infty}\frac{1}{T}\int_0^T \xi\, dt \equiv \bar{\xi}$, 즉 T 시간 동안 적분을 하고 T로 나누어주는 것으로 정의할 수 있는데, 이를 $d\mu/dt$에 적용을 해보자. 시간 평균을 윗줄(overbar)로 표현하면 식(8.5.17)의 시간 평균은

$$\overline{\frac{d\mu}{dt}} = 2\overline{\sum_{\alpha=1}^{N} K_\alpha} + \overline{\sum_{\alpha=1}^{N} \mathbf{r}_\alpha \cdot \mathbf{F}_\alpha} \tag{8.5.19}$$

가 되며 각 항은

$$\overline{\frac{d\mu}{dt}} \equiv \lim_{T\to\infty}\frac{1}{T}\int_0^T \frac{d\mu}{dt}\,dt \tag{8.5.20}$$

$$\overline{\sum_{\alpha=1}^{N} K_\alpha} \equiv \lim_{T\to\infty}\frac{1}{T}\int_0^T \sum_{\alpha=1}^{N} K_\alpha\,dt \tag{8.5.21}$$

$$\overline{\sum_{\alpha=1}^{N} \mathbf{r}_\alpha \cdot \mathbf{F}_\alpha} \equiv \lim_{T\to\infty}\frac{1}{T}\int_0^T \sum_{\alpha=1}^{N} \mathbf{r}_\alpha \cdot \mathbf{F}_\alpha\,dt \tag{8.5.22}$$

이 된다. 비리얼을 미분하여 시간 평균한 값이 0이면, 즉 $\overline{d\mu/dt}=0$이면 식(8.5.19)를 다음과 같이 쓸 수 있다.

$$2\overline{K} + \overline{\sum_{\alpha=1}^{N} \mathbf{r}_\alpha \cdot \mathbf{F}_\alpha} = 0 \tag{8.5.23}$$

여기서 $K=\sum_{\alpha=1}^{N} K_\alpha$는 총 운동에너지이다. α번째 입자에 작용하는 힘 $\mathbf{F}_\alpha$는 식(8.5.9)로 주어지므로, $\sum_{\alpha=1}^{N} \mathbf{r}_\alpha \cdot \mathbf{F}_\alpha$는 다음과 같다.

$$\sum_{\alpha=1}^{N} \mathbf{r}_\alpha \cdot \mathbf{F}_\alpha = -\sum_{\alpha=1}^{N}\sum_{\substack{\beta=1\\ \beta\neq\alpha}}^{N} G m_\alpha m_\beta \frac{\mathbf{r}_\alpha - \mathbf{r}_\beta}{|\mathbf{r}_\alpha - \mathbf{r}_\beta|^3} \tag{8.5.24}$$

이 식은 아래와 같이 전개할 수 있다.

$$\begin{aligned}\sum_{\alpha=1}^{N} \mathbf{r}_\alpha \cdot \mathbf{F}_\alpha &= -\frac{1}{2}\sum_{\alpha=1}^{N}\sum_{\substack{\beta=1\\ \beta\neq\alpha}}^{N} G m_\alpha m_\beta \frac{\mathbf{r}_\alpha \cdot (\mathbf{r}_\alpha - \mathbf{r}_\beta)}{|\mathbf{r}_\alpha - \mathbf{r}_\beta|^3} - \frac{1}{2}\sum_{\alpha=1}^{N}\sum_{\substack{\beta=1\\ \beta\neq\alpha}}^{N} G m_\alpha m_\beta \frac{\mathbf{r}_\alpha \cdot (\mathbf{r}_\alpha - \mathbf{r}_\beta)}{|\mathbf{r}_\alpha - \mathbf{r}_\beta|^3} \\ &= -\frac{1}{2}\sum_{\alpha=1}^{N}\sum_{\substack{\beta=1\\ \beta\neq\alpha}}^{N} G m_\alpha m_\beta \frac{\mathbf{r}_\alpha \cdot (\mathbf{r}_\alpha - \mathbf{r}_\beta)}{|\mathbf{r}_\alpha - \mathbf{r}_\beta|^3} - \frac{1}{2}\sum_{\beta=1}^{N}\sum_{\substack{\alpha=1\\ \alpha\neq\beta}}^{N} G m_\beta m_\alpha \frac{\mathbf{r}_\beta \cdot (\mathbf{r}_\beta - \mathbf{r}_\alpha)}{|\mathbf{r}_\beta - \mathbf{r}_\alpha|^3}\end{aligned} \tag{8.5.25}$$

$$= -\frac{1}{2}\sum_{\alpha=1}^{N}\sum_{\substack{\beta=1\\ \beta\neq\alpha}}^{N} Gm_\alpha m_\beta \frac{1}{|\mathbf{r}_\alpha - \mathbf{r}_\beta|^3}\left[\mathbf{r}_\alpha \cdot (\mathbf{r}_\alpha - \mathbf{r}_\beta) + \mathbf{r}_\beta \cdot (\mathbf{r}_\beta - \mathbf{r}_\alpha)\right]$$

$$= -\frac{1}{2}\sum_{\alpha=1}^{N}\sum_{\substack{\beta=1\\ \beta\neq\alpha}}^{N} Gm_\alpha m_\beta \frac{1}{|\mathbf{r}_\alpha - \mathbf{r}_\beta|^3}\left[(\mathbf{r}_\alpha - \mathbf{r}_\beta) \cdot (\mathbf{r}_\alpha - \mathbf{r}_\beta)\right]$$

$$= -\frac{1}{2}\sum_{\alpha=1}^{N}\sum_{\substack{\beta=1\\ \beta\neq\alpha}}^{N} \frac{Gm_\alpha m_\beta}{|\mathbf{r}_\alpha - \mathbf{r}_\beta|}$$

위 식의 두 번째 줄 우변의 둘째 항에서 α와 β에 대하여 두 개의 유한 합이 있으므로 α와 β를 서로 교환하여도 변화는 없다. 그리고 α, β의 쌍에 대한 이중 합은

$$\frac{1}{2}\sum_{\alpha=1}^{N}\sum_{\substack{\beta=1\\ \beta\neq\alpha}}^{N} = \sum_{\alpha=1}^{N}\sum_{\substack{\beta=1\\ \alpha>\beta}}^{N} \tag{8.5.26}$$

가 된다. 그러므로 식(8.5.25)는 아래와 같이 쓸 수 있다.

$$\sum_{\alpha=1}^{N} \mathbf{r}_\alpha \cdot \mathbf{F}_\alpha = -\sum_{\alpha=1}^{N}\sum_{\substack{\beta=1\\ \alpha>\beta}}^{N} \frac{Gm_\alpha m_\beta}{|\mathbf{r}_\alpha - \mathbf{r}_\beta|} = U \tag{8.5.27}$$

여기서

$$U = -\sum_{\alpha=1}^{N}\sum_{\substack{\beta=1\\ \alpha>\beta}}^{N} \frac{Gm_\alpha m_\beta}{|\mathbf{r}_\alpha - \mathbf{r}_\beta|} \tag{8.5.28}$$

는 계의 총 중력 퍼텐셜에너지(total gravitational potential energy)이다. 그러므로 식(8.5.23)은

$$2\overline{K} + \overline{U} = 0 \tag{8.5.29}$$

와 같이 간단하게 표현될 수 있고, 운동에너지와 퍼텐셜 에너지의 평균은 각각

$$\overline{K} = \overline{\sum_{\alpha=1}^{N} \frac{1}{2} m_\alpha v_\alpha^2} \tag{8.5.30}$$

$$\overline{U} = -\overline{\sum_{\alpha=1}^{N} \sum_{\substack{\beta=1 \\ \alpha>\beta}}^{N} \frac{G m_\alpha m_\beta}{|\mathrm{r}_\alpha - \mathrm{r}_\beta|}} \tag{8.5.31}$$

이다. 즉 $\overline{d\mu/dt} = 0$은 곧 $2\overline{K} + \overline{U} = 0$을 의미하며 이것을 항성역학(stellar dynamics)에서 비리얼 정리(virial theorem)라고 부른다. 평형 상태의 항성계(stellar system)에서 총 운동에너지의 시간 평균은 다음과 같이 퍼텐셜 에너지 시간평균 총량의 -1/2이 되는 것을 알 수 있다.

$$\overline{K} = -\frac{1}{2}\overline{U}. \tag{8.5.32}$$

비리얼이라는 용어는 힘, 에너지의 뜻을 가진 라틴어 vis에서 유래하였으며 비리얼 정리는 라그랑주(Lagrange), 야코비(Jacobi), 맥스웰(Maxwell), 클라우지우스(Clausius), 푸앙카레(Poincaré), 찬드라세커(Chandrasekhar) 등에 의하여 정리되고 널리 알려졌다. 역학계에서 운동에너지의 평균이 퍼텐셜 에너지의 평균에 비례한다는 비리얼 정리를 이용하면 해석적으로 풀기 어려운 계에 대해서도 평균 총 운동에너지를 쉽게 계산할 수 있다.

8.6 자기유체역학(Magnetohydrodynamics)

전하를 지닌 유체인 플라즈마의 흐름을 조사하기 위하여 다음과 같은 갈릴레이 변환(Galilean transformation)을 생각해보자.

$$\mathrm{r} = \mathrm{r}' + \mathrm{v}t, \qquad t = t' \tag{8.6.1}$$

여기서 $\mathbf{r}$은 정지되어 있는 계에서 측정한 위치이고 $\mathbf{r}'$은 일정한 속도 $\mathbf{v}$로 움직이는 계에서 측정한 위치벡터이다. 그리고 t는 정지되어 있는 계에서 측정한 시간이고 t'은 움직이는 계에서 측정한 시간이다. 즉 프라임 기호가 붙어 있는 양은 움직이는 계에서 측정한 것이고 프라임 기호가 붙어 있지 않은 양은 정지되어 있는 계에서 측정된 것이다. 이를 이용하여 맥스웰 방정식에서 갈릴레이 변환을 고려해보자. 움직이는 계에서 패러데이 전자기유도 법칙을 다음과 같이 쓰자.

$$\nabla' \times \mathbf{E}' = -\frac{\partial \mathbf{B}'}{\partial t'} \tag{8.6.2}$$

여기서 $\mathbf{E}'$과 $\mathbf{B}'$은 앞서 정의한 바와 같이 각각 움직이는 계에서의 전기장과 자기장이고 ∇'는 $\mathbf{r}'$에 대한 그래디언트이다. 이제 $\mathbf{E}'$, $\mathbf{B}'$과 정지되어 있는 계에서의 $\mathbf{E}$, $\mathbf{B}$와의 관계를 알아보자. 식(8.6.1)을 사용하여 $\partial/\partial t'$을 구해보면

$$\frac{\partial}{\partial t} = \frac{\partial t'}{\partial t}\frac{\partial}{\partial t'} + \frac{\partial \mathbf{r}'}{\partial t} \cdot \nabla' = \frac{\partial}{\partial t'} - \mathbf{v} \cdot \nabla' \tag{8.6.3}$$

가 된다. 그리고

$$\nabla = \nabla' \tag{8.6.4}$$

이다. 그러므로 $\frac{\partial \mathbf{B}}{\partial t} = -\nabla \times \mathbf{E}$를 계산하면

$$\frac{\partial \mathbf{B}}{\partial t} = \frac{\partial \mathbf{B}}{\partial t'} - (\mathbf{v} \cdot \nabla')\mathbf{B} = -(\nabla' \times \mathbf{E}) \tag{8.6.5}$$

가 되므로 이 식을 정리하면 다음과 같이 표현된다.

$$\frac{\partial \mathbf{B}}{\partial t'} = -(\nabla' \times \mathbf{E}) + (\mathbf{v} \cdot \nabla')\mathbf{B} \tag{8.6.6}$$

식(8.2.26)을 사용하면

$$\nabla' \times (\mathrm{v} \times \mathrm{B}) = (\mathrm{B} \cdot \nabla')\mathrm{v} + \mathrm{v}(\nabla' \cdot \mathrm{B}) - \mathrm{B}(\nabla' \cdot \mathrm{v}) - (\mathrm{v} \cdot \nabla')\mathrm{B} \qquad (8.6.7)$$

가 되는데 $\nabla' \cdot \mathrm{B} = 0$이고 속도 v가 일정하면 이 식은 다음과 같이 된다.

$$(\mathrm{v} \cdot \nabla')\mathrm{B} = -\nabla' \times (\mathrm{v} \times \mathrm{B}) \qquad (8.6.8)$$

그러므로 식(8.6.6)은

$$-\frac{\partial \mathrm{B}}{\partial t'} = \nabla' \times (\mathrm{E} + \mathrm{v} \times \mathrm{B}) \qquad (8.6.9)$$

가 되는데 식(8.6.2)와 식(8.6.9)를 비교하면, 움직이는 계에서의 E′, B′과 정지되어 있는 계에서의 E, B의 관계는 다음과 같이 된다.

$$\mathrm{B}' = \mathrm{B} \qquad (8.6.10)$$

$$\mathrm{E}' = \mathrm{E} + \mathrm{v} \times \mathrm{B} \qquad (8.6.11)$$

자기장 내에서 속도 v로 움직이는 플라즈마 유체 내의 전하 q에 작용하는 로렌츠 힘은

$$\mathrm{F} = q(\mathrm{E} + \mathrm{v} \times \mathrm{B}) \qquad (8.6.12)$$

이므로 식(8.6.11)이 타당함을 쉽게 이해할 수 있다. 그러므로 움직이는 계에서 전류밀도는 옴의 법칙에 의해서 $\mathrm{J}' = \sigma \mathrm{E}'$로 주어지므로 정지되어 있는 계에서의 전류밀도는

$$\mathrm{J} = \sigma(\mathrm{E} + \mathrm{v} \times \mathrm{B}) \qquad (8.6.13)$$

가 된다. 여기서 σ는 스칼라 전기 전도도이다. 따라서 벡터 퍼텐셜 A에 대한 미분방정식 식(8.1.19)는

$$\nabla^2 \mathrm{A} = -\mu_0 \mathrm{J} = -\mu_0 \sigma (\mathrm{E} + \mathrm{v} \times \mathrm{B}) \tag{8.6.14}$$

와 같이 된다. 또한 패러데이 전자기유도 법칙으로부터

$$\nabla \times \mathrm{E} + \frac{\partial \mathrm{B}}{\partial t} = \nabla \times \mathrm{E} + \frac{\partial}{\partial t} \nabla \times \mathrm{A} = \nabla \times \left(\mathrm{E} + \frac{\partial \mathrm{A}}{\partial t} \right) = 0 \tag{8.6.15}$$

와 같이 되며, 괄호 안의 항은 벡터의 성질을 이용하여

$$\mathrm{E} + \frac{\partial \mathrm{A}}{\partial t} = -\nabla \phi \tag{8.6.16}$$

로 쓸 수 있는데, 여기서 ϕ는 스칼라 퍼텐셜이다. 식(8.6.16)을 식(8.6.14)에 대입하여 정리하면

$$\frac{\partial \mathrm{A}}{\partial t} = \mathrm{v} \times \mathrm{B} - \nabla \phi + \eta \nabla^2 \mathrm{A} \tag{8.6.17}$$

와 같이 된다. 여기서 $\eta(=1/\mu_0 \sigma)$는 플라즈마의 자기확산율(magnetic diffusivity)이다. 식(8.6.17)의 양변에 컬을 해주면 $\nabla \times \mathrm{A} = \mathrm{B}$이고 벡터 항등식에 의해 $\nabla \times \nabla \phi = 0$이 성립하므로

$$\frac{\partial \mathrm{B}}{\partial t} = \nabla \times (\mathrm{v} \times \mathrm{B}) + \eta \nabla^2 \mathrm{B} \tag{8.6.18}$$

를 얻게 된다. 이 식이 자기유체역학에서 유명한 유도방정식(induction equation)이다. 일반적으로 실험실 플라즈마(laboratory plasma)에서는 식(8.6.18)의 우변에서 두 번째 항이 첫 번째 항보다 큰 경우가 많으므로 첫 번째 항을 무시하여 다음과 같이 쓸 수 있다.

$$\frac{\partial \mathrm{B}}{\partial t} \approx \eta \nabla^2 \mathrm{B} \tag{8.6.19}$$

식(8.6.19)는 확산방정식의 형태를 지니고 있어서 플라즈마 유체의 자기확산율 η가 확산계수(diffusion coefficient)와 같은 역할을 한다고 볼 수 있다. 반면에 천체플라즈마(astrophysical plasma)에서는 식(8.6.18)의 우변에서 첫 번째 항이 두 번째 항보다 큰 경우가 많아서 아래와 같이 근사가 된다.

$$\frac{\partial \mathrm{B}}{\partial t} \approx \nabla \times (\mathrm{v} \times \mathrm{B}) \tag{8.6.20}$$

식(8.6.20)의 우변 항 $\nabla \times (\mathrm{v} \times \mathrm{B})$에 식(8.6.7)을 적용하고 $\nabla \cdot \mathrm{B} = 0$임을 생각하면

$$\begin{aligned} \nabla \times (\mathrm{v} \times \mathrm{B}) &= (\mathrm{B} \cdot \nabla)\mathrm{v} + \mathrm{v}(\nabla \cdot \mathrm{B}) - \mathrm{B}(\nabla \cdot \mathrm{v}) - (\mathrm{v} \cdot \nabla)\mathrm{B} \\ &= (\mathrm{B} \cdot \nabla)\mathrm{v} - \mathrm{B}(\nabla \cdot \mathrm{v}) - (\mathrm{v} \cdot \nabla)\mathrm{B} \end{aligned} \tag{8.6.21}$$

와 같이 전개할 수 있다. 식(8.6.21)을 식(8.6.20)에 대입하면

$$\frac{\partial \mathrm{B}}{\partial t} = (\mathrm{B} \cdot \nabla)\mathrm{v} - \mathrm{B}(\nabla \cdot \mathrm{v}) - (\mathrm{v} \cdot \nabla)\mathrm{B} \tag{8.6.22}$$

가 된다. 여기서 시간에 대한 전미분 $d\mathrm{B}/dt$은 다음과 같다.

$$\frac{d\mathrm{B}}{dt} = \frac{\partial \mathrm{B}}{\partial t} + (\mathrm{v} \cdot \nabla)\mathrm{B} \tag{8.6.23}$$

그러므로 식(8.6.23)을 이용하여 식(8.6.22)를 다시 쓰면 아래와 같다.

$$\frac{d\mathrm{B}}{dt} = (\mathrm{B} \cdot \nabla)\mathrm{v} - \mathrm{B}(\nabla \cdot \mathrm{v}) \tag{8.6.24}$$

8.7 응집물질물리학(Condensed matter physics)

고체의 결정 구조를 나타내기 위하여 원자의 기하학적 배열을 다루게 되는데 이를 위하여 실제공간(real space)과 역공간(reciprocal space)의 개념에 대하여 간단히 알아보도록 하자. 결정 구조에서 결정의 단위세포를 나타내는 원시세포(primitive cell)의 기저벡터를 $\{\mathbf{a}_1, \mathbf{a}_2, \mathbf{a}_3\}$라고 하자. 그러면 격자의 이동벡터(translation vector) $\mathbf{R}$은 다음과 같이 주어진다.

$$\mathbf{R} = n_1\mathbf{a}_1 + n_2\mathbf{a}_2 + n_3\mathbf{a}_3 \tag{8.7.1}$$

여기서 n_1, n_2, n_3는 임의의 정수를 나타낸다. 제1장에서 배운 바와 같이 스칼라 삼중곱은 세 개의 벡터로 정의된 평행육면체를 나타내므로 원시세포의 부피 V_{pc}는 아래와 같은 스칼라 삼중곱을 이용하여 표현할 수 있다.

$$V_{pc} = \mathbf{a}_1 \cdot (\mathbf{a}_2 \times \mathbf{a}_3) = (\mathbf{a}_1 \times \mathbf{a}_2) \cdot \mathbf{a}_3 \tag{8.7.2}$$

여기서 역공간에서의 기저벡터를 $\{\mathbf{b}_1, \mathbf{b}_2, \mathbf{b}_3\}$라 하면 실제공간과 역공간의 기저벡터들 사이에 다음과 같은 직교화 조건이 존재한다.

$$\mathbf{a}_i \cdot \mathbf{b}_j = 2\pi\delta_{ij} \quad (i, j = 1, 2, 3) \tag{8.7.3}$$

그러므로 다음의 관계식

$$|\mathbf{b}_i| = \frac{2\pi}{|\mathbf{a}_i|} \quad (i = 1, 2, 3) \tag{8.7.4}$$

이 만족한다. $\mathbf{a}_i$는 $\mathbf{a}_j$와 $\mathbf{a}_k$ $(i \neq j \neq k)$가 만드는 평면에 수직한 방향이므로 아래의 세 관계식을 얻을 수 있다.

$$b_1 = \frac{2\pi a_2 \times a_3}{a_1 \cdot (a_2 \times a_3)} \tag{8.7.5}$$

$$b_2 = \frac{2\pi a_3 \times a_1}{a_1 \cdot (a_2 \times a_3)} \tag{8.7.6}$$

$$b_3 = \frac{2\pi a_1 \times a_2}{a_1 \cdot (a_2 \times a_3)} \tag{8.7.7}$$

식(8.7.5)로부터 $a_1 \cdot b_1$는 다음과 같이 된다.

$$a_1 \cdot b_1 = \frac{2\pi a_1 \cdot (a_2 \times a_3)}{a_1 \cdot (a_2 \times a_3)} = 2\pi \tag{8.7.8}$$

그리고 식(8.7.6)로부터 $a_2 \cdot b_2$는 다음과 같다.

$$a_2 \cdot b_2 = \frac{2\pi a_2 \cdot (a_3 \times a_1)}{a_1 \cdot (a_2 \times a_3)} = \frac{2\pi a_1 \cdot (a_2 \times a_3)}{a_1 \cdot (a_2 \times a_3)} = 2\pi \tag{8.7.9}$$

또한 식(8.7.6)로부터 $a_3 \cdot b_3$는 다음과 같다.

$$a_3 \cdot b_3 = \frac{2\pi a_3 \cdot (a_1 \times a_2)}{a_1 \cdot (a_2 \times a_3)} = \frac{2\pi a_1 \cdot (a_2 \times a_3)}{a_1 \cdot (a_2 \times a_3)} = 2\pi \tag{8.7.10}$$

식(8.7.9)와 식(8.7.10)에 삼중 스칼라곱의 관계식인

$$a_1 \cdot (a_2 \times a_3) = a_2 \cdot (a_3 \times a_1) = a_3 \cdot (a_1 \times a_2) \tag{8.7.11}$$

이 적용되었다. 식(8.7.8), 식(8.7.9) 그리고 식(8.7.10)로 부터

$$|\mathbf{a}_i \cdot \mathbf{b}_i| = 2\pi \quad (i = 1, 2, 3) \tag{8.7.12}$$

가 되는 것을 쉽게 이해할 수 있다. 위와 같은 기저 벡터 $\{\mathbf{b}_1, \mathbf{b}_2, \mathbf{b}_3\}$로 이루어진 공간은 역공간(reciprocal space)이 된다.

8.8 무작위 행보(Random walk)

무작위 행보란 물리학이나 수학 등의 분야에서 임의의 방향으로 연속적인 직선 걸음을 나타내는 개념을 말한다. xy평면상에서 총 N번의 걸음을 나타내는 벡터들이 $\{\mathrm{R}_1, \mathrm{R}_2, \mathrm{R}_3, \cdots, \mathrm{R}_N\}$으로 주어지면 시작점으로부터 종점까지의 위치 벡터 r은

$$\mathrm{r} = \sum_{i=1}^{N} \mathrm{R}_i \tag{8.8.1}$$

로 표현이 된다. 여기서 각각 걸음의 폭은 $|\mathrm{R}_i| = l$로 일정하다고 하자. 이제 위치 벡터 r의 각도평균치(angular average) $\langle \mathrm{r} \rangle$를 구해보도록 하자. 임의의 벡터 R_i와 x축 양의 방향과 이루는 각도를 θ_i라고 하면

$$\mathrm{R}_i = l\left(\cos\theta_i \hat{\mathbf{e}}_x + \sin\theta_i \hat{\mathbf{e}}_y\right) \tag{8.8.2}$$

가 된다. 이를 이용하여 r의 각도평균치는 다음과 같이 쓸 수 있다.

$$\begin{aligned} \langle \mathrm{r} \rangle &= \left\langle \sum_{i=1}^{N} \mathrm{R}_i \right\rangle = \sum_{i=1}^{N} \langle \mathrm{R}_i \rangle \\ &= \sum_{i=1}^{N} \left\langle l\left(\cos\theta_i \hat{\mathbf{e}}_x + \sin\theta_i \hat{\mathbf{e}}_y\right)\right\rangle = \sum_{i=1}^{N} l\left(\langle \cos\theta_i \rangle \hat{\mathbf{e}}_x + \langle \sin\theta_i \rangle \hat{\mathbf{e}}_y\right) \end{aligned} \tag{8.8.3}$$

예제 8.8.1 식(8.8.3)의 $\langle \cos\theta_i \rangle$와 $\langle \sin\theta_i \rangle$를 구하시오.

풀이 각도 θ_i의 범위는 $[0, 2\pi]$이므로 $\langle \cos\theta_i \rangle$는 다음과 같이 구할 수 있다.

$$\langle \cos\theta_i \rangle = \frac{1}{2\pi}\int_0^{2\pi} \cos\theta_i d\theta_i = \frac{1}{2\pi}\left[\sin\theta_i\right]_0^{2\pi} = 0 \tag{8.8.4}$$

그리고 $\langle \sin\theta_i \rangle$도 다음과 같이 구할 수 있다.

$$\langle \sin\theta_i \rangle = \frac{1}{2\pi}\int_0^{2\pi} \sin\theta_i d\theta_i = \frac{1}{2\pi}\left[-\cos\theta_i\right]_0^{2\pi} = 0 \tag{8.8.5}$$

[예제 8.8.1]로 부터 총 N번의 무작위 행보 후의 평균 위치 벡터는 $\langle \mathbf{r} \rangle = \sum_{i=1}^{N} l \left(\langle \cos\theta_i \rangle \hat{\mathrm{e}}_x + \langle \sin\theta_i \rangle \hat{\mathrm{e}}_y\right) = 0$이 됨을 알 수 있다. 이제 $\langle \mathbf{r} \cdot \mathbf{r} \rangle = \langle r^2 \rangle$의 평균치를 구해보도록 하자. 식(8.8.1)로부터

$$\mathbf{r} \cdot \mathbf{r} = r^2 = \sum_{i=1}^{N}\sum_{j=1}^{N} \mathrm{R}_i \cdot \mathrm{R}_j = \sum_{i=1}^{N}\sum_{j=1}^{N} l^2 \cos\theta_{ij} \tag{8.8.6}$$

로 쓸 수 있는데 여기서 θ_{ij}는 벡터 R_i와 벡터 R_j의 사잇각을 나타낸다. $\theta_{ii} = 0$이므로 $\langle r^2 \rangle$의 평균치는 아래와 같이 된다.

$$\langle r^2 \rangle = \left\langle Nl^2 + \sum_{i=1}^{N}\sum_{\substack{j=1\\ i\neq j}}^{N} l^2 \cos\theta_{ij} \right\rangle = Nl^2 + \sum_{i=1}^{N}\sum_{\substack{j=1\\ i\neq j}}^{N} l^2 \langle \cos\theta_{ij} \rangle \tag{8.8.7}$$

예제 8.8.2 식(8.8.7)의 $\langle \cos\theta_{ij} \rangle$를 구하시오.

풀이 사잇각 θ_{ij}의 범위는 $[0, \pi]$이므로 $\langle \cos\theta_{ij} \rangle$는 다음과 같이 구할 수 있다.

$$\langle \cos\theta_{ij} \rangle = \frac{1}{\pi}\int_0^\pi \cos\theta_{ij} d\theta_{ij} = \frac{1}{\pi}\left[\sin\theta_{ij}\right]_0^\pi = 0 \tag{8.8.8}$$

[예제 8.8.2]에 의하여 $\langle \cos\theta_{ij} \rangle = 0$이 되므로 $\langle r^2 \rangle$의 평균치는

$$\langle r^2 \rangle = Nl^2 \tag{8.8.9}$$

이 되는 것을 알 수 있다. 그러므로 제곱평균제곱근(root mean square, rms) 거리를 $\bar{r} = \sqrt{\langle r^2 \rangle}$과 같이 정의하면 r는 다음과 같다.

$$\bar{r} = \sqrt{N}\, l \tag{8.8.10}$$

부록

제5장 식(5.2.10)의 증명

정전기학에서 정전기 퍼텐셜 ϕ는 스칼라 함수이므로 푸아송 방정식

$$\nabla^2\phi(\mathbf{r}) = -\frac{\rho(\mathbf{r})}{\epsilon_0} \tag{A.1}$$

을 만족한다. 여기서 ρ는 부피 전하밀도이고 ϵ_0는 진공의 유전율을 나타낸다. 식(A.1)에 대응되는 그린 함수 $G(\mathbf{r}, \mathbf{r}')$는 다음과 같은 미분방정식을 만족한다.

$$\nabla^2 G(\mathbf{r}, \mathbf{r}') = -\delta(\mathbf{r} - \mathbf{r}') \tag{A.2}$$

여기서 $\delta(\mathbf{r} - \mathbf{r}')$는 3차원 디랙 델타함수이다. 그러면 식(A.1)의 해는 다음과 같이 쓸 수 있다.

$$\phi(\mathbf{r}) = \frac{1}{\epsilon_0}\int_V G(\mathbf{r}, \mathbf{r}')\rho(\mathbf{r}')\, d^3r' \tag{A.3}$$

여기서 d^3r'은 부피요소이고 V는 전하밀도가 존재하는 부피이다. 식(A.3)이 식(A.1)의 해가 된다는 것을 증명하기 위하여 식(A.3)의 양변에 $\mathbf{r}$좌표에 작용하는 라플라스 연산자 ∇^2을 작용해보자. 그러면

$$\nabla^2\phi(\mathbf{r}) = \frac{1}{\epsilon_0}\int_V \nabla^2 G(\mathbf{r},\mathbf{r}')\rho(\mathbf{r}')\,d^3r' \tag{A.4}$$

$$= -\frac{1}{\epsilon_0}\int_V \delta(\mathbf{r}-\mathbf{r}')\rho(\mathbf{r}')\,d^3r'$$

$$= -\frac{\rho(\mathbf{r})}{\epsilon_0}$$

와 같이 계산되므로 식(A.3)이 식(A.1)의 해가 됨을 알 수 있다. 따라서 식(A.2)로부터 그린함수 $G(\mathbf{r},\mathbf{r}')$를 구하면 푸아송 방정식을 만족하는 정전기 퍼텐셜 $\phi(\mathbf{r})$을 얻을 수 있다.

먼저 1차원 디랙 델타함수 $\delta(x-x')$의 표현을 얻기 위하여 아래의 두 식을 생각해 보자.

$$\int_{-\infty}^{\infty}\delta(x-x')\,dx' = 1 \tag{A.5}$$

$$\delta(x-x') = 0, \quad \text{if } x \neq x' \tag{A.6}$$

함수 $1/(t^2+1)$을 $-\infty$에서 ∞까지 t에 대하여 적분을 해보자. $1/(t^2+1)$는 우함수이므로 적분은

$$\int_{-\infty}^{\infty}\frac{dt}{t^2+1} = 2\int_0^{\infty}\frac{dt}{t^2+1} \tag{A.7}$$

가 되는데 $t=\tan\theta$로 놓으면 $t^2+1=\sec^2\theta$이 되고 $dt=\sec^2\theta\,d\theta$가 된다. $t\to\infty$일 때 $\theta\to\pi/2$이므로 적분은

$$\int_{-\infty}^{\infty}\frac{dt}{t^2+1} = 2\int_0^{\pi/2}\frac{\sec^2\theta\,d\theta}{\sec^2\theta} = \pi \tag{A.8}$$

와 같이 계산이 된다. 즉,

$$\frac{1}{\pi}\int_{-\infty}^{\infty}\frac{dt}{t^2+1} = 1 \tag{A.9}$$

이다. 이 결과를 이용하면 식(A.5)와 식(A.6)을 만족하는 1차원 디랙 델타함수 $\delta(x-x')$는 다음과 같이 쓸 수 있다.

$$\delta(x-x') = \lim_{\eta\to 0^+}\frac{1}{\pi}\frac{\eta}{(x-x')^2+\eta^2} \tag{A.10}$$

복소수의 성질을 이용하면 식(A.10)은

$$\begin{aligned}\delta(x-x') &= \mathrm{Re}\lim_{\eta\to 0^+}\frac{1}{\pi}\frac{i(x-x'-i\eta)}{(x-x'+i\eta)(x-x'-i\eta)} \\ &= \mathrm{Re}\lim_{\eta\to 0^+}\frac{1}{\pi}\frac{i}{x-x'+i\eta} \\ &= \mathrm{Re}\lim_{\eta\to 0^+}\frac{1}{\pi}\int_{0}^{\infty}e^{ik_x(x-x'+i\eta)}dk_x \\ &= \mathrm{Re}\lim_{\eta\to 0^+}\frac{1}{2\pi}\int_{-\infty}^{\infty}e^{ik_x(x-x'+i\eta)}dk_x \\ &= \frac{1}{2\pi}\int_{-\infty}^{\infty}e^{ik_x(x-x')}dk_x\end{aligned} \tag{A.11}$$

와 같이 쓸 수 있는데, 여기서 'Re' 표시는 실수 부분을 의미한다. 마찬가지로 $\delta(y-y')$와 $\delta(z-z')$도 아래와 같이 쓸 수 있다.

$$\delta(y-y') = \frac{1}{2\pi}\int_{-\infty}^{\infty}e^{ik_y(y-y')}dk_y \tag{A.12}$$

$$\delta(z-z') = \frac{1}{2\pi}\int_{-\infty}^{\infty}e^{ik_z(z-z')}dk_z \tag{A.13}$$

그러므로 3차원 디랙 델타함수 $\delta(\mathbf{r}-\mathbf{r}')$는

$$\delta(\mathbf{r}-\mathbf{r}') = \delta(z-z')\delta(z-z')\delta(z-z') \tag{A.14}$$

$$= \frac{1}{2\pi}\int_{-\infty}^{\infty} e^{ik_x(x-x')}dk_z \frac{1}{2\pi}\int_{-\infty}^{\infty} e^{ik_y(y-y')}dk_y \frac{1}{2\pi}\int_{-\infty}^{\infty} e^{ik_z(z-z')}dk_z$$

$$= \frac{1}{(2\pi)^3}\int e^{i\mathbf{k}\cdot(\mathbf{r}-\mathbf{r}')}d^3k$$

와 같이 되는 것을 알 수 있다.

식(A.2)에서 알 수 있듯이 그린함수 $G(\mathbf{r},\mathbf{r}')$에 라플라스 연산자 ∇^2를 작용시키면 $-\delta(\mathbf{r}-\mathbf{r}')$이 되므로 $e^{i\mathbf{k}\cdot(\mathbf{r}-\mathbf{r}')}$에 라플라시안을 작용시켜 보자. 함수 $e^{i\mathbf{k}\cdot(\mathbf{r}-\mathbf{r}')}$의 그래디언트는 $\nabla e^{i\mathbf{k}\cdot(\mathbf{r}-\mathbf{r}')} = i\mathbf{k}e^{i\mathbf{k}\cdot(\mathbf{r}-\mathbf{r}')}$이므로 라플라시안은

$$\nabla^2 e^{i\mathbf{k}\cdot(\mathbf{r}-\mathbf{r}')} = \nabla\cdot\nabla e^{i\mathbf{k}\cdot(\mathbf{r}-\mathbf{r}')} \tag{A.15}$$

$$= (i\mathbf{k})\cdot(i\mathbf{k})e^{i\mathbf{k}\cdot(\mathbf{r}-\mathbf{r}')}$$

$$= -k^2 e^{i\mathbf{k}\cdot(\mathbf{r}-\mathbf{r}')}$$

이 된다. 그러므로 3차원 디랙 델타함수 $\delta(\mathbf{r}-\mathbf{r}')$는

$$\delta(\mathbf{r}-\mathbf{r}') = -\frac{1}{(2\pi)^3}\int \frac{1}{k^2}\nabla^2 e^{i\mathbf{k}\cdot(\mathbf{r}-\mathbf{r}')}d^3k \tag{A.16}$$

로 나타낼 수 있으며, 식(A.2)와 식(A.16)으로부터 그린함수 $G(\mathbf{r},\mathbf{r}')$는 다음과 같이 구할 수 있다.

$$G(\mathbf{r},\mathbf{r}') = \frac{1}{(2\pi)^3}\int \frac{1}{k^2} e^{i\mathbf{k}\cdot(\mathbf{r}-\mathbf{r}')}d^3k \tag{A.17}$$

식(A.17)을 계산하기위하여 구면좌표계를 사용해 보자. 벡터 $\mathbf{k}$를 z축의 양의 방향으로 하고 벡터 $\mathbf{r}-\mathbf{r}'$와 이루는 각을 θ로 놓으면, 식(A.17)은

$$G(\mathbf{r},\mathbf{r}') = \frac{1}{(2\pi)^3}\int \frac{1}{k^2}\, e^{ik|\mathbf{r}-\mathbf{r}'|\cos\theta} k^2 dk \sin\theta\, d\theta\, d\phi \tag{A.18}$$

$$= \frac{1}{(2\pi)^3}\int_0^\infty \int_0^\pi \int_0^{2\pi} e^{ik|\mathbf{r}-\mathbf{r}'|\cos\theta} d\phi \sin\theta\, d\theta\, dk$$

$$= \frac{2\pi}{(2\pi)^3}\int_0^\infty \int_0^\pi e^{ik|\mathbf{r}-\mathbf{r}'|\cos\theta} \sin\theta\, d\theta\, dk$$

$$= \frac{1}{(2\pi)^2}\int_0^\infty \frac{1}{ik|\mathbf{r}-\mathbf{r}'|}\left(e^{ik|\mathbf{r}-\mathbf{r}'|} - e^{-ik|\mathbf{r}-\mathbf{r}'|}\right)dk$$

$$= \frac{2}{(2\pi)^2}\int_0^\infty \frac{\sin(k|\mathbf{r}-\mathbf{r}'|)}{k|\mathbf{r}-\mathbf{r}'|}\, dk$$

$$= \frac{1}{2\pi^2|\mathbf{r}-\mathbf{r}'|}\int_0^\infty \frac{\sin t}{t}\, dt$$

가 된다. 여기서 ϕ는 방위각이며, 식(A.18)의 마지막 적분에서 $t = k|\mathbf{r}-\mathbf{r}'|$로 치환을 하였다. $\sin t/t$의 적분은 라플라스 적분변환이나 복소함수의 경로적분을 이용하면

$$\int_0^\infty \frac{\sin t}{t}\, dt = \frac{\pi}{2} \tag{A.19}$$

와 같이 되는 것을 쉽게 확인할 수 있다. 그러나 여기서는 식(A.19)를 이중적분을 이용하여 구해보도록 하자. 양수 t에 대하여 $\int_0^\infty e^{-ts} ds = \frac{1}{t}$이므로

$$\int_0^\infty \frac{\sin t}{t}\, dt = \int_0^\infty \left(\int_0^\infty e^{-ts} ds\right) \sin t\, dt = \int_0^\infty \int_0^\infty e^{-ts} \sin t\, dt\, ds \tag{A.20}$$

가 된다. 여기서 $\int_0^\infty e^{-ts} \sin t\, dt$를 부분적분(integral by parts) 하면

$$\int_0^\infty e^{-ts}\sin t\,dt = -e^{-ts}\cos t|_0^\infty - \int_0^\infty (-se^{-ts})(-\cos t)\,dt \tag{A.21}$$

$$= 1 - \int_0^\infty se^{-ts}\cos t\,dt$$

$$= 1 - se^{-ts}\sin t|_0^\infty + \int_0^\infty (-s^2e^{-ts})\sin t\,dt$$

$$= 1 - s^2\int_0^\infty e^{-ts}\sin t\,dt$$

가 된다. 그러므로 $\int_0^\infty e^{-ts}\sin t\,dt$는

$$\int_0^\infty e^{-ts}\sin t\,dt = \frac{1}{s^2+1} \tag{A.22}$$

이 됨을 알 수 있다. 식(A.22)를 식(A.20)에 대입하고 식(A.8)을 이용하면

$$\int_0^\infty \frac{\sin t}{t}\,dt = \int_0^\infty \frac{1}{s^2+1}\,ds = \frac{\pi}{2} \tag{A.23}$$

가 됨을 알 수 있다. 따라서 $\nabla^2 G(\mathbf{r},\mathbf{r}') = -\delta(\mathbf{r}-\mathbf{r}')$를 만족하는 그린함수 $G(\mathbf{r},\mathbf{r}')$은 식(A.18)과 식(A.19)에 의하여

$$G(\mathbf{r},\mathbf{r}') = \frac{1}{4\pi|\mathbf{r}-\mathbf{r}'|} \tag{A.24}$$

이 되는 것을 알 수 있다. 그러므로 제5장 식(5.2.10)에 주어진 관계식

$$\nabla^2\frac{1}{|\mathbf{r}-\mathbf{r}'|} = -4\pi\delta(\mathbf{r}-\mathbf{r}') \tag{A.25}$$

이 성립됨을 증명하였다. 끝으로 푸아송 방정식의 해 $\phi(\mathbf{r})$는 다음과 같이 구할 수 있다.

$$\phi(\mathbf{r}) = \frac{1}{4\pi\epsilon_0}\int_V \frac{\rho(\mathbf{r}')}{|\mathbf{r}-\mathbf{r}'|}d^3r' \tag{A.26}$$

참고문헌

[1] G. B. Arfken, H. J. Wever and F. E. Harris, *Mathematical Methods for Physicists*, 7th Edition (Elsevier, Amsterdam, 2013).

[2] V. Balakrishnan, *Mathematical Physics, Applications and Problems* (Springer, Cham, 2020).

[3] J. Binney and S. Trimaine, *Galactic Dynamics*, 2nd Edition (Princeton University Press, Princeton, 2008).

[4] M. L. Cohen and S. G. Louie, *Fundamentals of Condensed Matter Physics* (Cambridge University Press, Cambridge, 2016).

[5] I. G. Currie, *Fundamental Mechanics of Fluids*, 4th Edition (CRC Press, Boca Raton, 2013).

[6] A. Garg, *Classical Electrodynamics in a Nutshell* (Princeton University Press, Princeton, 2012).

[7] M. C. Graham, *Microhydrodynamics, Brownian Motion, and Complex Fluids* (Cambridge University Press, Cambridge, 2018).

[8] K. Nishikawa and M. Wakatani, *Plasma Physics*, 3rd Edition (Springer, Berlin, 2000).

[9] P. C. Matthews, *Vector Calculus* (Springer, London, 2008).

[10] S. Weinberg, *Foundations of Modern Physics* (Cambridge University Press, Cambridge, 2021).

[11] F. M. White, *Viscous Fluid Flow*, 3rd Edition (McGraw-Hill, New York, 2006).

[12] L. C. Woods, *Physics of Plasmas* (WILEY-VCH, Weinheim, 2004).

[13] H. W. Wyld, *Mathematical Methods for Physics* (CRC Press, Boca Raton, 2021).

[14] A. Zangwill, *Modern Electrodynamics* (Cambridge University Press, Cambridge, 2013).

찾아보기

Memo

이명재 한양대학교 자연과학대학 물리학과 이학사 및 이학석사
미국 University of Michigan, Ann Arbor 핵공학과 이학박사(이론플라즈마물리학)
미국 University of Michigan, Ann Arbor 핵공학과 박사후연구원
[현] 한양대학교 자연과학대학 물리학과 교수

정영대 한양대학교 자연과학대학 물리학과 이학사 및 이학석사
미국 University of California, San Diego 물리학과 이학박사(이론천체물리학)
미국 NASA/Marshall Space Flight Center X-Ray Astronomy Group 박사후연구원
일본 National Institute for Fusion Science 초빙교수
[현] 한양대학교 ERICA 과학기술융합대학 응용물리학과 교수

벡터 해석과 응용

펴낸날 2022년 12월 31일 초판 1쇄
지은이 이명재·정영대 ● **펴낸이** 김우승
펴낸곳 한양대학교출판부 ● **출판등록** 제4-7호(1972.2.29)
주소 서울 성동구 왕십리로 222 ● **전화** 02.2220.1432-4 ● **팩스** 02.2220.1435
홈페이지 press.hanyang.ac.kr ● **이메일** presshy@hanyang.ac.kr
표지 안광일 ● **본문디자인·인쇄** 네오프린텍

값 **20,000**원

ISBN 978.89.7218.758.5 (93420)